人工智能技术丛书

Advanced Sentiment Analysis

情感分析进阶

林政　刘正宵　李江楠 ◎著

图书在版编目（CIP）数据

情感分析进阶 / 林政，刘正宵，李江楠著. -- 北京：机械工业出版社，2022.12

（人工智能技术丛书）

ISBN 978-7-111-72640-1

I. ①情… II. ①林… ②刘… ③李… III. ①自然语言处理 IV. ① TP391

中国国家版本馆 CIP 数据核字（2023）第 029806 号

机械工业出版社（北京市百万庄大街 22 号 邮政编码：100037）
策划编辑：李永泉 责任编辑：李永泉
责任校对：龚思文 张 薇 责任印制：张 博
保定市中画美凯印刷有限公司印刷
2023 年 6 月第 1 版第 1 次印刷
186mm × 240mm · 13.75 印张 · 305 千字
标准书号：ISBN 978-7-111-72640-1
定价：79.00 元

电话服务 网络服务
客服电话：010-88361066 机 工 官 网：www.cmpbook.com
010-88379833 机 工 官 博：weibo.com/cmp1952
010-68326294 金 书 网：www.golden-book.com
封底无防伪标均为盗版 机工教育服务网：www.cmpedu.com

PREFACE

前　言

文本情感分析是自然语言处理、人工智能与认知科学等领域的重要研究方向之一。通过计算机自动进行文本情感分析的研究始于20世纪90年代，早期研究以文本情感分类为主，即把文本按照主观倾向性分成正面、负面和中性三类。其中正面类别是指文本体现出支持的、积极的、喜欢的态度和立场，负面类别是指文本体现出反对的、消极的、厌恶的态度和立场，中性类别是指没有偏向的态度和立场。随着互联网的飞速发展，人们越来越习惯于在社交网络上发表主观性言论。社交网络中的大量用户生成数据为情感分析提供了新的机遇，同时也带来了新的挑战。

从内容的角度看，很多言论所蕴含的情感是隐式的，而机器很难从表面文字推理言外之意；从用户的角度看，每个人的性格不同导致情感表达的方式也不同，所以要考虑用户特征进行个性化情感分析，不能一概而论；从语料的角度看，对于低资源领域或者任务，已有的数据驱动模型难以取得令人满意的效果；从鲁棒性和安全性的角度看，现有的深度学习模型很容易受到不易觉察的对抗攻击，从而产生错误的情感预测。因此，传统的文本情感分析方法已经难以满足复杂网络数据的分析需求。此外，随着个性化推荐、用户画像分析、对话机器人等新技术和新应用的兴起，相关的情感分析技术也需要不断升级，从而提供更加智能化、更加人性化、更加共情的情感分析服务。

本书针对以上挑战，全面系统地介绍高级文本情感分析的核心技术与应用实践。本书包括五个部分：第一部分介绍文本情感分析的研究背景、研究现状和基础技术；第二部分从内容语义理解的角度出发，介绍基于隐式表达的讽刺检测技术；第三部分从用户个性化建模的角度出发，介绍多轮对话中的情绪分析技术；第四部分介绍小样本场景下的立场检测解决方案；第五部分介绍对抗攻击场景下的情感分类防御技术。

本书可以为人工智能、机器学习、自然语言处理和社会计算等领域的从业者和科研人员提供一些前沿视野及相关理论、方法和技术，如基于隐式表达的讽刺检测、面向个性化的多轮对话情绪分析、小样本场景下的立场检测等，也可作为相关专业高年级本科生或研究生的参考教材。

由于作者水平有限，因此尽管尽了最大的努力，但书中依然难免存在疏漏和错误之处，敬请广大专家、读者批评指正。

作者

2023年1月

CONTENTS

目录

第三部分

第四部分

第五部分

第一部分

CHAPTER1

第1章

概述

1.1 文本情感分析相关概念

情感分析（Sentiment Analysis）[1] 又称为倾向性分析或观点挖掘（Opinion Mining），是一种重要的信息分析处理技术，其研究目标是自动挖掘和分析文本中的立场、观点、看法、情绪和喜恶等主观信息。随着微博、论坛和社交网络等新型互联网应用逐渐融入社会生活的各个角落，网民经常在互联网上表达自己对于日常事件、产品等方面的观点和看法，使互联网记录了大量由用户生成且带有情感倾向的文本数据。这些数据是情感分析的重要语料来源[2]，对其充分利用有利于掌握大众观点，促进各行各业更好地发展，因而情感分析受到工业界和研究领域的普遍关注。

情感分析包含了情感基本单元抽取、情感分类、情绪分析、情感摘要和情感检索等多项研究任务。

情感基本单元抽取是情感分析最底层的研究任务，旨在从情感文本中抽取有意义的信息单元，然后将无结构的情感文本转化为计算机容易识别和处理的结构化文本。情感基本单元可以为情感分析上层的研究和应用提供支撑。情感基本单元抽取主要包括观点持有者抽取、评价对象（target）或属性词（aspect）抽取、情感词抽取以及情感词的极性判定等。观点持有者抽取是指抽取观点句中观点或评论的持有者，目前此项抽取任务主要面向的是新闻评论文本。评价对象抽取是指抽取评论文本中情感表达所面向的对象。属性词抽取与评价对象抽取略有不同，属性词可能是显式的也可能是隐式的，属性词对应的不是一个词或一组词，比如在酒店评论中，“服务”是一个属性，跟“服务”相关的属性词有“服务员”“态度”“前台”“服务生”等。情感词（评价词/极性词）指在情感句中带有情感倾向性的词语，是表达情感倾向的关键部分。情感词的判定是给情感词打一个正负标签，比如，“好”对应+1，是个褒义词；“差”对应-1，是个贬义词。有时为了进一步区分情感强烈程度，还会采用带权重的极性打分。

情感分类是情感分析中被最广泛研究的任务，很多论文中把情感分类等同于情感分析[3-6]。情感分类[7] 是指对情感文本所体现出的主观看法进行类别判定。情感分类通常分为两类（正面与反面）或三类（正面、反面与中立），其中正面类别（positive）是指文本体现出支持的、积极的、喜欢的态度和立场；负面类别（negative）是指文本体现出反对的、消极的、厌恶的态度和立场；中立类别（neutral）是指没有偏向的态度和立场。情感分类和普通文本分类[8] 有相似之处，但比普通文本分类更为复杂。在基于主题（topic）的文本分类中，因为不同主题的文本所运用的词语往往也不同，这种词语的领域相关性使得不同主题的文本可以很好地进行区分。然而，情感分类的正确率比基于主题的文本分类低很多，这主要是由于文本中复杂的情感表达和大量的情感歧义造成的。比如，在一篇文章中，客观句子与主观句子可能相互交错，或者一个主观句子同时具有两种以上情感。因此，情感分类是一项比主题分类更复杂的任务。

按照不同的粒度，情感分类又可以分为篇章级情感分类、句子级情感分类和属性级情感分类。篇章级情感分类是指对整篇文章/文档进行整体的情感极性判别，常用于酒店、餐馆、图书和电影等领域评论的整体评分。句子级情感分类是指对一个句子进行情感极性判定，一篇文章中可能有多个句子，不同句子的情感极性可能不同。在实际应用中，因为微博的内容通常较短，所以基于微博情感分类经常被视为句子级情感分类任务。属性级情感分类是指针对文本中的特定属性进行情感极性判别，常用于不同商品的特定参数的对比评测，比如“数码相机”就拥有“镜头”“外观”“像素”“价格”等多个属性。不同的消费者对商品不同属性有着不同的偏好，因此属性级情感分类非常适用于电商的评论挖掘。

情绪分析（Emotion Analysis）是在现有粗粒度的情感二分类或三分类基础上，从心理学角度出发，多维度地描述人的情绪态度。比如“卑劣”是个负面的词语，而它更精确的注释是憎恨和厌恶。由于情绪分析对于快速掌握大众情绪的走向、预测热点事件甚至民众的需求都有重要的作用，近几年引起了许多研究者的关注[9-11]。我国很早就开始对情绪分析开展研究。据《礼记》记载，人的情绪有“七情”的分法，即为喜、怒、哀、惧、爱、恶、欲。法国的哲学家笛卡儿（Descartes）在其著作《论情绪》中认为，人的原始情绪分为惊奇、爱悦、憎恶、欲望、欢乐和悲哀，其他的情绪都是这六种原始情绪的分支或者组合。在本书中，若无特殊说明，情感分类是指正、负二分类，而情绪分析则是多个类别的分类。情感和情绪研究一直是心理学的研究重点，心理学关于情感和情绪的研究成果，对于挖掘和分析互联网用户生成数据具有重要的参考价值。越来越多的信息科学学者意识到这一点，不仅在传统的情感分析工具中加入一些心理学元素，而且还根据心理学的情绪结构理论构建了多个全新的研究工具，为网络文本的情感分析注入了心理学思想。利用这些研究工具对在线文本进行情感分析，已取得诸多有价值的研究成果，也拓宽了社会科学研究的边界。

网络数据的爆炸式增长，激发了用户从互联网海量信息中搜索有效信息的需求。为满足互联网用户日益增长的搜索需求，2006 年国际文本检索会议（Text Retrieval Evaluation Conference，TREC）首次引入博客检索任务。在搜索过程中同时考虑搜索关键字和用户的情感诉求，可以使搜索变得更加便捷、准确和智能。情感检索技术[12] 是解决该问题的重要方法之一，其任务是从海量文本信息中查询文本所蕴含的观点，并根据主题相关度和观点倾向性对结果进行排序。情感检索返回的结果需要同时满足主题相关性和情感倾向性。

为了有效利用互联网上的海量评论文本，就需要用技术和工具对这些评论文本进行自动地处理和分析。这既可以减少人们的工作量，又可以将有用的信息准确快速地反馈给用户，故自动情感摘要技术[13] 应运而生。自动情感摘要技术是在自动摘要技术的基础上延伸出来的。传统的自动摘要技术是指提取文本中能够表达主题信息的文本形成摘要。但是，对于评论文本来说，它包含了用户的情感和观点，简单的自动摘要技术缺少情感信息的采集，不能满足用户的需要。与传统的主题摘要不同，情感摘要侧重于提取具有明显情感倾向性的主观评论，比如对特定商品或服务的评论信息进行归纳和汇总。针对在线用户评论，情感摘要主要有两种呈现方式：一种是基于主题的情感摘要，另一种是基于情感倾向性的情感摘要。

1.2 文本情感分析方法

文本情感分析研究始于 20 世纪 90 年代，当时的情感分析主要分为两类，一类是基于知识库/情感词典的方法，另一类是基于机器学习的方法。近几年，深度学习在语音识别、图像识别等应用领域取得了飞速发展，也为情感分析提供了新的思路。

1.2.1 基于知识库的方法

基于知识库的方法主要利用词汇的情感倾向来判断文本的情感极性，分析对象是文本中具有情感倾向的词汇。首先判断或计算词汇/词组的褒贬倾向性，再以词汇/词组为单位，通过对词汇/词组的褒贬程度加权求和等方法，获得整个句子或篇章的情感极性。知识库/情感词典的构建方法通常有三种，即手工标注方法、基于知识库的方法和基于语料库的统计方法。基于知识库的方法主要是借助知识库资源（比如 Wordnet、Hownet 等）中概念之间的关系（同义词关系、反义词关系、上下位关系等）、概念的解释等来判断词语的情感极性。基于语料库的方法通常有如下的假设：具有相同情感倾向性的情感词容易出现在同一句子中。因此，这类方法通常需事先手工标注一小部分种子情感词，然后通过待判定情感词与种子词在语料中共现关系的强度来估算待判定情感词的情感极性。

1.2.2 基于机器学习的方法

基于机器学习的情感分析方法需经过预处理、文本表示（特征选择、特征约简、特征权重设置）与分类器训练，最终输出对情感极性的预测。1）特征选择：选取适当的语义单元作为特征，对不同文档有较强的区分能力。2）特征约简：去除特征集中不能有效反映类别信息的特征，提高分类的效率和准确率。3）特征权重设置：一般按照特征词是否出现取 0/1 值，或者按词频信息取 TF、TF-IDF 值等。4）分类器训练：常用的分类器包括朴素贝叶斯（Naïve Bayes，NB）、支持向量机（Support Vector Machines，SVM）、最大熵（Maximum Entropy，ME）等。在有监督学习的方法中，对一篇文本的情感倾向性判别可以看成文本分类过程，可以用标注好的语料来训练情感分类器。然而，有监督方法要求已标注的情感文本集和待标注的情感文本集服从相同的分布，以便经由已标注文本集训练出的分类器可以自然地适用于待标注文本。当标注文本特别稀缺，或者已标注文本和待标注文本领域不同时，可以采用半监督学习或者迁移学习等策略。

1.2.3 基于深度学习的方法

随着深度学习技术的发展，大量的文本情感分析研究围绕文本的表示学习和各种神经网络的结构设计展开。

表示学习是指通过表示学习算法将自然语言中所蕴含的语法和语义等信息编码为向量表示的过程。目前常用的词汇表示学习有两种方式，一种是上下文无关的词向量表示，比如 Word2Vec 和 GloVe；另一种是上下文相关的词向量表示，比如 ELMO 和 BERT。基于上下文的词向量学习模型虽然可以学习到词与上下文之间的语法和语义关系，但是没有包含显式的情感信息，比如 good 和 bad 的词向量表示比较接近，然而情感极性截然不同。因此，有研究者提出学习具有情感属性的词向量（情感词向量）方法，这一类方法大体可以分为两类，一类是对已有词向量进行面向情感分析任务的微调，从而学到具有情感属性的词向量；另一类是利用神经网络模型从头开始学习具有情感属性的词向量。

目前较为流行的神经网络模型包括卷积神经网络、循环神经网络、记忆网络和预训练语言模型等，这些模型在本书第 2 章会有详细介绍。不同神经网络模型具有不同的特性，因此很多研究者根据情感分析任务，设计了多种网络结构组合的情感分类模型，比如将卷积神经网络作为下层，在词向量矩阵上进行卷积操作，然后将得到的抽象表示输入上层的循环神经网络中。在实际应用中，具体选择哪一种模型，要依据任务特点和计算资源条件来决定。

1.3 情感分析的应用

情感分析具有广阔的应用前景，可以产生巨大的经济效益和社会效益。

1.3.1 商业领域

网购在生活中愈发普遍，人们通过 C2C（如淘宝网、易趣网等）和 B2C（如京东网、亚马逊等）形式的电子商务平台购买商品后，可以写下对商品的评论。Joshua-Porter 在 *Designing for the Social Web* 一书中描述了一种“亚马逊效应”。他在研究中观察到，人们总是从亚马逊开始他们的在线购物（在中国，人们也往往是从淘宝开始他们的在线购物），原因在于人们更想通过其他购买者的评论了解产品的“真相”，而不是商家广告对产品天花乱坠式的描述。大部分的网上购物者更加相信购买过该商品的买家的评价，而非商家的主动推销。

美国 Hayneedle 公司在展示了用户反馈后，交易额增长了 26%。根据 PowerReviews 的报告[㊀]，这个数字可能更高。有一个有趣的现象是，负面评价并不总是坏事，就如谷歌的零售业咨询总监 John McAteer 所说：“没有人会相信所有的正面评价。”在没有差评的时候，浏览者会假设有人刻意伪造了评价。人无完人——产品和服务也是如此。

㊀ https://www.powerreviews.com/

对于消费者而言，通过查看产品评论可以了解商品质量、售前售后服务等各个方面，从而做出购买决定。在虚拟的购物环境中，信任的建立显得尤为重要。Bickart 等人[14]的研究表明，从网上获取的来自其他消费者的信息比商业途径的网络信息更易引发消费者对产品的兴趣，因为来自其他消费者的信息是相对中立的，没有商业诱导性。

对于商家而言，可以通过跟踪用户对产品的反馈意见来改进产品的质量或服务。获得有质量的评价有助于降低退货率（现在大部分电商都支持 7 天无理由退货），也有助于优化销售策略，将经营重点从评价低的产品转移到受欢迎的品类上来。此外，顾客的反馈还可以保持产品页面的持续更新，因为用户对于过期的评价会缺乏信任。另外，商家还可以通过分析在线评论信息和观点信息，获得消费者的行为特征，预测消费者的购买偏好，从而进行个性化的商品推荐。

因此，无论是商家还是潜在消费者都希望能通过一种方法来帮助他们自动对大量的产品评论进行处理。情感分析技术非常适用于电商领域，可以对产品评论进行有效的组织分类和观点挖掘，如从评论文本中分析用户对“数码相机”的“变焦”“价格”“大小”“重量”“闪光”“易用性”等属性的情感倾向性。

1.3.2 文化领域

从文化生活的角度看，情感分析技术可以挖掘用户对图书、影视等文化传媒的褒贬观点，实现影评、书评等资源的自动分类，有利于用户快速浏览正反两方面的评论意见，减少观看影视或者选择读物时的盲目性。

随着大量图书的出版和大量电影的上映，可供读者和观众利用的资源越来越多，但由于同类图书或电影过多，致使读者和观众难以选择。信息化的快速发展和 Web 2.0、Web 3.0 等社交网络的兴起，越来越多的用户利用互联网记录自己对事物的评价，比如各种电影网站、读书网站等，这样就形成了庞大的评论数据集。以豆瓣网为例，截止到 2017 年，豆瓣读书评分 9 分以上，且评价数超过 1000 的作品至少有 1000 多本。基于庞大的用户群产生的大量的评论信息，用其他读者对图书的评价和感兴趣程度为读者提供阅读推荐，成为推广文化、提高图书阅读率的一种重要手段。因此，基于书评或影评的文化产品推荐是一个具有实际应用价值的研究。

根据目前主流的趋势，推荐系统主要分为以下几种：基于内容的推荐、协同过滤推荐、基于知识的推荐等。其中，协同过滤推荐算法是目前应用最广泛的推荐算法，一般分为两类：基于用户的协同推荐和基于物品的协同推荐。然而，现有的推荐系统大多不考虑用户的情感特征。而相关研究成果[15] 表明，情感对用户行为和喜好的决定有着非常重要的作用，在信息推荐过程中充分考虑用户的情感倾向可以更好地适应用户的个性化需求，以更好地实现个性化推荐服务。

对于特定领域，比如电影，会有很多专有的特征词，以及特有的评价情感词，如何获取这些领域特有的特征词和情感词，是特定领域情感分析的关键。比如，Turney 在文献[16] 中提到情感词“unpredictable”在电影领域的评论中可能是褒义的，说明情节跌宕起伏，不容易猜到结局；而在汽车领域的评论中则可能是贬义的，如果汽车任何一项功能不可预测则会险象环生。因此，在针对特定领域进行情感分析时，要充分考虑领域依赖性。

1.3.3 社会管理

从社会管理的角度看，情感分析能够帮助管理者更快地了解群众对各类管理措施的意见，从而根据群众反馈对管理措施进行调整和修改；政府部门可以借此了解各个方面的公众舆论和社会意见，妥善对待网络舆情，这对准确把握社会脉搏，建设和谐社会有着重要意义。

从古代的“防民之口甚于防川”，到现在网络时代的“每个人都有了自己的麦克风”。互联网为社情民意的表达提供了平台，体现用户意愿、评论和态度的网络舆情也愈发受到重视。所谓网络舆情，就是对社会热门问题持有不同看法的网络舆论，是社会舆论的一种表现形式，也是公众通过互联网对现实生活中某些热点、焦点问题发表具有较强影响力、倾向性的言论和观点。网络舆情的两个重要特点就是网络非理性情绪和群体极化。许多非理性的情绪，如仇富、仇官、反权力、反市场等，借助暴力性和娱乐化的网络表达强化，使得人们变得更加情绪化和极端化。网民的非理性情绪，对社会稳定有潜在威胁，值得警醒。另一种特征“群体极化”是由美国教授 Cass R. Sunstein 提出的，就是“团队成员一开始就有某种方面的潜在倾向，在讨论之后，人们朝着所倾向的方向继续移动，最后形成极端的观点”。例如，最初群体中成员的意见都比较保守，在经过了群体的商议后，决策就可能会更加保守；相反，若个体成员意见倾向于冒险化，则经商议后的群体决策就可能会更趋向于冒险。舆情分析就是通过收集和整理民众态度，发现相关的意见倾向，从而客观反映出舆情状态。社会的安全管理需要不断关注网络舆情动向，并及时正确引导网络舆论方向，保证社会的长治久安。然而，各种渠道得到的信息庞杂，只靠人工方法进行甄别无法应对海量信息。因此，研发精确有效的情绪分析系统，实现对舆情信息的自动处理，对维持社会稳定有着非常重要的意义。

1.3.4 信息预测

情绪分析在态势预测中扮演着重要的角色。在美国大选期间，通过挖掘和分析民众在 Twitter 上对各竞选团队的评论[17]，制定针对摇摆州（美国大选中的一个专有名词，指竞选双方势均力敌，都无明显优势的州）的特定宣传政策，从而提高己方的民意支持率。在 2011 年意大利议会选举和 2012 年法国总统大选过程中，用情感分析计算出了政治领导候选人的 Twitter 支持率[17]，对选举预测具有重要意义。情感分析还可用于对政策性事件的民意预测，比如延迟退休的年龄等，为国家相关政策的制定提供辅助支撑。随着信息预测的应用内容越来越丰富，情感分析技术愈发受到重视。情感分析技术通过分析互联网新闻、博客等信息源，可以较为准确地预测某一事件的未来走势，无论是在政治、经济领域，还是在日常生活中，都具有重大意义。

情感分析在金融预测中也有着巨大的应用潜力，引起了研究者们的兴趣。美国印第安纳大学和英国曼彻斯特大学的学者发现一个有趣的现象[18]：Twitter 可以从一定程度上预测 3 到 4 天后的股市变化。他们将情绪分为冷静、警惕、确信、活力、友善和幸福六类，若将其中的“冷静”情绪指数后移 3 天，竟与道琼斯工业平均指数（DJIA）惊人的相似。研究者们推测：在股票市场中，微博上对某只股票的议论可以在很大程度上左右投资者的行为，因而进一步影响股市变化的趋势。

2012 年 5 月，世界首家基于社交媒体的对冲基金 Derwent Capital Markets 在屡次跳票后终于上线。它会即时关注 Twitter 中的公众情绪进而指导投资。基金创始人 Paul Hawtin 表示："长期以来，投资者普遍认为金融市场由恐惧和贪婪驱使，但我们从未拥有一种技术或数据来量化人们的情感。" Twitter 每天浩如烟海的推文，使得一直为金融市场的非理性举动所困惑的投资者，终于有了一扇可以了解心灵世界的窗户。基于 Twitter 的对冲基金 Derwent Capital Markets 在首月的交易中已经盈利，它以 1.85% 的收益率，让平均数只有 0.76% 的其他对冲基金相形见绌。类似的工作还有预测电影票房等[19]，均是将公众情绪与社会事件对比，发现一致性，并用于预测。

1.3.5 情绪管理

用户在微博、社区和论坛中的社交活动都是现实生活对网络社会的映射，这些社交网站中储存了大量的用户个人言论。由于用户的情感与其所关注的话题通常具有较强的相关性，分析用户发布的言论可以较为准确地获得人们的生活状态和性格特点。Golder 等人[20] 通过研究 Twitter 用户在昼夜和不同季节所展现的情绪节奏[20]，包括用户在工作、睡觉等不同时间段内表现的情绪，绘制出心情曲线，从而了解人们的精神状态。Kim 等人[21] 通过研究也发现人们的情绪在 6 点、11 点、16 点和 20 点达到了高峰[21]，并总结了用户一天中的情绪总体走向。利用这些研究成果，公司可以了解员工的工作状态，从而更有效地制定工作计划。此外，Zhou 等人[22] 对不同行业名人的微博进行分析[22]，统计名人所发微博中各类情绪的比例，分析出不同名人的性格、关注点和个人喜好。随着时代的进步和社会的发展，人们对自我关注的需求不断提高。通过对用户进行情感和情绪分析可以让用户更加了解自我，从而找到更加适合自己的方式去学习、工作和生活，情绪管理领域在未来将拥有更广阔的应用市场。

1.3.6 智能客服

随着人机交互技术的进步，对话系统正逐渐走向实际应用，尤其是智能客服系统受到了很多企业的关注。近年来，许多中大型公司都已经构建了自己的智能客服体系，例如京东的 JIMI 和阿里巴巴的 AliMe 等。智能客服系统旨在解决传统客服需要大量人力的状况，实现在服务效率和服务质量两个维度上的整体提升。初代智能客服系统主要面对业务内容，针对高频的业务问题进行回复解决，此过程依赖于业务专家对高频业务问题答案的归纳整理，主要的技术点在于精准的用户问题和回复内容之间的文本匹配能力。新型的智能客服系统除了解决高频业务问题之外，还需要智能导购能力、情绪预测能力、公关处理能力、娱乐互动能力等。其中，情感作为人类的基本特征，已经在智能客服系统中被重视和应用，比如智能客服系统需要具备一定的共情能力，才能给用户提供更好的交流体验。此外，智能客服系统还可以及时感知用户的负面情绪并转人工服务，从而避免投诉与纠纷。总之，让智能客服更懂人类情感，将提高客户对智能客服机器人的整体满意度。

1.4 情感分析面临的困难

尽管针对文本情感分析的研究已经取得了一定的成果，但仍然面临来自多方面的困难，主要包括：数据稀缺性、类别不平衡、领域依赖性、语言不平衡。

（1）数据稀缺性

无论是训练语料还是词典资源，都处于比较匮乏的阶段；文本情感分析主要包括基于情感词典和规则的无监督学习方法和基于机器学习的有监督学习方法。然而，在面向特定领域或场景时，无论是无监督学习还是有监督学习，数据都很稀缺。在无监督学习中，大规模高质量的情感词典是非常宝贵的，目前尚无公开的针对多个不同领域的情感词典可用。此外，即使有开源的情感词典，由于网络新词层出不穷，还需要不断对情感词典进行扩充和更新；在有监督学习中，需要借助有情感标注的语料库来提取特征并训练情感分类器。然而情感标注语料本身也是稀缺资源，由于不同领域的情绪表达有不同特点，通用的情感训练语料无法满足不同领域研究的需求。

（2）类别不平衡

收集到的样本中情绪各类别的数量明显存在差异；情感分析的工作已开展多年，目前大多数工作都假设正负样本是均衡的。情绪分析是在情感分析的基础上进行更细粒度的分类。然而，不同情绪的数据集规模往往不均衡，在实际收集的微博语料中，一些情绪类别的语料数量明显多于另一些类别，比如表达喜欢的语料明显多于表达害怕的。所以，适用于均衡分类的方法在面对不均衡数据时效果往往并不理想。样本数据的不平衡分布会使机器学习方法在进行分类时严重偏向于样本多的类别，进而影响分类的性能。

（3）领域依赖性

情感词在不同领域的表达存在差异；同一个词在不同的领域背景下表达着不同的情感，比如“不可预测”在电影评论领域是褒义的，在汽车评论领域是贬义的。因此，在进行情感分析的时候，应该充分考虑情绪词的领域依赖性。跨领域情绪分析是文本情绪分析的一个重要研究课题，有很多问题需要解决。比如，在一个领域的意见表达，在另一个领域可能反转。此外，还应该考虑不同领域情绪词汇的差异。

（4）语言不平衡

当前大多数工作都基于英文语料，语言迁移存在困难。现有情绪分析工作大多基于英文，虽然近些年对中文的情绪分析也有了一定的研究成果，但是基于情感语义知识库的工作都需依赖特定语种的外部资源，基于英文的情感分析研究在迁移到其他语言时往往性能下降明显。此外，由于非英语的情感分析训练集和测试集也相对匮乏，极大限制了非英语语种的情绪分析研究。

1.5 机遇和挑战

随着大数据时代的到来，网络上积累的信息资源越来越多，信息总量呈指数级增长。与此同时，随着多媒体融合、深度学习发展、特定主题挖掘和多语言协同等研究热点的兴起，给文本情感分析带来了新的挑战和机遇。

（1）面向大数据的文本情感分析

大数据技术的发展使数据的收集变得非常容易且成本低廉，对海量的信息数据进行挖掘，可以获得巨大的产品或服务价值。然而收集的数据大多以非结构化文本形式存储，且噪声较多，在对文本数据进行情感分析时，主流方法的时间复杂度和空间复杂度较高，难以满足训练大规模数据的需求，需要提出面向大数据的并且具有增量学习能力的文本情感分析方法。

（2）多媒体融合的情感分析

传统的情感分析主要关注文本，然而图片等多媒体通常可以比文本表达更明显的情感状态，即所谓的“一图胜千言”。此外，另一种情感信息表达的主要载体——语音，也可以很好地反应用户的当前情感状态。因此，随着图像、音频等不同类型社交网络数据的不断增长，各种类型的用户数据相结合的研究将具有更好的应用前景。

（3）多语言情感分析

随着文化交流的增加，多种语言的网络信息相互影响与融合。现有工作主要针对单一语言，而在单一语言情感分析中所收集到的训练语料和情感词典，难以在多语言的环境中直接使用。对于多语言情感分析，在解决情感分析任务的基本问题时，还需要借助机器翻译、双语词典等外部资源，很容易引入翻译错误，还有文化偏差等因素的存在，这些都对多语言情感分析提出了更大的挑战。此外，不同语言情感分析的语料资源也存在不均衡性，对于一些低资源语种的情感分析则更加困难。

（4）深层意图理解

虽然目前深度学习在文本情感分析上取得了巨大的突破，然而对人类情感的深层理解仍需要复杂知识的支持，实现从理解字面意思到言外之意的跃迁。比如，在社交媒体中，讽刺是比较常见的表达方式，往往被人们用来表达和文本字面相反的情感。此外，目前的技术还很难捕捉字面之外的深层意图，比如有些话题在当前文本中只字未提却能让人展开丰富联想。要实现深层意图理解，不仅需要对内容发起人进行画像分析，还需要引入常识、事理、心理等各种知识进行推理，是一项更难、更综合的任务。

1.6 本章小结

文本情感分析作为自然语言处理和文本挖掘中一个经典的研究方向，有着广泛的应用前景。本章首先介绍了常见的文本情感分析任务，然后简述了基于知识库、基于机器学习和基于深度学习三种常见的文本情感分析方法，最后总结归纳了文本情感分析现阶段面临的困难，以及存在的机遇和挑战。

参考文献

[1] LIU B. Synthesis lectures on human language technologies: sentiment analysis and opinion mining [M/OL]. Morgan & Claypool Publishers, 2012. https://doi.org/10.2200/S00416ED1V01Y201204HLT016.

[2] 徐琳宏，林鸿飞，赵晶．情感语料库的构建和分析 [J]．中文信息学报，2008.
[3] WANG X, WEI F, LIU X, et al. Topic sentiment analysis in twitter: a graph-based hashtag sentiment classification approach [C/OL]//MACDONALD C, OUNIS I, RUTHVEN I. Proceedings of the 20th ACM Conference on Information and Knowledge Management, CIKM 2011, Glasgow, United Kingdom, October 24-28, 2011. ACM, 2011: 1031-1040. https://doi.org/10.1145/2063576.2063726.
[4] HU X, TANG L, TANG J, et al. Exploiting social relations for sentiment analysis in microblogging [C/OL]//LEONARDI S, PANCONESI A, FERRAGINA P, et al. Sixth ACM International Conference on Web Search and Data Mining, WSDM 2013, Rome, Italy, February 4-8, 2013. ACM, 2013: 537-546. https://doi.org/10.1145/2433396.2433465.
[5] ZHOU S, CHEN Q, WANG X. Active deep networks for semi-supervised sentiment classification [C/OL]//HUANG C, JURAFSKY D. COLING 2010, 23rd International Conference on Computational Linguistics, Posters Volume, 23-27 August 2010, Beijing, China. Chinese Information Processing Society of China, 2010: 1515-1523. https://aclanthology.org/C10-2173/.
[6] SOCHER R, PERELYGIN A, WU J, et al. Recursive deep models for semantic compositionality over a sentiment treebank [C/OL]//Proceedings of the 2013 Conference on Empirical Methods in Natural Language Processing, EMNLP 2013, 18-21 October 2013, Grand Hyatt Seattle, Seattle, Washington, USA, A meeting of SIGDAT, a Special Interest Group of the ACL. ACL, 2013: 1631-1642. https://aclanthology.org/D13-1170/.
[7] 李寿山．情感文本分类方法研究 [J]．2008.
[8] 谭松波．高性能文本分类算法研究 [D]．中国科学院研究生院，2006.
[9] STAIANO J, GUERINI M. Depeche mood: a lexicon for emotion analysis from crowd annotated news [C]//Proceedings of the 52nd Annual Meeting of the Association for Computational Linguistics (Volume 2: Short Papers). [S.l.: s.n.], 2014: 427-433.
[10] RAO Y, XIE H, LI J, et al. Social emotion classification of short text via topic-level maximum entropy model [J/OL]. Inf. Manag., 2016, 53 (8): 978-986. https://doi.org/10.1016/j.im.2016.04.005.
[11] KESHTKAR F, INKPEN D. A hierarchical approach to mood classification in blogs [J/OL]. Nat. Lang. Eng., 2012, 18 (1): 61-81. https://doi.org/10.1017/S1351324911000118.
[12] ORIMAYE S O, ALHASHMI S M, SIEW E. Can predicate-argument structures be used for contextual opinion retrieval from blogs? [J/OL]. World Wide Web, 2013, 16 (5-6): 763-791. https://doi.org/10.1007/s11280-012-0170-8.
[13] BEINEKE P, HASTIE T, MANNING C, et al. Exploring sentiment summarization [C]//Proceedings of the AAAI spring symposium on exploring attitude and affect in text: theories and applications: volume 39. [S.l.]: The AAAI Press Palo Alto, CA, 2004.
[14] BICKART B, SCHINDLER R M. Internet forums as influential sources of consumer information [J]. Journal of interactive marketing, 2001, 15 (3): 31-40.
[15] ZHANG Y, LAI G, ZHANG M, et al. Explicit factor models for explainable recommendation based on phrase-level sentiment analysis [C/OL]//GEVA S, TROTMAN A, BRUZA P, et al. The 37th International ACM SIGIR Conference on Research and Development in Information Retrieval, SIGIR '14, Gold Coast, QLD, Australia-July 06-11, 2014. ACM, 2014: 83-92. https://doi.org/10.1145/2600428.2609579.
[16] TURNEY P D. Thumbs up or thumbs down? semantic orientation applied to unsupervised classification of reviews [C/OL]//Proceedings of the 40th Annual Meeting of the Association for Computational

Linguistics, July 6-12, 2002, Philadelphia, PA, USA. ACL, 2002: 417-424. https://aclanthology.org/P02-1053/. DOI: 10.3115/1073083.1073153.

[17] TUMASJAN A, SPRENGER T O, SANDNER P G, et al. Predicting elections with twitter: what 140 characters reveal about political sentiment [C/OL]//COHEN W W, GOSLING S. Proceedings of the Fourth International Conference on Weblogs and Social Media, ICWSM 2010, Washington, DC, USA, May 23-26, 2010. The AAAI Press, 2010. http://www.aaai.org/ocs/index.php/ICWSM/ICWSM10/paper/view/1441.

[18] BOLLEN J, MAO H, ZENG X. Twitter mood predicts the stock market [J/OL]. J. Comput. Sci., 2011, 2 (1): 1-8. https://doi.org/10.1016/j.jocs.2010.12.007.

[19] HUR M, KANG P, CHO S. Box-office forecasting based on sentiments of movie reviews and independent subspace method [J/OL]. Inf. Sci., 2016, 372: 608-624. https://doi.org/10.1016/j.ins.2016.08.027.

[20] GOLDER S A, MACY M W. Diurnal and seasonal mood vary with work, sleep, and daylength across diverse cultures [J]. Science, 2011, 333 (6051): 1878-1881.

[21] KIM S, LEE J, LEBANON G, et al. Estimating temporal dynamics of human emotions [C/OL]//BONET B, KOENIG S. Proceedings of the Twenty-Ninth AAAI Conference on Artificial Intelligence, January 25-30, 2015, Austin, Texas, USA. AAAI Press, 2015: 168-174. http://www.aaai.org/ocs/index.php/AAAI/AAAI15/paper/view/9682.

[22] ZHOU X, WAN X, XIAO J. Collective opinion target extraction in chinese microblogs [C/OL]//Proceedings of the 2013 Conference on Empirical Methods in Natural Language Processing, EMNLP 2013, 18-21 October 2013, Grand Hyatt Seattle, Seattle, Washington, USA, A meeting of SIGDAT, a Special Interest Group of the ACL. ACL, 2013: 1840-1850. https://aclanthology.org/D13-1189/.

CHAPTER2

第2章 文本情感分析基础

2.1 有监督学习

有监督学习是一种机器学习任务，从标记的训练数据中学习到解决特定任务的模型。训练数据包括一组训练示例。在有监督学习中，每个实例由一个输入对象（通常是一个向量）和一个期望输出值（也称为监督信号）组成。监督学习算法通过分析训练数据，产生一个推理函数，可以用来处理新的样本。最理想的情况是允许算法正确地确定未见过的样本的类别标签。

2.2 无监督学习

在现实生活中，有很多需要处理的事情，我们事先并不知道答案，无法告诉计算机什么才是正确的，但是计算机经过训练后却可以达到人类的要求。像这种事先并没有标准答案（没有标签）的训练方式就叫作无监督学习。

无监督学习研究的主要目标是预训练一个模型（或“编码”）网络，供其他任务使用。编码特征通常能够用到分类任务中。迄今为止，监督模型总是比无监督的预训练模型表现得要好。其主要原因是监督模型对数据集的特性编码更好。但如果模型运用到其他任务，监督工作是可以减少的。在这方面，希望达到的目标是无监督训练可以提供更一般的特征，用于学习并实现其他任务。

无监督学习算法没有标签，训练模型往往没有明确的目标，训练结果可能不确定。从本质上讲，无监督学习算法是一种寻找数据中潜在结构的概率统计方法。一个经典的无监督学习任务是找到数据的最佳表示。排除那些不相关、不影响整体情况或影响因素最小的因素，找到数据最核心、最关键的简单表示。这里简单表示包括：低维度表示（将数据的信息压缩到一个小的表示中）、稀疏表示（输入的数据集嵌入到输入项大多数为零的表示中，充分利用零，通常用于需要增加维度的情况）、独立表示（分开数据分布中变化的来源，以便用相互独立的维度代表，不会失去很多信息）。

常用的无监督学习方法有主成分分析法（Principal Component Analysis，PCA）、等距映射法、局部线性嵌入法、局部切空间排序法等。

2.3 半监督学习

半监督学习是机器学习的一个分支，它使用有标记的和无标记的数据来执行学习任务。在概念上，它介于有监督和无监督学习之间，允许在任务中利用大量的无标记数据，并结合少量的有标记数据集。

目前，大部分半监督学习的研究都集中在分类任务上。半监督分类方法尤其适用于标记数据稀缺的情况，在这种情况下很难构造一个可靠的监督分类器。这种情况一般发生在标记数据代价昂贵或难以获取的应用领域。如果有足够的无标记数据，并且对数据的分布有一定的假设，则无标记数据可以帮助构建更好的分类器。

半监督学习的主要目标是利用无标记的数据来构建更好的学习过程。正如前面提到的，只有当无标记数据携带了对标签预测有用的信息，而这些信息不是单独包含在有标记数据中或不能轻易提取出来时，无标记数据才是有用的。为了在实践中应用任何半监督学习方法，算法需要能够提取这些信息。然而，对于从业人员和研究人员来说，不仅很难精确定义任何特定的半监督学习算法可能工作的条件，而且很难直接评估这些条件在多大程度上得到满足。不过，人们可以推断出不同的学习方法对各种类型的问题的适用性。例如，基于图的方法通常依赖于局部相似性度量来构建所有数据点的图，要成功地应用这种方法，重要的是可以设计一个有意义的局部相似度量。另一方面，监督学习算法的半监督扩展通常依赖于与监督学习算法相同的假设。例如，监督和半监督支持向量机都依赖于低密度假设，即决策边界应该位于决策空间的一个低密度区域。

2.4 词向量

词向量（也称为词嵌入）表示可以看作是现代自然语言处理的开端，它被广泛应用于各种自然语言处理任务中。本节我们首先概述单词从稀疏表示到稠密单词向量表示的演化过程，其次介绍神经网络语言模型 Word2Vec 和 GloVe 中单词嵌入的计算方法，再次展示如何基于超参数调优和系统设计选择提高模型的性能，最后展示在不同任务和数据集上关于词嵌入的评价。

2.4.1 词向量表示的演化过程

由于计算机处理的是数字信号，因此将自然语言的文本和句子转换成数字表示是不可避免的。独热编码（One-Hot Encoding）和词袋模型（Bag-of-Word，BOW）是实现这一目标的两种简单方法。

独热编码是将句子二进制表示的方法，它将待表示句子按照词典中单词或字母的顺序映射成为 0-1 向量，向量的维度即为词典的大小，其中 1 代表单词对应的维度，而其他维度则置 0。使用独热编码后的词向量可以进行后续的建模，但由于此种方法编码得到的向量维度高且稀疏，并且假设单词之间互相独立，因此无法表示单词间的语义关系。

与独热编码相比，一种更复杂的方法称为词袋模型。词袋模型属于基于计数的方法，这种方法计算文档或文本块中所有不同单词的出现次数和同时出现次数。在此之后，每个文本块由矩阵中的一行表示，其中的列是单词。这意味着与独热编码相比，这种方法能够在句子和文本块中包含一些上下文信息。

上述方法在文本分析中起到了积极的效果。具体来说，这些方法在构造词向量时非常简单，也具有一定的健壮性。有实验表明，在大量数据上训练的简单模型比在较少数据上训练的复杂系统表现更好。然而这些方法也面临着一系列的问题，其中最突出的是向量稀疏性的问题。这意味着嵌入后得到的向量维度高，而且存在着大量值为零的维度。许多机器学习方法不能在高维稀疏的特征向量进行建模。在过去，这些问题一般通过主成分分析等降维方法或特征选择模型来解决。另一个重要的缺陷是，此类方法无法判断两个单词的相似性，这使得模型在判断“猫”和“老虎”的相似性时同判断“猫”和“车”的相似性没有差别。

为解决上述问题，词的分布式表示方法被相继提出。词的分布式表示方法使用连续的向量来表示文本中的每个单词，得到的向量通常维度在100~500之间，这个连续的向量空间称为语义空间。在这个空间中，语义相似的单词彼此靠近，而更多的不相似的单词彼此远离。经过该类方法的词向量表示可以反映出单词间的相似度信息。

2.4.2 词嵌入方法

词汇嵌入学习背后的基本思想是所谓的分布假设，即出现在相同上下文中的单词往往具有相似的含义。例如，单词 car 和 truck，它们与 road、traffic、transportation、engine 和 wheel 等经常一起出现，因此在类似的上下文中出现时，单词往往具有相似的语义。由此可知，机器学习和深度学习算法可以通过评估单词出现的上下文找到其特征表示，在相似上下文中使用的词将被给予相似的表示。然而，在词语的语境中寻找此类相似性的方法各不相同。寻找单词表示开始于更传统的基于计数的技术，它收集单词统计数据，比如单个单词的出现频率和多个单词共同出现频率，如上述的词袋模型，但这些表示通常需要某种降维。后来，当神经网络被引入自然语言处理时，所谓的预测技术取代了传统的基于计数的词表示，这种技术主要是在2013年之后随着 Word2Vec 的引入而普及。这些模型学习单词的稠密表示，因为它们直接学习低维单词表示，所以不需要额外的降维步骤。下面将介绍最具代表性的模型词嵌入预测方法。首先，将介绍神经网络语言模型，然后是两种流行的算法 Word2Vec 和 GloVe。

1. 前馈神经网络语言模型（Neural Network Language Model，NNLM）

在统计神经网络语言模型（NNLM）中学习单词嵌入的方法由 Bengio 等人[1] 率先提出。NNLM 模型的目标是基于前一个单词的序列预测下一个单词。该模型首先使用简单的前馈神经网络学习单词嵌入，然后在第二步学习单词序列的概率函数。通过这种方式，我们不仅可以得到模型本身，还可以学到单词的表示。NNLM 可以被用作不同 NLP 任务的输入。NNLM 的结构含有一个输入层，包含独热编码的词输入，一个用于词嵌入的线性投影层，以及一个 tanh 函数的隐藏层，最后是一个 softmax 输出层。该模型的输出是给定特定上下文的所有单词的概率分布向量，以及表示词表中的每个单词提供的一个概率得分向量。输出向量的第 i 个元素表示概率 $P(w_t=i \mid \text{context})$。softmax 函数用于归一化向量，其计算公式如下：

$$\hat{P}(w_t \mid w_{t-1},\cdots,w_{t-n+1})=\frac{e^{Y_{w_t}}}{\sum_i e^{y_i}} \tag{2.1}$$

其中 $\boldsymbol{y}_i$ 表示单词 i 未归一化的概率值。Bengio 等人提出的 NNLM 模型架构如图 2-1 所示，当训练网络模型时，损失函数 $L(\hat{\boldsymbol{y}},\ \boldsymbol{y})$ 一般定义为交叉熵损失，评估预测值 $\hat{\boldsymbol{y}}$ 和真实值 $\boldsymbol{y}$ 的误差。其中 $\hat{\boldsymbol{y}}$ 是网络的输出向量，经过 softmax 分类器变换后作为条件分布表示。而 $\boldsymbol{y}$ 通常为输出单词的真实独热向量，或是给定特定上下文词汇的真实多项式概率分布的向量。网络参数 φ（如训练嵌入向量的权重）在训练中不断地被更新以最小化损失函数。更新过程通常是由随机梯度下降（SGD）优化器完成的，其中梯度是通过反向传播获得的。梯度下降优化器试图通过偏导数找到最强下降的方向，并相应地更新参数 ϕ。学习速率 ϵ 定义了在这个方向上的步长大小。Bengio 等人使用的是梯度上升优化器，在给出训练语料的第 t 个单词后进行如下迭代更新：

$$\theta \leftarrow \theta+\epsilon\frac{\log\hat{P}(w_t \mid w_{t-1},\cdots,w_{t-n+1})}{\partial\theta} \tag{2.2}$$

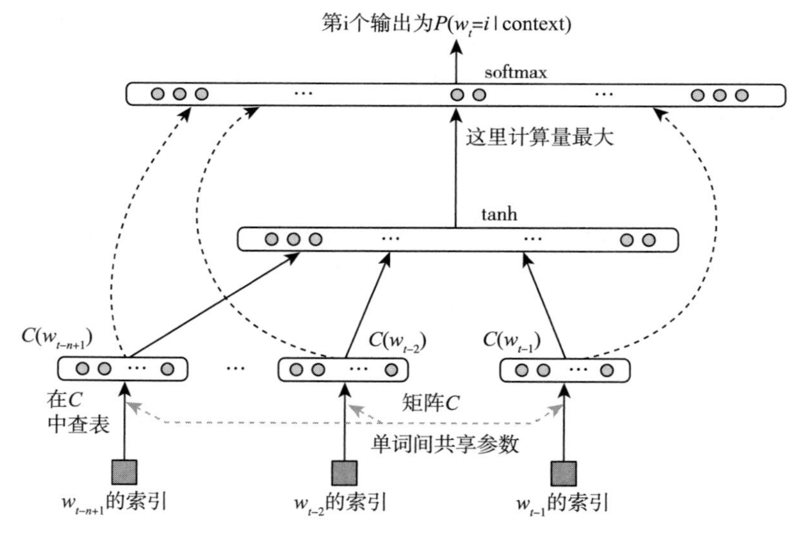

图 2-1　NNLM 模型架构

2. Word2Vec

Tomas Mikolov、Chen 等人于 2013 年[2] 提出了两种 Word2Vec 算法，这掀起了自然语言处理领域的浪潮，使词嵌入得到了普及。与上述 NNLM 模型相比，Word2Vec 算法并不是用于统计语言建模的目标，而是用于学习单词嵌入本身。连续词袋（CBOW）和 skip-gram 这两种 Word2Vec 算法使用带有输入层、投影层和输出层的浅层神经网络。与之前解释的前馈 NNLM 相比，非线性隐藏层被移除。CBOW 背后的一般思想是基于上下文词窗口预测目标词，其上下文单词的顺序不影响单词预测。相比之下，skip-gram 试图预测目标词的上下文词。这是在训练期间调整初始权重时完成的，以最小化损失函数。

在 CBOW 结构中，N 个输入（上下文）单词是维度大小为 V 的独热编码向量，其中 V 是词汇表的大小。与 NNLM 模型相比，CBOW 不仅使用前面的单词，还使用了单词后面的片段作为上下文。映射层是标准的全连接（稠密）层，其维数为 $1\times D$，其中 D 为单词嵌入的维数大小。映射层为所有单词共享，这意味着所有的单词都以线性的方式投射到相同的位置。输出层从词汇表中输出目标词的概率，其维数为 V。网络的输出是词汇表中所有单词的概率分布，就像在 NNLM 模型中一样，其中预测是具有最高概率的单词。但是代替使用标准的 softmax 分类器，在 NNLM 模型中作者建议使用对数线性 softmax 分类器来计算概率，CBOW 模型如图 2-2a 所示。skip-gram 使用具有连续投影层的对数线性分层 softmax 分类器，但输入只有一个目标词，输出层由所有词的概率向量组成，其数量与选中的上下文词的数量相同。此外，由于距离较远的词通常与目标词的关联度较低，skip-gram 模型通过从训练示例中的单词中取样较少的样本，从而将距离较近的上下文词的权重高于距离较远的上下文词。图 2-2b 为 skip-gram 的模型架构。

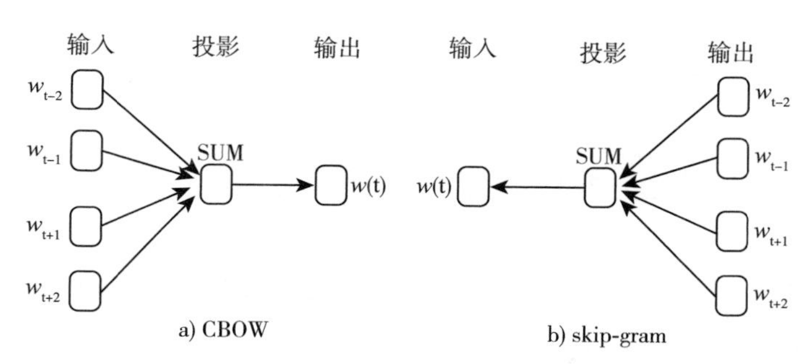

图 2-2　利用 CBOW 和 skip-gram 模型体系结构学习单词嵌入㊀

如上文所述，Word2Vec 模型使用分层的 softmax 分类器，其中词汇表表示为 Huffman 二叉树，而不是在前面一节中解释的标准 softmax 分类器。使用分层的 softmax，输出向量的大小可以从词汇量大小 V 减少到以 2 为底 V 的对数，这在计算复杂度和算法所需的操作数量上是一个巨大的改进。Morin 和 Bengio（2005）[3] 对这种方法做了进一步的解释。

实验结果表明，Word2Vec 算法优于许多其他标准 NNLM 模型。其中 CBOW 的速度更快，而 skip-gram 对不常见的单词做得更好。skip-gram 可以很好地处理少量的训练数据，对罕见的单词有很好的表示，而 CBOW 训练速度快几倍，对频繁的单词有更好的准确性。

㊀　资料来源：Tomas Mikolov、Chen 等人[2]。

3. GloVe

GloVe 的全称为全局向量词表示，该方法强调了该模型的全局特性。与前文介绍的 Word2Vec 算法不同，GloVe 不仅依赖于局部上下文信息，还包含了全局共现统计数据。Word2Vec 算法基于神经网络完成预测任务，如预测相邻的单词（CBOW）或（skip-gram），是一个优化过程，共现次数多的词对应的词向量会发生相互靠近。该模型建立在从共现矩阵中获得单词之间语义关系的可能性上，并且两个单词与第三个单词共现概率的比值比直接共现概率更能表明语义关联[4]。

令 $P_{ij}=P(j\mid i)=\dfrac{X_{ij}}{X_i}$ 表示单词 j 出现在单词 i 的上下文中的概率。表 2-1 展示了单词 ice 和 steam 的一个例子。这些词之间的关系可以通过对比它们与其他词 k 的共现概率的比值来检验。对于单词 solid，它和 ice 共现次数比 steam 的次数高，因此比值大于 1。相反的如 water 或者 fashion 同 steam 共现次数高，则比值小于 1。可以看到，引入第三个单词来对比共现概率 $\dfrac{P_{kj}}{P_{ki}}$ 比单独地定义 i 和 j 的词向量更能够反映出两者的相关性。

表 2-1　目标词的共现概率 ice 和 steam 与选定的上下文词㊀

概率与比例	k=solid	k=gas	k=water	k=fashion
$P(k\mid ice)$	1.9×10^{-4}	6.6×10^{-5}	3.0×10^{-3}	1.7×10^{-5}
$P(k\mid steam)$	2.2×10^{-5}	7.8×10^{-4}	2.2×10^{-3}	1.8×10^{-5}
$P(k\mid ice)P(k\mid steam)$	8.9	8.5×10^{-2}	1.36	0.96

Pennington 等人（2014）尝试将比值 $\dfrac{P_{kj}}{P_{ki}}$ 合并到单词嵌入计算中。他们提出了一个旨在实现以下目标的优化问题：

$$\boldsymbol{w}_i^{T}\boldsymbol{w}_b+b_i+b_k=\log(X_{ik}) \tag{2.3}$$

其中 b_i 和 b_k 为单词 i 和 k 的偏置项，X_{ik} 为单词 i 和 k 的共现频次。这里的目标使 $\boldsymbol{w}_i$ 和 $\boldsymbol{w}_b$ 的点积与它们共发生次数的对数之间的差异最小化，优化的结果是构建向量 $\boldsymbol{w}_i$ 和 $\boldsymbol{w}_b$ 来解决这一优化问题，他们将方程重新表述为最小二乘问题，并引入了一个加权函数，因为与更频繁的共现相比，罕见的共现给模型添加了噪声和更少的信息。

2.5　卷积神经网络

本节简要介绍卷积神经网络（Convolutional Neural Network，CNN）原理及其网络结

㊀ 资料来源：D. Pennington 等人（2014）[4]。

构，在此基础上进一步探索卷积神经网络在自然语言处理（Natural Language Processing，NLP）领域的应用。

如图 2-3 所示，一种卷积神经网络依次包括输入层、多个隐藏层和输出层，其中输入层根据不同的应用场景会有所不同。

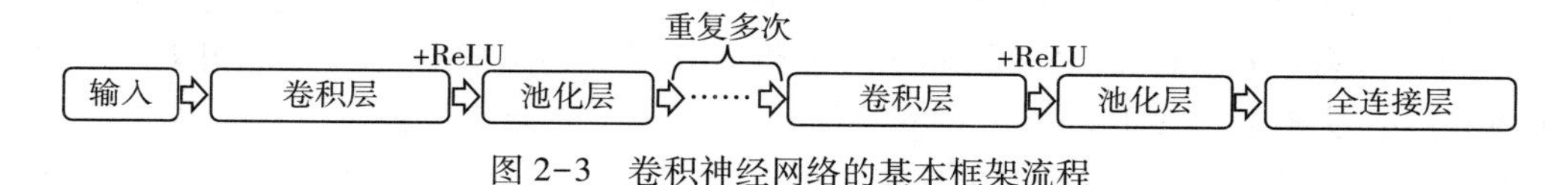

图 2-3　卷积神经网络的基本框架流程

隐藏层是 CNN 架构的核心块，由一系列卷积层、池化层组成，最后通过全连接层得到输出。接下来我们详细描述 CNN 的关键层以及它们对应的直观例子。

2.5.1　卷积层

卷积层是 CNN 的核心模块。简言之，输入数据经过卷积层后被抽象成特征图（feature map），一组可学习的滤波器（也称为卷积核）在整个过程中起着重要的作用。图 2-4 提供了对卷积层更直观的解释。

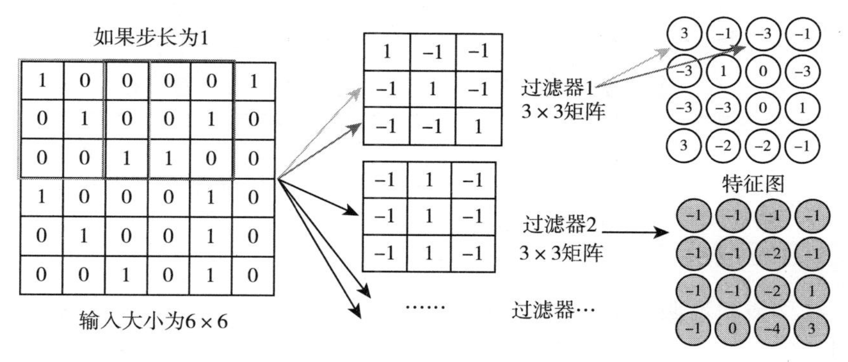

图 2-4　卷积层的基本操作

假设网络的输入是一个 6×6 深度为 1 的矩阵，其中每个元素表示为 0 和 1。上文中提到，卷积层中含有可以被学习的滤波器，每个滤波器可以看作是一个矩阵，类似于全连通层中的神经元。图 2-4 中展示的是两个 3×3 的滤波器，通过设置指定的步长，滤波器顺序对整个输入矩阵进行卷积操作。滤波器的每个元素都作为神经网络的参数（权重和偏差），这些参数不是基于初始设置，而是通过训练数据进行训练。

给定输入图像 $X \in \mathbb{R}^{M \times N}$ 和第一个滤波器 $\boldsymbol{W}^1 \in \mathbb{R}^{U \times V}$，计算特征映射矩阵 $\boldsymbol{A}^1$（特征图），以 $\boldsymbol{A}^1$ 的第一个元素为例计算卷积：

$$\boldsymbol{A}_{11}^1 = \sum_{u=1}^{U} \sum_{v=1}^{V} w_{uv} x_{uv} = 3 \tag{2.4}$$

卷积的运算过程可以看作图像滤波器扫到的区域与滤波器的元素做矩阵运算。在设置特定的滑动步长（stride）后，滤波器通过移动相应的步长，再次进行卷积操作，得到的特征映射矩阵的第二个元素值。以此类推，经过整个滑动卷积操作（图中步长设置为 1），最终能够得到一个 4×4 大小的特征图矩阵。卷积层的输出是通过不同滤波器对应的特征映射沿深度维度堆叠在一起的多个特征映射（也称为激活映射），输出的维度与滤波器的个数相同。

Kalchbrenner、Espeholt、Simonyan 和 Oord 等人[5-6] 提出了一种改进的卷积层，称为空洞卷积或者膨胀卷积（Dilated Convolution）层，以解决池化层的池化操作会丢失大量信息的问题。其关键的改进是网络的接受域不会因为去除池化操作而减少。换句话说，更深的隐藏层中的特征映射单元仍然可以映射原始输入的更大区域。如图 2-5 所示，虽然没有池化层，但随着层的加深，原始输入信息仍在增加。

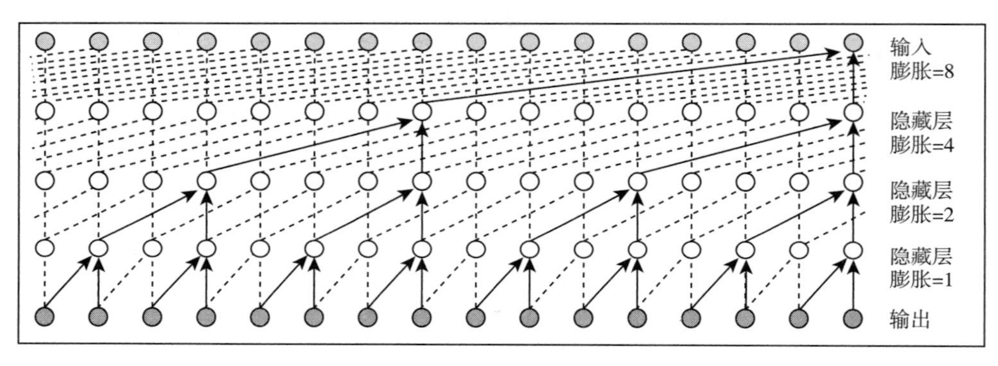

图 2-5　膨胀卷积层示意图

2.5.2　激活函数层

非线性层（或激活函数层）是每个卷积层之后的后续过程。一般来说，引入非线性的主要原因是各个神经元之间存在一定的非线性关系。然而，卷积层基本上是一个线性操作，因此，连续的卷积层本质上相当于一个单独的卷积层。因此，神经元之间的非线性特性没有得到体现，有必要在卷积层之间建立一个激活函数来避免这一问题。

激活函数（activation function）在 CNN 中起着至关重要的作用，它是一个非线性变换，决定一个神经元是应该被激活还是被忽略。在卷积层之后，还可以使用多种激活函数，如 tanh 函数、sigmoid 函数等，其中 ReLU 是神经网络尤其是 CNN 中最常用的激活函数[7]，得益于其具有两种特性。

- **非线性：** ReLU 的全称是线性整流函数（Rectified Linear Unit），又称修正线性单元。它的数学定义为 $R(z)=z^{+}=\max(0, z)$，其中 z 表示卷积层的特征映射输出。特征映射的所有负值将被设置为零取代。
- **非饱和性：** 饱和算法是指一种所有运算都被限制在最大值和最小值之间的固定范围内的算法。ReLU 的非饱和性可以有效地解决梯度消失的问题，提供相对宽的激活边界。

激活层的简化版本如图 2-6 所示。多张特征图的每一个元素都是由之前的卷积层确定的，通过该层的 ReLU 激活函数进一步计算。具体来说，所有正值保持不变，负值被设置为零来取代。激活层之后的输出将作为后续卷积层的输入，激活层与前一层的特征图具有相同的网络结构。

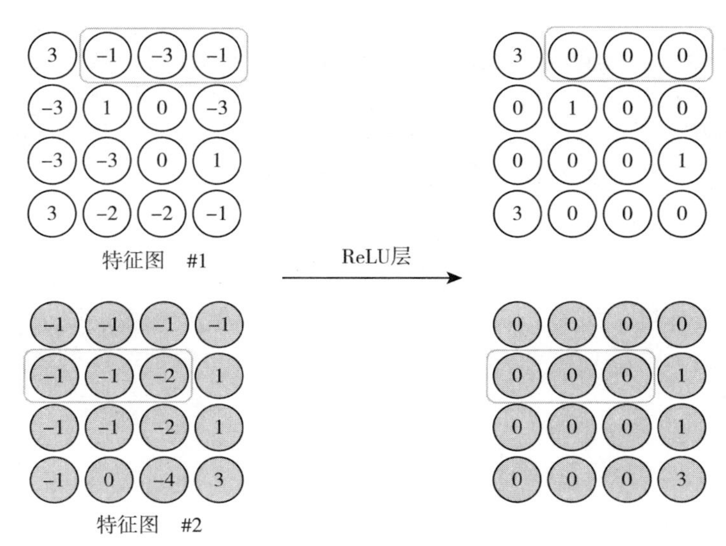

图 2-6　激活层的基本操作结构

2.5.3　池化层

池化层在理解上较为直观。池化层的目的是逐步减小特征图的空间大小，并且识别出其中重要的特征。池化操作有多种，包括平均池化、最大池化等。同时，这一过程在一定程度上有助于控制过拟合。图 2-7 演示了一个构建最大池化基本操作结构的示例。

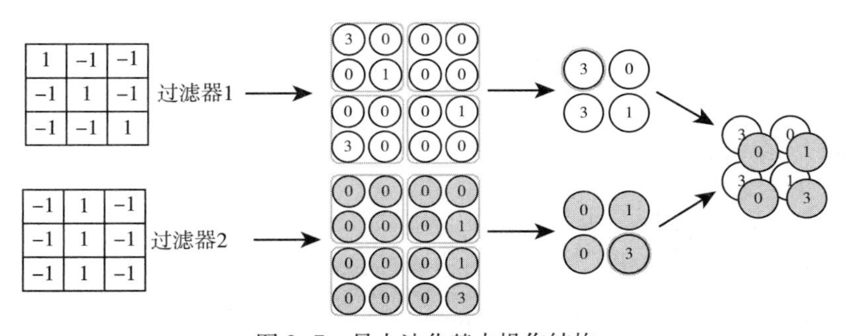

图 2-7　最大池化基本操作结构

上面的图例展示了两个滤波器经过卷积操作生成两个特征映射矩阵。在例子中，两个 4×4 特征映射矩阵被分为 4 个不重叠的子区域，每个子区域的最大值会被保留送至输出层。

在神经网络中添加最大池化层的一些最关键的原因如下所述。

- **降低计算复杂度**：由于最大池化减少了卷积层给定输出的维数，网络将能够检测出更大的输出区域。这一过程减少了神经网络中的参数数量，从而减少了计算负荷。
- **控制过拟合**：当模型过于复杂或对训练数据拟合过好时，就会出现过拟合。它可能会失去真正的结构，然后变得难以推广到测试数据中的新案例。通过最大池操作，并不是提取所有的特征，而是提取每个子区域的主要特征。因此，使用最大池化操作可以在很大程度上降低过拟合的概率。

2.5.4　全连接层

全连接层衔接在多个卷积层和池化层之后，全连接层中的每个神经元与倒数第二层的所有神经元完全连接。如图 2-8 所示，全连接层可以整合卷积层或池化层中具有类差异的局部信息。为了提高 CNN 网络的性能，全连接层中每个神经元的激励函数一般采用 ReLU 函数。

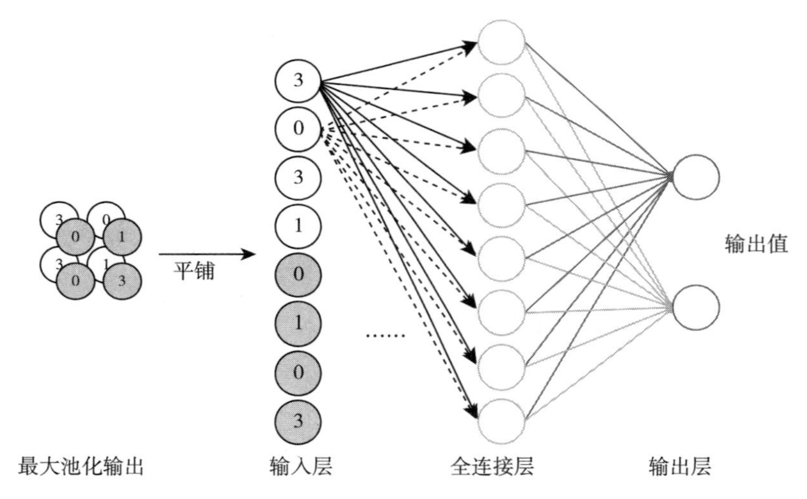

图 2-8　全连接层基本操作框架

2.6　循环神经网络

循环神经网络（Recurrent Neural Network，RNN）的展开结构如图 2-9 所示。图 2-9 中每个节点都对应着是 RNN 中一个特定的时间点。输入的 $\boldsymbol{x}^{(t)}$ 是一个数字化的向量，这个向量可以是词嵌入或独热编码的向量。循环中的 h 是隐藏状态，表示隐藏层的输出。在 t 时刻下，一个隐藏状态 $h^{(t)}$ 结合了上一时刻的隐藏状态 $h^{(t-1)}$ 以及这一时刻的输入 $\boldsymbol{x}^{(t)}$，然后传送到下一个隐藏状态。可以看到，这样的结构需要去初始化最初时刻的隐藏状态 $h^{(0)}$。给定输入序列，输出向量 $\hat{\boldsymbol{y}}^{(t)}$ 被用作预测下一个输入的分布 $\Pr(\boldsymbol{x}^{(t+1)} \mid \boldsymbol{y}^{(t)})$。

由于 RNN 在每个时刻 t 都得到一个输出，因此整个网络的输出包括了各个时刻得到的输出以及最后的输出状态。大部分情况下只需要提取最后的输出，因为它涵盖了整个序列的全部信息。

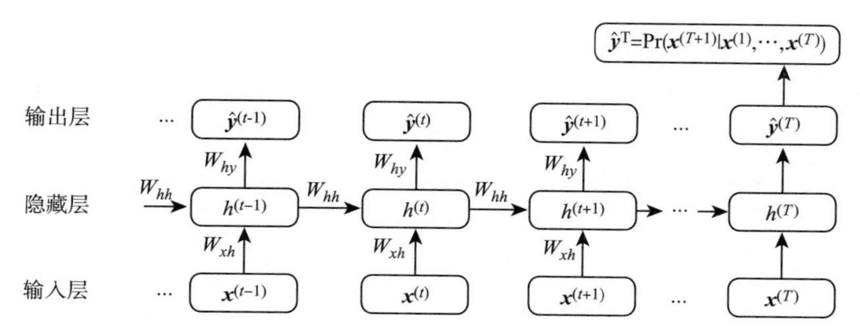

图 2-9　循环神经网络展开结构

展开的 RNN 循环过程可以定义如下：

在 t 步之后，函数 $g^{(t)}$ 通过对输入序列（$\boldsymbol{x}^{(t)}$，$\boldsymbol{x}^{(t-1)}$，…，$\boldsymbol{x}^{(2)}$，$\boldsymbol{x}^{(1)}$）的计算得到隐藏单元 $h^{(t)}$。基于 RNN 的周期性结构，$g^{(t)}$ 可以分解为同一个函数 f 的重复应用。该函数可被认为是一个具有参数 θ 的通用模型，该模型在所有的时间步长中共享，并适用于所有的序列长度。这一概念称为参数共享。

对于一个带有隐藏层的用于预测单词或字符的循环神经网络模型来说，输出应该是离散的，模型将输入序列映射到相同长度的输出序列。然后，通过迭代下列方程来计算正向传播：

$$\boldsymbol{y}^{(t)}=\boldsymbol{W}_{hy}\times f(\boldsymbol{W}_{hh}h^{(t-1)}+\boldsymbol{W}_{xh}\boldsymbol{x}^{(t)}) \tag{2.5}$$

- $\boldsymbol{x}^{(t)}$，$h^{(t)}$，$\boldsymbol{y}^{(t)}$：分别为 t 时刻的输入、隐藏状态和输出。
- f：隐藏层的激活函数，通常是一个饱和的非线性函数，如 sigmoid 函数[8-9]。
- $\boldsymbol{W}_{hh}$：网络中连接隐藏状态的权重矩阵。
- $\boldsymbol{W}_{xh}$：网络中连接输入和传入隐藏层的权重矩阵。
- $\boldsymbol{W}_{hy}$：网络中连接隐藏状态和输出的权重矩阵。
- s：输出层函数。如果该模型用于预测单词，通常会选择 softmax 函数，因为它返回在可能输出上的有效概率[9]。
- $\boldsymbol{a}$，$\boldsymbol{b}$：输入和输出的偏置向量。

由于循环神经网络的深度是由序列的长度直接决定的，这样对于早些时刻的节点来说，它们所产生的梯度在多轮传播后极易丢失。针对 RNN 所存在的梯度消失问题，提出了长短时记忆单元（LSTM）。相较于传统的 RNN，LSTM 增设了输入门、遗忘门、输出门三个机制。通过门机制的设定，序列在传播过程中附带了记忆功能，能够有效地避免梯度消失的问题。GRU 是 LSTM 的变种，它只设置了重置门和更新门两个门机制来负责筛选上一个状态的重要程度与哪些信息需要去留。与 LSTM 相比，GRU 摆脱了以往 LSTM 的

cell 状态，直接将隐藏层传递给下一时刻，如图 2-10 所示。RNN 可以学习到序列随时间向前发展的特性，而实际上未来的信息也可以影响到先前的状态，因此研究人员还提出了如 Bi-LSTM、Bi-GRU 等双向循环神经网络，达到了历史与未来同时利用的效果。

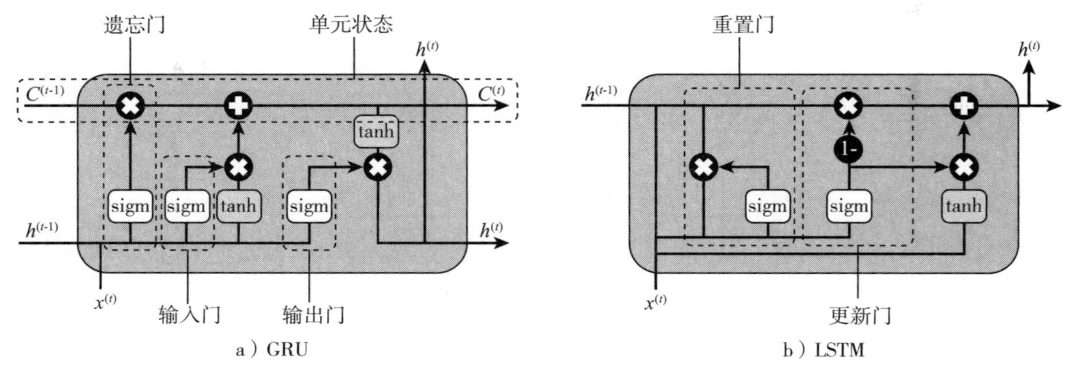

a）GRU　　b）LSTM

图 2-10　隐藏单元的结构

2.7　记忆网络

在自然语言处理的许多场景中，需要用到知识库（Knowledge Pool）来暂存上下文信息或者外部信息，并利用这些信息指导接下来阶段的分类或生成任务。而上一节中的循环神经网络及其变体虽然具有记忆能力，但是受网络结构的限制，它们能够存储的信息较少、记忆能力较弱，往往无法解决长期记忆的问题。

由 Jason Weston 等人（2015）提出的记忆网络（Memory Network，MemNN）[10] 可以利用记忆组件保存信息，从而实现了长期记忆。

记忆网络的结构及计算流程如图 2-11 所示。通常情况下，记忆网络框架由五个组件构成。

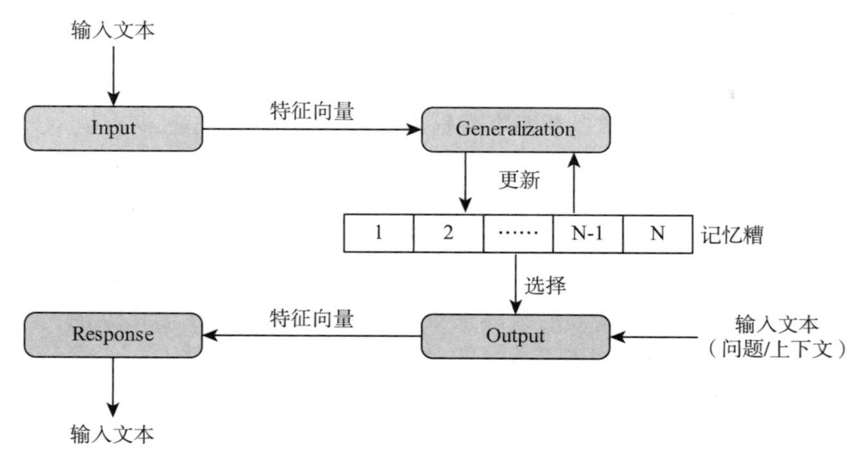

图 2-11　记忆网络的结构及计算流程

- M-内存模块（Memory Slot）：存储上下文信息或外部信息。
- I-输入映射模块（Input）：将输入的文本转换为内部特征表示。
- G-归纳模块（Generalization）：将输入模块传递来的信息直接插入内存或对内存中某些信息进行更新替换。
- O-输出映射模块（Output）：根据额外的输入信息从内存模块中抽取出合适的记忆，以特征向量的形式输出给下一模块，通常使用注意力机制[11]。
- R-应答模块（Response）：产生回馈的结果，可以直接将输出模块传递的特征向量还原为文本，也可以根据该信息生成新的输出。

整个框架的计算流程为：给定一个输入 x，首先经过输入模块将其转换为特征向量 $\boldsymbol{I}(x)$，归纳模块根据 $\boldsymbol{I}(x)$ 对内存进行更新 $m_i=G(m_i,\ \boldsymbol{I}(x),\ m)$，$\forall i$，如果输出模块有额外的文本传入（例如问答系统中的提问），该模块将会根据传入内容从内存中选择一块信息传出 $o=O(I(x'),\ m)$，最后应答模块以信息 o 为条件生成最终应答的内容 $r=R(o)$。

在记忆网络中，输入文本的位置决定了模型下一步的动作，如果文本传入输入模块，模型仅更新内存；如果文本传入输出模块，模型将会生成回复。图 2-11 中的每个组件都可以根据实际的任务选择特定的结构，例如在机器阅读理解的一些特定场景下，内存模块存放的是给定文章中句子的内部特征表示，应答模块直接从候选答案中做出选择；在基于外部知识的文本生成场景下，内存模块中存放根据对话上下文检索的外部知识，归纳模块会需要嵌入一个信息检索模块，应答模块则会是 seq2seq[8] 模型中的解码器。

Sukhbaatar 等人[12] 提出了端到端的记忆网络（End-To-End Memory Network，MemN2N），在基础的记忆网络中 O 模块与 R 模块都需要监督，这种结构存在两个问题：一是每一个模块需要单独优化，O 模块的优化目标和任务总体目标不一致；二是错误会产生传播，O 模块错误的信息选择反而会成为优化 R 模块时的噪声，导致生成应答难以向期望的结果靠拢。端到端的记忆网络减少了生成答案时需要事实依据的监督项，使得记忆网络更易于训练。Chandar 等人[13] 提出的分层记忆网络（Hierarchical Memory Network）使用了分层结构的记忆，在保持准确率的基础上提升了选择相关记忆的速度。

2.8 预训练模型

近年来，预训练语言模型在自然语言处理领域大放异彩，不需要人工标签，就可以从海量的语料中学习到通用的语言表示，并显著提升下游的任务，它几乎刷新了所有自然语言处理任务的成绩。BERT（Bidirectional Encoder Representation from Transformer）[14] 作为预训练模型中应用最广泛的模型之一，通过在预训练阶段学习两种任务——遮盖的语言模型（Masked Language Model，MLM）、下一句预测（Next Sentence Prediction，NSP）得到通用语言表征。接下来我们对 BERT 做一个简要的介绍。

2.8.1 模型结构

BERT 的主模型是 BERT 中最重要的组件，由三部分组成：嵌入层、编码器层、线性层。BERT 的主模型结构如图 2-12 所示。

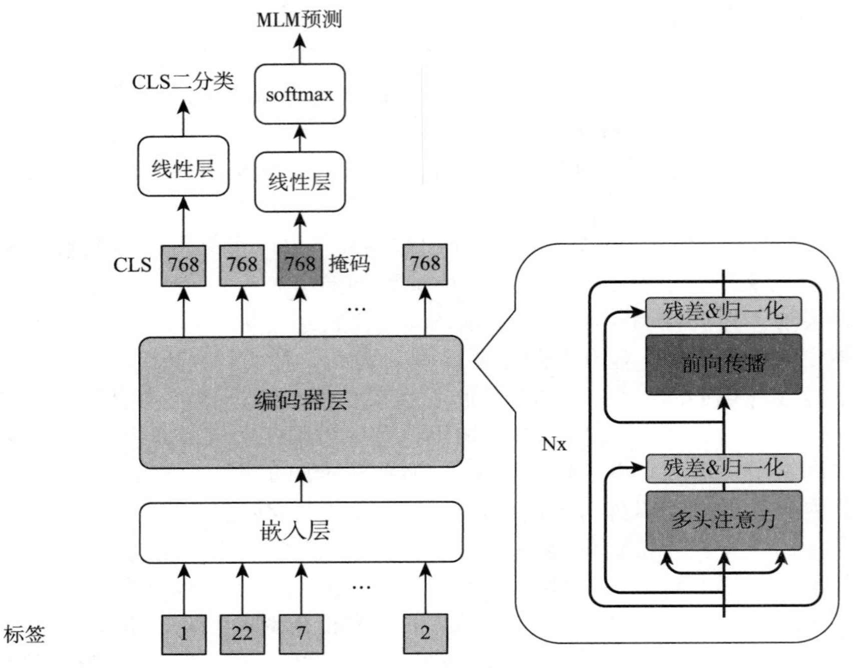

图 2-12　BERT 主模型结构图

首先介绍嵌入层。嵌入层由三部分组成：标记嵌入、段嵌入、位置嵌入。标记嵌入采用 WordPiece[15] 的方法实现，可以将单词从标签形式转换为固定维的向量表示形式；段嵌入只有两个向量表示——**0** 和 **1**，索引 0 分配给第一段话的标记，索引 1 分配给第二段话的标记，段嵌入可以标注拼接的两段话，配合［SEP］标志使模型能够识别两段话的连接；位置嵌入向量与 Transformer[16] 中的位置编码不同，该向量由 BERT 学习得来，每个位置的向量包含了输入序列的顺序特征。整个嵌入层的输出为标记嵌入、段嵌入、位置嵌入加和，该输出为 768 维（$\mathrm{BERT_{BASE}}$）或 1024 维（$\mathrm{BERT_{LARGE}}$）。图 2-13 展示了 BERT 嵌入层的组成。

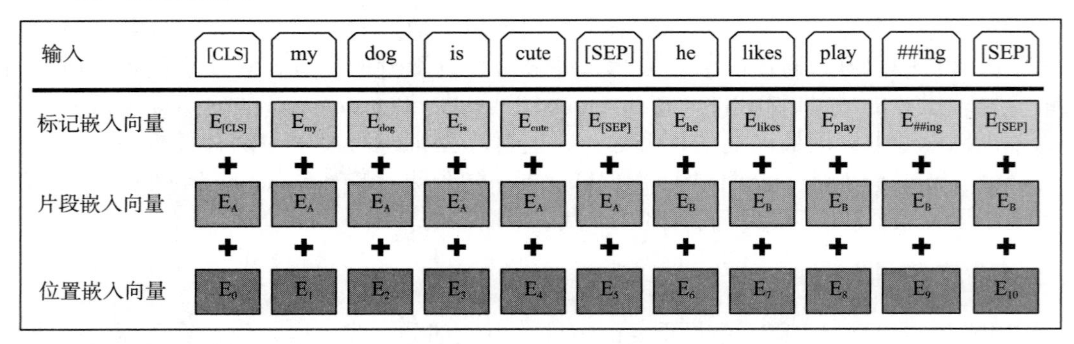

图 2-13　BERT 嵌入层组成

编码器层由 N 个与 Transformer Encoder 结构类似的隐藏层上下拼接组成，在 $\text{BERT}_{\text{BASE}}$ 模型中 $N=12$，在 $\text{BERT}_{\text{LARGE}}$ 模型中 $N=24$，这些隐藏层拥有相同的结构但是不共享参数，它们对嵌入层输出的隐状态进行非线性表示，能够提取出其中的特征。与 Transformer Encoder 相比，BERT 的每个隐藏层加入了更多的自注意力头且拥有更大维度的前馈网络。隐藏层的详细结构见图 2-12 右侧。

线性层的结构与预训练任务相关，NSP 任务的线性层输出只有两维，分别代表输入的两句话是否为连续的；而 MLM 任务的线性层后接 softmax 层，对被遮盖的标记进行预测。

2.8.2　预训练任务

作者在 BERT 的预训练过程中引入了两个任务——MLM 和 NSP，通过在非常大的数据集上做无监督学习的预训练，之后只需要在下游任务的数据集上进行少数几轮（epoch）的监督学习（supervised learning），就可以大幅度提升下游任务的精度。

1. 遮盖的语言模型（MLM）

MLM 在输入的序列中随机对标记替换，然后用主模型的输出对替换的标记进行预测。论文中对标记的替换有三种方式——［MASK］、原始词和随机词，每个位置的标记以一定的概率进行替换。

MLM 采用了降噪自编码器（Denoising AutoEncoder，DAE）[17] 的思想，通过在输入数据中加噪声，令神经网络恢复出无噪声的数据，模型在自注意力结构处会学习到［MASK］词和其他周边词的关系，最终让模型学习到联想的能力。

2. 下一句预测（NSP）

NSP 任务的训练数据随机取自同一篇文章中连续两句话，或分别来自不同文章的两句话，拼接输入到模型后，由模型预测这两句话是否连续。通过 NSP 任务，BERT 可以学习到表示句子连贯性等较为深层次的语言特征。

2.9　本章小结

本章简要介绍了文本情感分析中的一些基础知识与方法，可以帮助初学者快速入门自然语言处理的研究方向。

参考文献

[1] BENGIO Y, DUCHARME R, VINCENT P, et al. A neural probabilistic language model [J/OL]. J. Mach. Learn. Res., 2003, 3: 1137-1155. http://jmlr.org/papers/v3/bengio03a.html.

[2] MIKOLOV T, CHEN K, CORRADO G, et al. Efficient estimation of word representations in vector space [C]//1st International Conference on Learning Representations, ICLR 2013. [S.l.]: [s.n.], 2013.

[3] MORIN F, BENGIO Y. Hierarchical probabilistic neural network language model [C/OL]//COWELL R

G, GHAHRAMANI Z. Proceedings of the Tenth International Workshop on Artificial Intelligence and Statistics, AISTATS 2005, Bridgetown, Barbados, January 6-8, 2005. Society for Artificial Intelligence and Statistics, 2005. http://www.gatsby.ucl.ac.uk/aistats/fullpapers/208.pdf.

[4] PENNINGTON J, SOCHER R, MANNING C D. Glove: Global vectors for word representation [C]// MOSCHITTI A, PANG B, DAELEMANS W. Proceedings of the 2014 Conference on Empirical Methods in Natural Language Processing, EMNLP 2014. [S.l.]: ACL, 2014: 1532-1543.

[5] KALCHBRENNER N, ESPEHOLT L, SIMONYAN K, et al. Neural machine translation in linear time [J/OL]. CoRR, 2016, abs/1610.10099. http://arxiv.org/abs/1610.10099.

[6] VAN DEN OORD A, DIELEMAN S, ZEN H, et al. Wavenet: A generative model for raw audio [C/OL]//The 9th ISCA Speech Synthesis Workshop, Sunnyvale, CA, USA, 13-15 September 2016. ISCA, 2016: 125. http://www.isca-speech.org/archive/SSW_2016/abstracts/ssw9_DS-4_van_den_Oord.html.

[7] KRIZHEVSKY A, SUTSKEVER I, HINTON E G. Imagenet classification with deep convolutional neural networks [J]. NIPS, 2012: 1106-1114.

[8] SUTSKEVER I, VINYALS O, LE Q V. Sequence to sequence learning with neural networks [C/OL]// GHAHRAMANI Z, WELLING M, CORTES C, et al. Advances in Neural Information Processing Systems 27: Annual Conference on Neural Information Processing Systems 2014, December 8 - 13 2014, Montreal, Quebec, Canada. 2014: 3104 - 3112. https://proceedings.neurips.cc/paper/2014/hash/a14ac55a4f27472c5d894ec1c3c743d2-Abstract.html.

[9] MIKOLOV T, KARAFIÁT M, BURGET L, et al. Recurrent neural network based language model [C/OL]// KOBAYASHI T, HIROSE K, NAKAMURA S. INTERSPEECH 2010, 11th Annual Conference of the International Speech Communication Association, Makuhari, Chiba, Japan, September 26-30, 2010. ISCA, 2010: 1045-1048. http://www.isca-speech.org/archive/interspeech_2010/i10_1045.html.

[10] WESTON J, CHOPRA S, BORDES A. Memory networks [C/OL]//BENGIO Y, LECUN Y. 3rd International Conference on Learning Representations, ICLR 2015, San Diego, CA, USA, May 7-9, 2015, Conference Track Proceedings. 2015. http://arxiv.org/abs/1410.3916.

[11] BAHDANAU D, CHO K, BENGIO Y. Neural machine translation by jointly learning to align and translate [C]//3rd International Conference on Learning Representations, ICLR 2015. [S.l.: s.n.], 2015.

[12] SUKHBAATAR S, SZLAM A, WESTON J, et al. End-to-end memory networks [C/OL]//CORTES C, LAWRENCE N D, LEE D D, et al. Advances in Neural Information Processing Systems 28: Annual Conference on Neural Information Processing Systems 2015, December 7-12, 2015, Montreal, Quebec, Canada. 2015: 2440-2448. https://proceedings.neurips.cc/paper/2015/hash/8fb21ee7a2207526da55a679f0332de2-Abstract.html.

[13] CHANDAR S, AHN S, LAROCHELLE H, et al. Hierarchical memory networks [J/OL]. CoRR, 2016, abs/1605.07427. http://arxiv.org/abs/1605.07427.

[14] DEVLIN J, CHANG M, LEE K, et al. BERT: pre-training of deep bidirectional transformers for language understanding [C]//Proceedings of the 2019 Conference of the North American Chapter of the Association for Computational Linguistics: Human Language Technologies, NAACL-HLT 2019. [S.l.]: [s.n.], 2019: 4171-4186.

[15] WU Y, SCHUSTER M, CHEN Z, et al. Google's neural machine translation system: bridging the gap between human and machine translation [J/OL]. CoRR, 2016, abs/1609.08144. http://arxiv.org/abs/1609.08144.

[16] VASWANI A, SHAZEER N, PARMAR N, et al. Attention is all you need [C]//Advances in Neural

Information Processing Systems 30：Annual Conference on Neural Information Processing Systems 2017. [S. l.：s. n.]，2017：5998-6008.

[17] VINCENT P，LAROCHELLE H，BENGIO Y，et al. Extracting and composing robust features with denoising autoencoders [C/OL]//COHEN W W，MCCALLUM A，ROWEIS S T. ACM International Conference Proceeding Series：volume 307 Machine Learning，Proceedings of the Twenty-Fifth International Conference (ICML 2008)，Helsinki，Finland，June 5-9，2008. ACM，2008：1096-1103. https://doi. org/10. 1145/1390156. 1390294.

第二部分

CHAPTER3

第3章

基于文本片段不一致性的讽刺检测模型

3.1 任务与术语

1. 任务

对于基于文本片段不一致性的讽刺检测任务来说，其任务定义是：给定输入文本 $X \in \mathbb{R}^{n*1}$，其中 n 是输入文本的长度，模型能够正确地预测该输入文本是否包含讽刺内容。

2. 术语

- **文本片段**：文本片段这里是指连续的几个词所组成的整体，也叫作 n-gram。
- **词表示**：在自然语言处理领域，学者们使用低纬稠密向量表示词，它的核心思想是通过用一个词附近的其他词来表示该词。
- **注意力机制**：注意力机制的本质来自人类视觉注意力机制。文献［1］首次在机器翻译任务中提出注意力机制，其核心是让模型能够动态地将一组注意力权重加权到输入上，实现对原始输入重点特征的提取。
- **卷积神经网络**：卷积神经网络是一种前馈神经网络，卷积神经网络是受生物学上感受野的机制而提出的。卷积神经网络由卷积层、池化层和全连接层组合而成。
- **循环神经网络**：全连接网络和卷积神经网络对处理输入、输出变长问题效率不高，而自然语言处理中的语句长度通常不固定。学者们提出了循环神经网络来处理序列文本，其核心思想是将处理的问题在时序上分解为一系列相同的“单元”，单元的神经网络可以在时序上展开，且能将上一时刻的结果传递给下一时刻，整个网络按时间轴展开，即可变长。

3.2 片段不一致性

基于深度学习的方法在许多自然语言处理任务中取得了显著的改进，如机器翻译、情感分析和问题回答。深度学习模型也被用于讽刺检测研究[2-5]。然而，现有的基于深度学习的讽刺检测模型[4-5] 仅仅考虑了词语级的不一致性，如｛love，exam｝，却忽视了文本片段层级的不一致性，有时只有考虑了文本片段的信息才能够发觉文本中的讽刺。我们将讽刺文本中所包含的说话人真实意图和字面意思的差异性定义为不一致性[6]，一般体现为情感的对比或情景的反差。

3.3　自注意力机制

注意力机制的本质来自人类视觉注意力机制。人们的视觉在感知东西的时候一般不会把一个场景从头看到尾，而是根据需求观察注意特定的一部分。而且当人们发现一个场景的某部分经常出现自己想观察的东西时，人们会进行学习，在将来再出现类似场景时把注意力放到该部分上。文献［1］首次在机器翻译任务中提出注意力机制，其核心是让模型能够动态地将一组注意力权重加权到输入上，实现对原始输入重点特征的提取。比如在机器翻译任务中，当解码器解码某一个输出时，通过注意力机制动态地从输入端得到当前解码步应该关注的重点部分，从而对长句子输入得到更好的结果。

注意力机制可以看作是查询向量（Query，$\boldsymbol{Q}$）、键向量（Key，$\boldsymbol{K}$）和值向量（Value，$\boldsymbol{V}$）的三元组之间的操作，如下公式所示：

$$\alpha = \text{Attention}(\boldsymbol{Q},\boldsymbol{K}) \tag{3.1}$$

$$\text{output} = \sum \alpha \boldsymbol{V} \tag{3.2}$$

其中 α 为注意力权重，Attention 为注意力权重的计算方式，output 为其加权后的输出。自注意力机制是一种特殊的注意力机制，其中查询向量（Query，$\boldsymbol{Q}$）、键向量（Key，$\boldsymbol{K}$）和值向量（Value，$\boldsymbol{V}$）是相同的，即 $\boldsymbol{Q}=\boldsymbol{K}=\boldsymbol{V}$。自注意力机制一般被用来学习输入内部的相互关系的表示。

3.4　模型框架

3.4.1　总体框架

图 3-1 展示了所提出模型的总体框架，它包含五个模块。最左边的是输入模块，它接受输入文本并将其转换为低维向量表示。中间部分介绍了三个模块，包括获得文本片段表示的卷积模块、对片段进行加权的重要性权重模块和捕获片段之间不一致性的注意力机制模块。在右侧，输出模块使用 softmax 层输出概率分布，依此来分类讽刺和非讽刺文本。

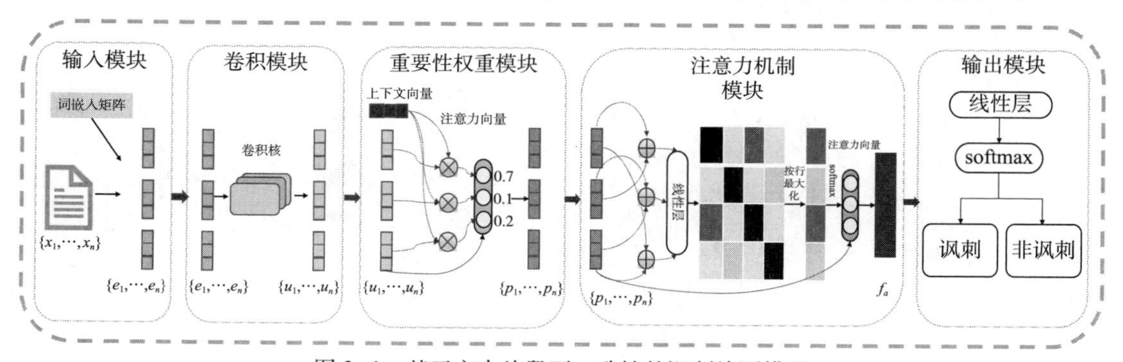

图 3-1　基于文本片段不一致性的讽刺检测模型

3.4.2 输入模块

输入文本 $X \in \mathbb{R}^{l*1}$ 由一系列的单词组成，其中 l 是序列中单词的数量。因为输入一般长度是不同的，所以定义了最大长度为 n，对于长度小于 n 的文本将被填充，大于 n 的将被裁减。随后使用预训练的词向量将单词转化为词向量表示。这里使用 GloVe 词向量[7]，它包含了 40 万个常用的词。词表中不存在的词将随机初始化其词向量。该模块的输出表示为 $E \in \mathbb{R}^{n*e}$，e 是词向量的维度。

3.4.3 卷积模块

卷积神经网络是一种前馈神经网络。卷积神经网络是受生物学上感受野的机制而提出的。卷积神经网络由卷积层、池化层和全连接层组合而成。文献［8］提出了一个卷积神经网络 LeNet-5 用于图像处理。卷积神经网络通过卷积层中的局部连接和权重共享极大地减少了参数量。在池化层，通过采样操作进一步减少了参数量并保留有效信息避免过拟合，提高训练速度。卷积神经网络也被用于自然语言处理的任务中，如文本分类。文献［9］提出 TextCNN 模型，它是第一个基于卷积神经网络的文本分类深度学习模型。卷积层可以通过在卷积核和序列中的词之间实现卷积运算来获取上下文局部特征。当想要获得文本片段（通常由几个连续的单词组成）的表示时，卷积层似乎是一个很好的选择来编码局部片段信息。卷积核 $k \in \mathbb{R}^{m*e}$ 和 $E \in \mathbb{R}^{n*e}$ 有着相同的维度，卷积核被用于一个包含 m 个词的窗口，在 E 选定的窗口和过滤器 k 之间进行按元素相乘，得到向量 $\boldsymbol{c} \in \mathbb{R}^{n-m+1}$，$\boldsymbol{c}$ 包含 $\{\boldsymbol{c}_1, \boldsymbol{c}_2, \boldsymbol{c}_3, \cdots, \boldsymbol{c}_{n-m+1}\}$，其中每一个 $\boldsymbol{c}_i$ 由下面的公式计算得来：

$$\boldsymbol{c}_i = \sum E_{i:i+m-1,e} \otimes k_{0:m,e} \tag{3.3}$$

其中⊗代表按位相乘，使用 e 个滤波器做同样的操作，最后获取文本片段的表示 $U \in \mathbb{R}^{(n-m+1)*e}$，$U_i \in \mathbb{R}^e$ 代表输入中第 i 个文本片段的表示。

3.4.4 重要性权重模块

在该模块中，该工作引入一个上下文向量 $\boldsymbol{v}$ 来动态地对输入的文本片段 $\boldsymbol{U}$ 进行重要性打分，该过程如图 3-2 所示。

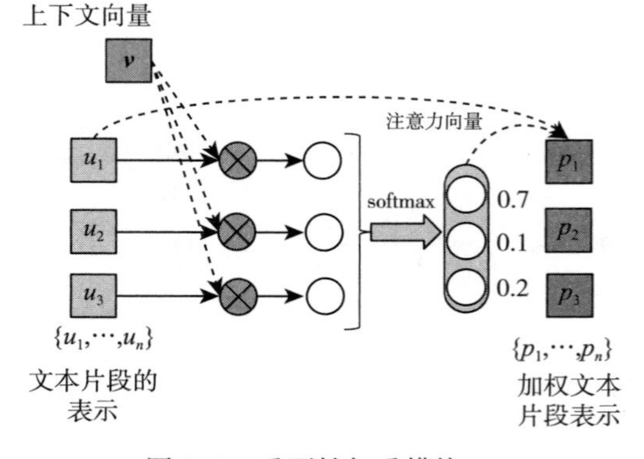

图 3-2 重要性权重模块

首先随机初始化向量 $\boldsymbol{v} \in \mathbb{R}^{(n-m+1)}$，并使用 $\boldsymbol{v}$ 计算每个片段 $\boldsymbol{U}_i$ 的注意力得分 a_i。具体来说，首先通过以下公式来计算中间变量 u_i：

$$u_i = \tanh(\boldsymbol{W}^{\mathrm{T}}\boldsymbol{U}_i + \boldsymbol{b}) \tag{3.4}$$

随后，计算上下文向量 $\boldsymbol{v}$ 和 u_i 的相似度分数，然后，应用 softmax 函数对权重进行归一化，得到权重分布向量 $\boldsymbol{a}$，$\boldsymbol{a}$ 的计算公式如下：

$$\boldsymbol{a}_i = \frac{\exp(u_i \boldsymbol{v})}{\sum_i \exp(u_i \boldsymbol{v})} \tag{3.5}$$

$$\boldsymbol{a} = (\boldsymbol{a}_1, \boldsymbol{a}_2, \boldsymbol{a}_3, \cdots, \boldsymbol{a}_{n-m+1}) \tag{3.6}$$

其中 $\boldsymbol{a} \in \mathbb{R}^{n-m+1}$。最后，将片段与其相应的注意力值相关联。具体来说，通过将这两个值相乘，得到加权片段表示 $\boldsymbol{P} \in \mathbb{R}^{(n-m+1)*e}$。在该模块中 $\boldsymbol{v}$ 可以被视为固定查询的高级表示形式[10]：此文本片段和讽刺的关联有多大。不同的是，他们使用向量 $\boldsymbol{v}$ 来计算单词级和句子级的注意力权重，用于文档分类，但是该工作使用 $\boldsymbol{v}$ 来计算文本片段间的注意力权重，$\boldsymbol{v}$ 随着训练过程被更新[10]。

3.4.5 注意力机制模块

在这一部分中，内部注意机制被用来建模加权片段之间的不一致性。内部注意力机制[11]，用以计算序列内部不同位置的相互关系。不一致性可以看作是讽刺文本的一个内在特征。因此，对加权片段进行内部注意操作会产生包含不一致信息的输出。具体来说，不一致的片段会相互给一个更高的注意力权重，以减少训练损失。在本模块中，模型首先计算加权片段之间的得分 $\boldsymbol{s}$，并获得内部注意力矩阵 $\boldsymbol{S}$。文本片段 $\boldsymbol{P}_i$ 和文本片段 $\boldsymbol{P}_j$ 之间的得分为 $\boldsymbol{s}_{i,j}$，$\boldsymbol{s}_{i,j}$ 计算如下：

$$\boldsymbol{s}_{i,j} = \boldsymbol{W}([\boldsymbol{P}_i; \boldsymbol{P}_j]) + \boldsymbol{b} \tag{3.7}$$

其中，[;] 代表拼接操作，矩阵 $\boldsymbol{S}$ 包含了文本片段间的注意力得分：

$$\boldsymbol{S} = \begin{bmatrix} \boldsymbol{s}_{1,1} & \boldsymbol{s}_{1,2} & \cdots & \boldsymbol{s}_{1,n-m+1} \\ \vdots & \vdots & & \vdots \\ \boldsymbol{s}_{n-m+1,1} & \boldsymbol{s}_{n-m+1,2} & \cdots & \boldsymbol{s}_{n-m+1,n-m+1} \end{bmatrix} \tag{3.8}$$

随后对矩阵 $\boldsymbol{S}$ 进行按行最大池化操作，以获得注意力向量 $\boldsymbol{a} \in \mathbb{R}^{n-m+1}$。有助于讽刺对比的词语应该突出显示（通常伴随着高注意力值）[4]，因此，像最大池化这样更具区别性的操作是可取的。然而，计算一个片段和它本身之间的注意力权重是没有意义的，标记为 $\boldsymbol{s}_{i,j}$，其中 $i=j$。因此，一个文本片段和它本身的注意力值需要被掩盖，以避免影响最终结果。注意力向量 $\boldsymbol{a}$ 计算如下：

$$\boldsymbol{a}_i = \max(\boldsymbol{s}_{i,1}, \boldsymbol{s}_{i,2}, \boldsymbol{s}_{i,3}, \cdots, \boldsymbol{s}_{i,n-m+1}) \tag{3.9}$$

$$\boldsymbol{a} = \operatorname{softmax}(\boldsymbol{a}_1, \boldsymbol{a}_2, \boldsymbol{a}_3, \cdots, \boldsymbol{a}_{n-m+1}) \tag{3.10}$$

$$\boldsymbol{f}_{\boldsymbol{a}} = \sum_{i=1}^{n-m+1} \boldsymbol{P}_i \boldsymbol{a}_i \tag{3.11}$$

其中，$\boldsymbol{f}_{\boldsymbol{a}} \in \mathbb{R}^e$ 是该模块的输出，它包含了对文本中不一致信息的建模。

3.4.6 输出模块

输出模块的输入是 $\boldsymbol{f}_{\boldsymbol{a}} \in \mathbb{R}^e$，预测层由线性层和 softmax 分类层组成。线性层的目的是

降低 $\boldsymbol{f}_a \in \mathbb{R}^e$ 的维度。softmax 层用于输出概率分布，依此来分类讽刺和非讽刺。

$$\hat{\boldsymbol{y}} = \mathrm{softmax}(\boldsymbol{W}\boldsymbol{f}_a + \boldsymbol{b}) \tag{3.12}$$

其中 $\boldsymbol{W} \in \mathbb{R}^{e*2}$，$\boldsymbol{b} \in \mathbb{R}^2$ 是模型的可学习参数。$\hat{\boldsymbol{y}} \in \mathbb{R}^2$ 是模型的分类结果。

3.4.7　训练目标

该模型使用交叉熵损失函数作为优化目标。

$$\boldsymbol{J} = -\sum_{i=1}^{N} [\boldsymbol{y}_i \log \hat{\boldsymbol{y}}_i + (\boldsymbol{1} - \boldsymbol{y}_i) \log(\boldsymbol{1} - \hat{\boldsymbol{y}}_i)] + \lambda \boldsymbol{R} \tag{3.13}$$

其中 $\boldsymbol{J}$ 是代价函数，$\boldsymbol{y}_i$ 是模型对于第 i 个样例的输出结果，$\hat{\boldsymbol{y}}_i$ 是模型对于第 i 个样例的预测结果。N 是训练数据的大小。$\boldsymbol{R}$ 是标准 L2 正则化，λ 是 $\boldsymbol{R}$ 的权重。

3.5　实验设计和结果分析

在这个部分，首先介绍了数据集、实验设置、基线模型。随后给出了对比实验结果和消融实验结果，最后给出了对模型进一步的分析。

3.5.1　数据集介绍

本工作在四个数据集上评估了模型，包括两个短文本推特数据集 1 和推特数据集 2，以及两个长文本 IAC 数据集，该数据集由文献［14］收集并由文献［15］所整理，表 3-1 概述了详细的数据集统计信息。

表 3-1　数据集统计信息

数据集	训练集	测试集	总计	平均长度
推特数据集 1[12]	894	100	994	25.76
推特数据集 2[13]	48635	3944	52579	17.90
IAC-V1 数据集[15]	1670	186	1856	68.32
IAC-V2 数据集[15]	4179	465	4644	55.82

推特是一个微博客平台，用户在上面发布被称为“推文”的消息。它允许用户在字符限制内更新其状态。该工作使用了两个推特数据集来检测讽刺。具体来说，推特数据集 1 由手动注释收集，推特数据集 2 由推文中的标签自动标注，如“讽刺”“反讽”等标签。此外，他们还设计了一个基于反馈的系统，可以联系推特的原作者，从而验证讽刺标签的正确性。

IAC 数据集主要关注长文本。它最初是从一个在线辩论论坛收集来研究政治辩论的，并被标注以检测讽刺[15]，这里使用了两个版本，即 IAC-V1 和 IAC-V2。

3.5.2 实验环境和设置

该模型是使用 PyTorch[㊀]实现的，并在 NVIDIA Tesla M40 GPU 上运行。本例使用 <UNK>替换只出现一次的单词，并删除数据集上少于 5 个标记和重复实例的所有样本，还删除了数据集上的 URL。GloVe 被用作单词嵌入，嵌入大小固定为 100 维，并在训练期间对嵌入进行微调。至于超参数 n，它是序列的最大长度。对于推特数据集，它的大小为 40，因为 91.1%的数据在推特数据集 2 中的长度小于 40 个单词。在推特数据集 1 上，这个数字是 85.5%。对于 IAC 数据集，n 被设置为 60，因为 IAC 数据集主要包含长文本。推特数据集的文本片段长度 m 设置为 3，IAC 数据集的文本片段长度 m 设置为 5。RMSProp[16] 被用作优化器来优化模型参数，学习率等于 10^{-3}。推特数据集的 L2 正则化设置为 10^{-2}，IAC 数据集的 L2 正则化设置为 10^{-1}。实验中使用了提前终止避免过拟合，如果在验证集上 20 轮的损失没有减少，模型将停止训练。

3.5.3 基线模型

NBOW：词袋模型通过对输入词嵌入取平均值，然后进行逻辑回归来分类。即使它结构简单，但仍然是一个有效的模型。

CNN-LSTM-DNN：CNN-LSTM-DNN 模型[17] 使用两个卷积层和两个 LSTM 层从输入中提取特征。然后用深层神经网络进行分类。这是一个基于深度学习的模型，但没有应用任何注意力机制。

SIARN 和 MIARN：SIARN 和 MIARN 是最早用内部注意力机制的讽刺检测模型[4]。它克服了循环神经网络等传统序列模型不能建模句子中词对之间不一致性的缺点。SIARN 使用单词的单维度来计算它们之间的交互作用，而 MIARN 使用多维度。

SMSD 和 SMSD-BiLSTM：这两个模型[5] 引入了词对之间的权重矩阵，提高了捕获词对之间关系的灵活性。对于 SMSD-BiLSTM 模型，除了 SMSD 之外，它还使用了一个额外的双向 LSTM 编码器来获取句子的成分信息，而不是常用的单向 LSTM 编码器。

3.5.4 对比实验结果

本例将所提出的模型与上述基线模型在一些标准评估指标上进行了比较，包括精确率（precision）、召回率（recall）、F1 值和准确率（accuracy）[㊁]。

表 3-2 和表 3-3 分别给出了所提出的模型和其他基线模型在推特数据集和 IAC 数据集上的结果。本例方法在两个推特数据集中都达到了最好的结果。在推特数据集 3 上，F1 分数提高了约 2.1%，而在推特数据集 1 上，F1 值提高了约 4.8%。模型在推特数据集 1 上的性能优于推特数据集 3。推特数据集 1 包含较少的特殊单词，这使得它成

㊀ https://pytorch.org/

㊁ 本例使用 sklearn.metrics 来计算精确率、召回率、F1 值和准确率（https://scikit-learn.org/stable/modules/classes.html）。

为一个有较高数据质量的数据集。相比之下，推特数据集 3 有许多未定义的符号和表情符号，造成了数据集上的噪声。因此，推特数据集 1 的高质量可能是模型取得更好结果的原因。

表 3-2　推特数据集的实验结果

模型	推特数据集 3[17]				推特数据集 1			
	精确率	召回率	F1 值	准确率	精确率	召回率	F1 值	准确率
NBOW	74. 55	73. 93	73. 94	74. 21	72. 00	68. 13	69. 04	74. 00
CNN-LSTM-DNN	73. 20	71. 70	72. 50	—	—	—	—	—
SIARN	81. 26	81. 01	81. 07	81. 16	82. 14	79. 67	80. 60	83. 00
MIARN	80. 90	80. 93	80. 92	80. 83	80. 73	78. 90	79. 64	82. 00
SMSD	80. 25	80. 23	80. 24	80. 27	78. 21	80. 00	78. 78	80. 00
SMSD-BiLSTM	81. 02	81. 07	81. 02	81. 03	79. 08	79. 45	79. 26	81. 00
本例方法	**83. 18**	**83. 12**	**83. 14**	**83. 21**	**86. 31**	**84. 73**	**85. 41**	**87. 00**

表 3-3　IAC 数据集上的实验结果

模型	IAC-V1 数据集				IAC-V2 数据集			
	精确率	召回率	F1 值	准确率	精确率	召回率	F1 值	准确率
NBOW	57. 17	57. 03	57. 00	57. 51	66. 01	66. 03	66. 02	66. 09
CNN-LSTM-DNN	55. 50	54. 60	53. 31	55. 96	64. 31	64. 33	64. 31	64. 38
SIARN	63. 94	63. 45	62. 52	62. 69	72. 17	71. 81	71. 85	72. 10
MIARN	63. 88	63. 71	63. 18	63. 21	72. 92	72. 93	72. 75	72. 75
SMSD	63. 04	63. 06	62. 90	62. 90	72. 08	72. 12	72. 04	72. 04
SMSD-BiLSTM	62. 79	62. 53	62. 51	62. 90	71. 56	71. 49	71. 52	71. 61
本例方法	**66. 22**	**65. 65**	**65. 60**	**66. 13**	**73. 52**	**73. 40**	**73. 43**	**73. 55**

对于 IAC 数据集来说，模型在 IAC-V1 数据集和 IAC-V2 数据集上都取得了最好的结果。在两个数据集上都获得了最高的召回率值，这意味着本例提出的模型比其他模型更能识别潜在的讽刺文本。本例把这归功于对文本片段不一致地进行建模。本例模型能够捕获单词级和片段级的不一致性。因此，它可以检测到一些基于文本片段不一致性的讽刺文本，从而提高了召回率值。此外，实验结果表明，本例模型在推特数据集上的性能优于 IAC 数据集。原因可能是像 IAC 这样的长文本数据集包含了更复杂的语义信息，需要一些额外知识才能判断出讽刺，例如“面部姿势”“语调”和一些“事实”。

与其他基线模型进行比较。可以看到，虽然 NBOW 的模型结构非常简单，但它仍然是一个有效的模型。SIARN、MIARN、SMSD、SMSD-BiLSTM 模型通过引入内部注意力机制和序列模型，优于 NBOW 模型和 CNN-LSTM-DNN 模型。同样，本例的模型也包含了内部注意力机制，并且被证明是有效的。然而，本例是通过对加权的文本片段做内部注意力，以更好地捕捉文本片段间不一致。此外，结果表明，即使不使用单独的序列模型，也能提高模型的性能。

3.5.5 消融实验结果

为了探究片段级的内部注意力模块和重要性权重模块是否能提高模型的性能，本例进行了一系列消融实验。首先去掉卷积模块，它接受单词信息而不是文本片段，因为没有对单词进行卷积操作。然后，为了探究片段级的内部注意力模块的效果，本例剔除了重要性权重模块，直接使用从卷积模块获得的片段而不进行加权操作。

表3-4给出了模型在推特数据集3上的消融实验的结果。结果表明，本例提出的模型在同时包含片段级内部注意力模块和重要性权重模块时效果最好。不含卷积模块的模型在实验中表现最差，说明了卷积模块的重要性，证明了捕捉文本片段级不一致性是有意义和有效的，结果也符合直觉，即一个片段比一个单词包含更多不一致的信息。不含重要性权重模块的模型的性能也比本例方法差，这表明文本片段在识别讽刺方面并不是同样重要，赋予关键片段高权重有助于提高性能。因此，卷积模块和重要性权重模块在本例模型中起着不可替代的作用。

表3.4 消融实验结果

模型	精确率	召回率	F1值	准确率
本例方法(不含卷积模块)	81.50	81.46	81.47	81.51
本例方法(不含重要性权重模块)	82.90	82.79	82.83	82.89
本例方法	**83.18**	**83.12**	**83.14**	**83.21**

3.5.6 模型分析

本小节主要包含参数影响实验分析和模型可视化。

1. 文本片段长度的影响

本工作测量了在推特数据集3上文本片段长度从1到6，对模型性能的影响。可以在图3-3中看到，所有的指标包括精确率、召回率、F1值和准确率都在不断增加，直到 m 等于3时达到峰值。当 m 继续增长时，性能开始下降。因此，m 的值对模型性能至关重要。一个小的值意味着模型只关注简短的文本片段，这可能会丢失检测讽刺的必要信息，因此，导致性能不佳。相反，一个大的值可能包含一些冗余消息，冗余消息也会影响模型性能。

2. 模型可视化分析

❑ so excited for my family hike at 9 freaking o'clock in the morning! I love not sleeping in on my day off.

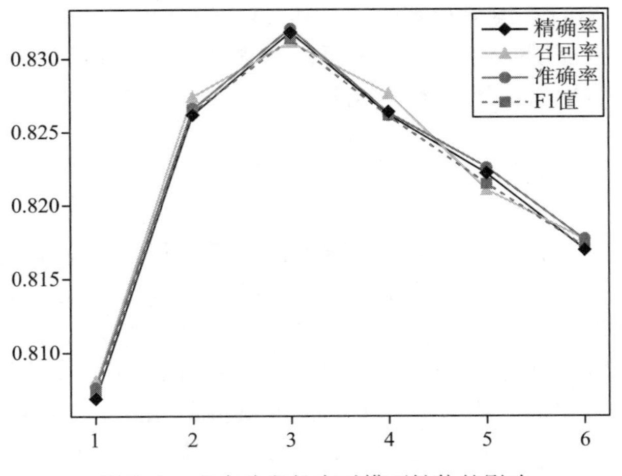

图 3-3 文本片段长度对模型性能的影响

- yayy I have my english class from 9:00 to 12:30 today! this is going to be fun!
- love this store! there all goodie box is awesome!

图 3-4 展示了从测试数据中收集的几个讽刺案例和注意力分值在给出例子上的分布。前两个是正确的分类，而最后一个是错误的分类。模型在建模不一致的文本片段信息方面非常有效，这是检测讽刺的有力证据。以上一段为例，可以注意到“have my english”和“be fun”被给予了最高的关注权重。同样的模式可以在第一个例子中找到。因此，模型中内部注意力模块有效地捕获了文本中的不一致片段，这使得识别讽刺非常有效。然而，对于第三种情况，模型没有找到这种不一致的模式，导致了错误的分类。如果没有额外的信息，例如说话人的面部表情或语调，这种讽刺甚至很难被人类识别。

图 3-4 注意力分值在给出例子上的分布

3.6 应用实践

相关的核心代码如列表 3-1 所示。

列表 3.1　基于文本片段不一致性的讽刺检测模型

```
1  #卷积模块
2  class CNN_layer(nn.Module):
3      def __init__(self):
4          super(CNN_layer,self).__init__()
5          #定义卷积层
6          self.conv=nn.Conv2d(1,config.num_fliters,(config.n_gram,config.embed_size))
7          #定义 dropout 比例
8          self.dropout=nn.Dropout(p=0.5)
9
10     def forward(self,embedding):
11         #输入维度变换
12         embedding=embedding.unsqueeze(1)
13         #输入给卷积层
14         embedding=self.conv(embedding)
15         #通过 ReLU 激活函数
16         embedding=F.relu(embedding.squeeze(3))
17         embedding=self.dropout(embedding)
18         #维度变换
19         embedding=embedding.transpose(2,1)
20         #返回结果
21         return embedding
22
23 #权重打分模块
24 class Phrase_attention(nn.Module):
25     def _init_(self):
26         super(Phrase_attention,self).__init__()
27         #定义线性层
28         self.linear=nn.Linear(config.embed_size,config.max_sen_len - config.n_gram+1)
29         #定义激活函数
30         self.tanh=nn.Tanht()
31         #定义上下文向量
32         self.u_w = nn.Parameter(nn.init.xavier_uniform_(torch.FloatTensor
           (config.max_sen_len - config.n_gram+1,1)))
33     def forward(self,embedding):
34         #线性变换
35         u_t=self.tanh(self.linear(embedding))
36         #计算注意力分值
37         a=torch.matmul(u_t,self.u_w).squeeze(2)
38         a=F.log_softmax(a,dim=1)
39         return a
40
```

```
41  #注意力机制模块
42  class Self_ Attention(nn.Module):
43      def _ _ init_ _ (self):
44          super(Self_ Attention,self)._ _ init_ _ ()
45          # 定义参数矩阵 w1
46          self.w1 = nn.Parameter(nn.init.xavier_ uniform_ (torch.FloatTensor(config.embed_
            size,1)))
47          # 定义参数矩阵 w2
48          self.w2 = nn.Parameter(nn.init.xavier_ uniform_ (torch.FloatTensor(config.embed_
            size,1)))
49          # 定义参数 b
50          self.b=nn.Parameter(torch.FloatTensor(torch.randn(1)))
51
52      def forward(self,embedding):
53          #构造拼接操作
54          f1 =torch.matmuI(embedding,self.w1)
55          f2 =torch.matmuI(embedding,self.w2)
56          f1 = f1.repeat(1,1,embedding,size(1))
57          f2 = f2. repeat(1,1,embedding,size(1)).transpose(1,2)
58          S = f1+f2+self.b
59          #定义 mask 矩阵
60          mask=torch.eye(embedding.size(1),embedding.size(1)).type(torch.ByteTensor)
61          #填充对角线
62          S = S.masked_ fil(mask.bool().cuda(),-float('inf'))
63          #行最大化操作
64          max_ row=F.max_ poolld(S,kernel_ size=embedding.size(1),stride=1)
65          # 计算注意力分值
66          a=F.softmax(max_ row,dim=1)
67          # 注意力分加权
68          v_ a=torch.matmul(a.transpose(1,2),embedding)
69          return v_ a.squeeze(1)
```

3.7 本章小结

针对现有的基于深度学习的讽刺检测模型仅仅考虑对词语级的不一致性的问题提出改进，本章利用卷积神经网络来获取文本片段信息的表示，通过不同尺寸的卷积核来提取不同局部特征的语义信息。随后引入一个上下文向量对文本片段打分，使得那些对于文本冲突贡献高的片段获得高分数，对于文本冲突贡献低的片段获得低分数。将分数与文本片段的表示相乘得到加权的表示。最后使用内部注意力机制来获取包含不一致性信息的表示用于分类。

参考文献

[1] BAHDANAU D, CHO K, BENGIO Y. Neural machine translation by jointly learning to align and translate [C]//3rd International Conference on Learning Representations, ICLR 2015. [S. l.]: [s. n.], 2015.

[2] RILOFF E, QADIR A, SURVE P, et al. Sarcasm as contrast between a positive sentiment and negative situation [C]//Proceedings of the 2013 Conference on Empirical Methods in Natural Language Processing. [S. l.]: [s. n.], 2013: 704-714.

[3] JOSHI A, SHARMA V, BHATTACHARYYA P. Harnessing context incongruity for sarcasm detection [C]//Proceedings of the 53rd Annual Meeting of the Association for Computational Linguistics ACL 2015. [S. l.]: [s. n.], 2015: 757-762.

[4] TAY Y, LUU A T, HUI S C, et al. Reasoning with sarcasm by reading in-between [C]//Proceedings of the 56th Annual Meeting of the Association for Computational Linguistics. [S. l.]: [s. n.], 2018: 1010-1020.

[5] XIONG T, ZHANG P, ZHU H, et al. Sarcasm detection with self-matching networks and low-rank bilinear pooling [C]//The World Wide Web Conference, WWW 2019. [S. l.]: [s. n.], 2019: 2115-2124.

[6] GIBBS JR R W, GIBBS R W, GIBBS J. The poetics of mind: figurative thought, language, and understanding [M]. [S. l.]: Cambridge University Press, 1994.

[7] PENNINGTON J, SOCHER R, MANNING C D. GloVe: global vectors for word representation [C]// MOSCHITTI A, PANG B, DAELEMANS W. Proceedings of the 2014 Conference on Empirical Methods in Natural Language Processing, EMNLP 2014. Stroudsburg, PA: ACL, 2014: 1532-1543.

[8] Lecun Y, Bottou L, Bengio Y, et al. Gradient-based learning applied to document recognition [C]// Proceedings of the IEEE. New York: IEEE, 1998: 2278-2324.

[9] KIM Y. Convolutional neural networks for sentence classification [C]//Proceedings of the 2014 Conference on Empirical Methods in Natural Language Processing, EMNLP 2014. [S. l.]: [s. n.], 2014: 1746-1751.

[10] YANG Z, YANG D, DYER C, et al. Hierarchical attention networks for document classification [C]// NAACL HLT 2016, The 2016 Conference of the North American Chapter of the Association for Computational Linguistics: Human Language Technologies. [S. l.]: [s. n.], 2016: 1480-1489.

[11] CHENG J, DONG L, LAPATA M. Long short-term memory-networks for machine reading [C]// Proceedings of the 2016 Conference on Empirical Methods in Natural Language Processing, EMNLP 2016. [S. l.]: [s. n.], 2016: 551-561.

[12] MISHRA A, KANOJIA D, BHATTACHARYYA P. Predicting readers' sarcasm understandability by modeling gaze behavior [C]//Proceedings of the Thirtieth AAAI Conference on Artificial Intelligence. [S. l.]: [s. n.], 2016: 3747-3753.

[13] GHOSH A, VEALE T. Magnets for sarcasm: making sarcasm detection timely, contextual and very personal [C]//Proceedings of the 2017 Conference on Empirical Methods in Natural Language Processing, EMNLP 2017. [S. l.]: [s. n.], 2017: 482-491.

[14] WALKER M A, TREE J E F, ANAND P, et al. A corpus for research on deliberation and debate [C]// Proceedings of the Eighth International Conference on Language Resources and Evaluation, LREC 2012. [S. l.]: [s. n.], 2012: 812-817.

[15] LUKIN S, WALKER M. Really? well. apparently bootstrapping improves the performance of sarcasm and nastiness classifiers for online dialogue [C]//Proceedings of the Workshop on Language Analysis in Social Media. [S. l.]: Association for Computational Linguistics, 2013: 30-40.

[16] HINTON G, SRIVASTAVA N, SWERSKY K. Neural networks for machine learning lecture 6a overview of mini-batch gradient descent [R].

[17] GHOSH A, VEALE T. Fracking sarcasm using neural network [C]//Proceedings of the 7th Workshop on Computational Approaches to Subjectivity, Sentiment and Social Media Analysis, WASSA@ NAACL-HLT 2016. [S. l.]: [s. n.], 2016: 161-169.

CHAPTER4

第4章

基于常识知识的讽刺检测

4.1 任务与术语

1. 任务

对于基于常识知识的讽刺检测来说，其任务定义是：给定输入文本 $X \in \mathbb{R}^{n*1}$ 和常识知识信息文本 $K \in \mathbb{R}^{m*1}$，其中 n 是输入文本的长度，m 是知识文本的长度，模型能够正确地预测该输入文本是否包含讽刺内容。

2. 术语

- **知识图**：学者们提出了很多获取知识的方法，具体可以分为从人工标注的知识中生成[1] 或者是从结构化的图中提取，如 ConceptNet[2-4]
- **常识知识**：本章用到了常识知识，常识知识是指一些符合人类常识的知识。
- **COMET 模型**：COMET（COMmonsEnse Transformers）模型[5]，该模型是一个基于 GPT[6] 的生成式模型。
- **预训练语言模型**：自然语言处理中的预训练模型为多种自然语言处理任务的性能带来了提升，预训练语言模型通过预先在大量无标注数据上进行训练，然后再应用到下游任务上。
- **BERT**：BERT 是一种预训练语言模型，BERT 克服了之前的语言模型仅仅使用单向语言模型来学习文本表示的问题，BERT 的编码可以获得更好的文本表示。

4.2 常识知识资源

近年来学者们提出了很多获取知识的方法，具体可以分为从人工标注的知识中生成[1] 或者是从结构化的图中提取，如 ConceptNet[2-4]。ConceptNet 是一个免费的语义网络[7]，旨在帮助计算机理解人们使用词语的含义。ConceptNet 起源于一个众包项目 Open Mind Common Sense，该项目于 1999 年在麻省理工学院媒体实验室启动。从那以后，它逐渐发展为包含来自其他众包资源、专家创造的资源和带有目的的游戏的知识。COMET 模型[5] 是一个基于 GPT[6] 的生成式模型。从 ConceptNet 知识图[7] 和 ATOMIC 知识图[8]

中提取知识三元组，如实体 1-关系-实体 2。使用实体 1 和关系的拼接作为预训练的 GPT 模型的输入，把预测实体 2 作为训练任务。在训练完成后，COMET 便可以在给出未知的输入实体 1 和关系时，生成对应的实体 2，实体 2 便是在给定关系下与实体 1 相关的知识信息。

4.3　知识生成方法

对于知识生成，该工作应用 COMET 模型[5] 来生成常识知识。COMET 是基于预训练的 GPT[6] 模型构建的常识知识自适应框架。文献［5］使用常识知识三元组（来自 ConceptNet[9] 或 ATOMIC[8]）对 GPT 模型进行微调，COMET 在训练后可以对输入产生相应的常识知识。图 4-1 给出了 COMET 产生的一些常识示例的可视化。在将输入文本输入 COMET 之前，将执行一系列文本处理步骤，包括标点和停用词消除、单词小写化和词形还原。该工作采用 Beam-search 来产生常识候选知识，在实验中 Beam size 的大小为 5。该工作是用由 ConceptNet 知识三元组（实体 1-关系-实体 2）微调 GPT 得到 COMET 模型，在实验中只利用关系来生成候选知识。

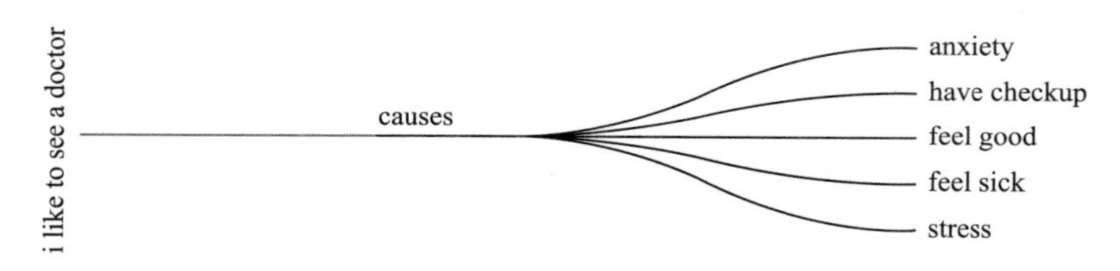

图 4-1　COMET 生成常识知识的示例

4.4　知识选择方法

该工作比较了两种不同的知识选择策略，分别是基于情感分数的显式知识选择和基于注意力机制的隐式知识选择。给出知识候选集合 $K=\{k_1, k_2, \cdots, k_b\}$，其中 k_i 代表第 i 个候选知识。b 是候选知识的数量，对于单词 t 的情感分数计算表示为 $\mathrm{sent}(t)$，它是通过 SentiWordNet[⊖]计算得到的。该工作统计了单词 t 在所有表达的意思中的情感分数之和作为该词最终的情感分数。对于基于情感分数的显式知识选择策略来说，该工作提出了三种方式，分别是基于多数情感、少数情感和对比情感的知识选择策略。算法 4.1 描述了基于多数情感的显式知识选择策略算法，基于少数情感的实现与之类似，基于对比情感的选择策略是去选择和原文本相反情感极性的候选知识。

⊖　https://wordnet.princeton.edu/

算法 4.1　基于多数情感的显式知识选择算法

Input：知识集合 K
Output：被选中的知识集合 KS
　$\text{sent}_{\text{score}}=0$
　for 每个 $i\in[0,b]$ **do**
　　for k_i 中的所有 token **do**
　　　$\text{sent}_{\text{score}}=\text{sent}_{\text{score}}+\text{sent}(\text{token})$
　　end for
　end for
　if $\text{sent}_{\text{score}}>0$ **then**
　　for 所有使得 $\text{sent}(k_i)>0$ 的 k_i **do**
　　　将 k_i 放入 KS
　　end for
　else
　　for 所有使得 $\text{sent}(k_i)<0$ 的 k_i **do**
　　　将 k_i 放入 KS
　　end for
　end if

对于基于注意力机制的隐式知识选择来说，该工作通过计算［CLS］字段的编码和其他的单词编码的注意力权重来进行知识加权，具体如下：

$$\mathbf{KS}_{\text{Ienc}}=\text{softmax}(K_{\text{CLS}}^{\text{T}}K_{\text{enc}})K_{\text{enc}}^{\text{T}} \tag{4.1}$$

其中，$\mathbf{KS}_{\text{Ienc}}\in\mathbb{R}^d$ 是知识选择后的知识表示。

4.5　知识融合方法

为了获得考虑文本信息的知识表示，该工作首先做了以文本为查询的注意力机制，将注意力权重分配给所选择的知识文本。新的知识表示 $\mathbf{KS}\boldsymbol{T}_{\text{enc}}$ 计算如下：

$$\mathbf{KS}\boldsymbol{T}_{\text{enc}}=\text{softmax}(\boldsymbol{T}_{\text{enc}}^{\text{T}}\mathbf{KS}_{E/I\text{enc}})\mathbf{KS}_{E/I\text{enc}}^{\text{T}} \tag{4.2}$$

在某些情况下，文本和知识可能对预测有不同程度的贡献。因此，通过引入了门机制，让模型动态地学习从文本中考虑多少信息，以及从知识中考虑多少信息。门机构的工作原理如下。首先对 $\mathbf{KS}_{\text{enc}}\in\mathbb{R}^{d*n}$ 执行平均池化操作，以获得表示知识的单个向量 $\mathbf{KS}_{\text{mean}}\in\mathbb{R}^d$。门机制的输出 $\boldsymbol{\alpha}$ 计算为

$$\boldsymbol{\alpha}=\text{sigmoid}([\boldsymbol{T}_{\text{enc}}^{\text{T}}\oplus\mathbf{KS}_{\text{mean}}]W_g) \tag{4.3}$$

权重向量 $\boldsymbol{\alpha}$ 被用来重建知识表示和文本表示，为 $\boldsymbol{\alpha T}_{\text{enc}}$ 和（$\mathbf{1-\boldsymbol{\alpha}}$）$\mathbf{KS}\boldsymbol{T}_{\text{enc}}$。这里包含一个残差结构，将文本和知识中的信息组合为

$$\mathbf{Z} = \mathrm{LN}(\boldsymbol{\alpha}\boldsymbol{T}_{\mathrm{enc}} + W_b(\mathbf{1} - \boldsymbol{\alpha})\mathbf{KS}\boldsymbol{T}_{\mathrm{enc}}) \tag{4.4}$$

其中，LN 是层标准化操作[10]，$W_b \in \mathbb{R}^{d*d}$ 一个可训练的参数。

$$\hat{\mathbf{Z}} = \mathrm{LN}(\mathbf{Z} + \mathrm{MLP}(\mathbf{Z})) \tag{4.5}$$

随后一个前馈神经网络和另一个残差结构作用于 **Z** 获得向量 $\hat{\mathbf{Z}}$，包含了知识和文本的交互信息。

4.6　模型框架

图 4-2 展示了所提出模型的总体框架。

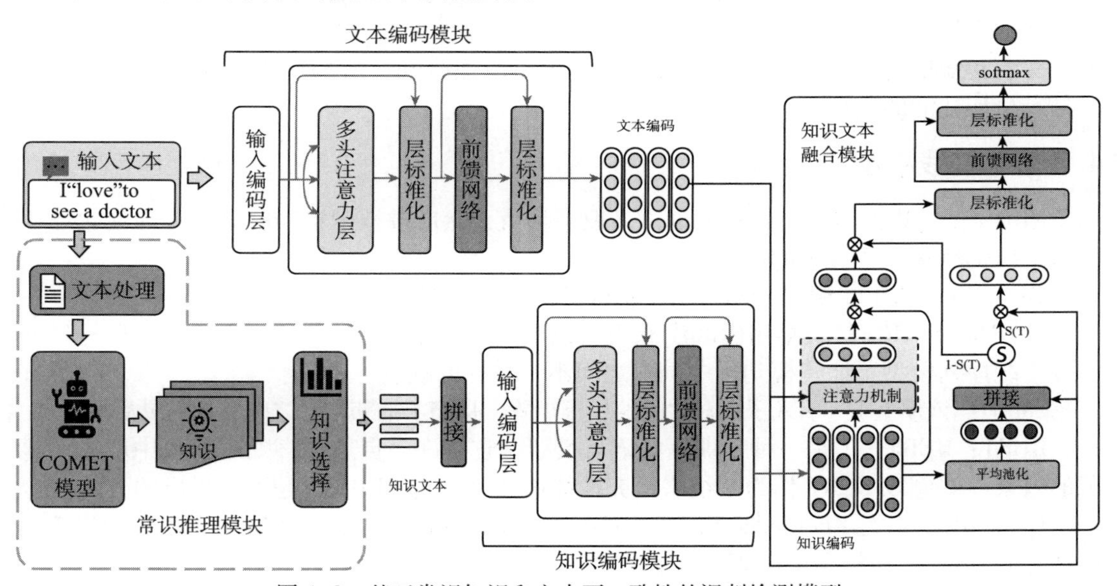

图 4-2　基于常识知识和文本不一致性的讽刺检测模型

4.7　实验设计和结果分析

4.7.1　数据集介绍

本例在三个数据集上评估了所提出的模型，包括推特数据集 1[11]、推特数据集 2[12] 和 Reddit 数据集[13]。值得注意的是文献［14］提出的推特数据集以及 IAC 数据集[15] 也常用于讽刺检测。然而，实验中发现只有大约三分之一的文献［14］提出的数据集（少于 1000 个样本）可用，COMET 模型不适合生成长文本 IAC 数据集的常识知识。因此，本例没有考虑这些数据集。在该工作中，每个样本都由文本和 COMET 生成的相关常识组成，详细的统计数据汇总在表 4-1 中。

表 4-1　数据集描述

数据集	训练集	验证集	测试集	总计
推特数据集 1[11]	46 070	5118	3742	54 930
推特数据集 2[12]	8497	1062	1062	10 621
Reddit-pol 数据集[13]	20 842	2605	2605	26 052

4.7.2　实验环境和设置

模型使用 PyTorch[16] 来实现，运行在 NVIDIA TITAN RTX GPU 上。本工作使用 Transformer toolkit 实现预训练好的 BERT 模型，该工具箱由 Hugging Face㊀发布。Adam[17] 被用来作为优化器，学习率被设置为 5×10^{-5}，预热率为 0.1，批量大小固定为 32，用于训练。文本和知识的最大长度分别为 40、20 个单词。轮为 8，实验中本例保存了在验证集上具有最佳性能的模型。

4.7.3　基线模型

NBOW：词袋模型通过对输入词嵌入取平均值，然后进行逻辑回归分类。即使它结构简单，但仍然是一个有效的模型。

TextCNN：基于卷积神经网络的文本分类深度学习模型[18]。

SIARN：SIARN 是最早用内部注意力机制的讽刺检测模型[19]。它克服了循环神经网络等传统序列模型不能建模句子中词对之间不一致性的缺点。

SMSD：该模型[20] 引入了词对之间的权重矩阵，提高了捕获词对之间关系的灵活性。

BERT：BERT[21] 是一种预训练的语言模型，它在许多自然语言处理任务中取得了显著的效果。本例以 BERT 作为基线来研究性能增益是来自 BERT 还是本例提出的方法。

Know BERT：是 Knowledge BERT model 的缩写，它简单地将文本表示 $\boldsymbol{T}_{\text{enc}}$ 和知识表示 $\mathbf{KS}\boldsymbol{T}_{\text{enc}}$ 拼接起来，然后用于分类。

4.7.4　对比实验结果

表 4-2 给出了本例的模型和基线模型的性能比较。可以观察到，本例方法在所有数据集上都达到了最佳性能。具体来说，在推特数据集 1 和推特数据集 2 与微调的 BERT 模型相比，本例模型的 F1 值分别提高了 3.56% 和 1.22%。在 SARC-pol 数据集[13] 上，模型的性能增益约为 3.18%。因此，整合常识知识信息有助于发现讽刺。值得注意的是，基于预训练的 BERT 模型在大多数情况下都优于传统的深度学习模型，这归功于 BERT 优秀的文本编码能力。在推特数据集 1 和 SARC-pol 数据集上，Know-BERT 模型的性能比 BERT 好，但在推特数据集［12］上没有。结果表明，仅仅将文本信息和知识信息连接起来可能会阻碍而不是提高性能。

㊀ https://huggingface.co/transformers/

表 4-2　对比实验结果

数据集	推特数据集 1			推特数据集 2			SARC-pol 数据集[13]		
方法	精确率	召回率	F1 值	精确率	召回率	F1 值	精确率	召回率	F1 值
NBOW	0. 7303	0. 7444	0. 7281	0. 8039	0. 8027	0. 8033	0. 6983	0. 6933	0. 6950
TextCNN	0. 7488	0. 7635	0. 7490	0. 7993	0. 7965	0. 7978	0. 7180	0. 7183	0. 7181
Bi-LSTM	0. 7752	0. 7885	0. 7784	0. 7994	0. 8029	0. 8009	0. 7062	0. 7100	0. 7073
SIARN	0. 7464	0. 7601	0. 7480	0. 7897	0. 7924	0. 7909	0. 7018	0. 7020	0. 7019
SMSD	0. 7508	0. 7662	0. 7447	0. 7966	0. 7979	0. 7972	0. 7326	0. 7331	0. 7328
BERT	0. 8178	0. 8337	0. 8217	0. 8399	0. 8465	0. 8424	0. 7339	0. 7266	0. 7292
Know-BERT	0. 8437	0. 8538	0. 8477	0. 8433	0. 8361	0. 8392	0. 7521	0. 7566	0. 7536
本例方法	**0. 8552**	**0. 8598**	**0. 8573**	**0. 8516**	**0. 8605**	**0. 8546**	**0. 7610**	**0. 7610**	**0. 7610**

表 4-3 给出了不同知识选择策略下模型的性能比较。结果表明，知识选择提高了三个数据集的模型性能。值得注意的是，显式知识选择策略比基于注意力的知识选择更有效。由于讽刺往往与情感相关，因此显式知识选择策略包含情感信息，从而获得更好的效果。然而，最好的结果在不同数据集上对应着不同的策略，这意味着最好的知识选择策略可能依赖于数据的分布。例如，SARC-pol 数据集中的所有样本都是关于政治的，而推特数据集中没有固定的主题。

表 4-3　知识选择策略实验结果

数据集	推特数据集			推特数据集			SARC-pol 数据集		
方法	精确率	召回率	F1 值	精确率	召回率	F1 值	精确率	召回率	F1 值
BERT	0. 8178	0. 8337	0. 8217	0. 8399	0. 8465	0. 8424	0. 7339	0. 7266	0. 7292
基于多数情感知识选择的模型	0. 8249	0. 8376	0. 8292	**0. 8516**	**0. 8605**	**0. 8546**	0. 7532	0. 7519	0. 7525
基于少数情感知识选择的模型	**0. 8552**	**0. 8598**	**0. 8573**	0. 8361	0. 8426	0. 8386	0. 7555	0. 7554	0. 7555
基于对比情感知识选择的模型	0. 8349	0. 8471	0. 8392	0. 8393	0. 8413	0. 8402	**0. 7610**	**0. 7609**	**0. 7610**
基于注意力机制知识选择的模型	0. 8341	0. 8467	0. 8385	0. 8404	0. 8417	0. 8410	0. 7570	0. 7571	0. 7571
不含知识选择的模型	0. 8344	0. 8437	0. 8381	0. 8352	0. 8385	0. 8367	0. 7520	0. 7526	0. 7523

4.7.5 消融实验结果

在这一部分给出了消融实验。首先，本例只将知识信息给预训练的 BERT，以研究仅使用知识信息的表现。本例还研究了知识-文本融合模块中的门机制和残差结构的有效性。此外，本工作还进一步实现了另外两种集成方法，即拼接和按位加操作来研究本例所提出的模块的性能。

表 4-4 给出了消融实验的结果，结果表明，仅使用知识信息的效果并不好，说明常识知识只起辅助作用。门机制的缺失也导致了模型性能的下降，证明了动态地分配文本和知识的权重是有意义的。没有残差模块也会影响性能。最后，本文所提出的模型的集成方式比拼接和元素加法的集成方式具有更好的性能，表明本文提出模块的有效性。

表 4-4　消融实验结果

数据集	推特数据集 1	推特数据集 2	SARC-pol 数据集
方法	F1 值		
模型(仅使用知识信息)	0.6268	0.5986	0.3833
模型(本例方法)	**0.8573**	**0.8546**	**0.7610**
模型(不含门控结构)	0.8127	0.8292	0.7574
模型(不含残差结构)	0.8445	0.8365	0.7523
模型(文本知识拼接融合)	0.8373	0.8387	0.7596
模型(文本知识按位相加)	0.8354	0.8296	0.7399

4.7.6 模型分析

本小节主要包含参数影响实验分析、案例分析、错误分析。

1. 候选知识数量对结果的影响

本工作用知识候选数量 l_m 从 1 到 5 的范围来度量模型性能。可以从图 4-3 看到，F1 值随着候选知识的增加而上升，尽管在两个推特数据集上有所波动。但在所有三个数据集中，当 l_m 为 1 时，模型的性能最差，当使用所有可用的候选知识时，模型的性能最好。因此，在最佳知识选择策略下，增加候选知识数量可以提高性能。

2. 案例分析

图 4-4 展示了从测试数据中收集的几个讽刺案例。这里展示了一些示例，这些示例被本例的模型正确分类，但被 BERT 错误分类。此外，本例还提取了注意力分布，以了解常识知识如何帮助提高性能。图 4-4 是注意力分布可视化，可以看到本例的模型关注了与知识形成矛盾的文本。在第一个例子中，本例模型关注单词“love”，这与知识中的“headache”形成了冲突。第二个和第三个例子也呈现类似的模式。因此，通过引入常识知识，模型可以发现文本和知识之间的冲突，从而得到正确的预测结果。

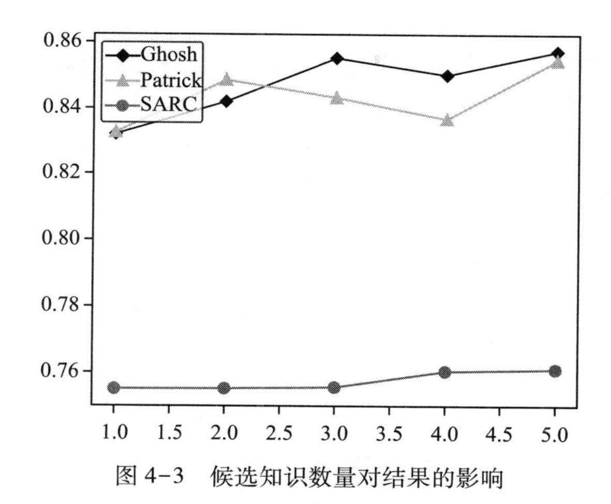

图 4-3　候选知识数量对结果的影响

模型	句子	知识	正确分类
BERT	I love these study hours in junker!	N/A	否
Model(ours)	I love these study hours in junker!	headache	是
BERT	Running on 3 hours of sleep. didn't even touch my humanities, good start to a good day	N/A	否
Model(ours)	Running on 3 hours of sleep. didn't even touch my humanities, good start to a good day	fatigue tiredness	是
BERT	So happy to just find out Uoit decided to reschedule all my lectures and tutorials for me to night classes at exact same time	N/A	否
Model(ours)	So happy to just find out Uoit decided to reschedule all my lectures and tutorials for me to night classes at exact same time	headache migraine	是

图 4-4　讽刺样本的注意力分布可视化

3. 错误分析

本工作还对错误预测的样本进行了分析。下面的例子是一些本例模型没有正确标注的。

- Good job, Rosenthal.
- Dad sounded excited i got a new job.
- Answering the phone to be screamed at come 7:00 is just what I was looking forward to.

错误分类的例子可以被分为三类。首先，第一类样本需要背景知识，而不是常识知识才能被识别，如第一个例子。本例把 intended 讽刺和 perceived 讽刺的区别作为第二类。具体来说，第二个例子是作者从 intended 的角度标记的讽刺。然而，其他人会从 perceived 角度认为这不是讽刺。最后，为了理解第三种情况下的讽刺，分类器需要知道

"Answering the phone to be screamed at come 7:00" 这一句段暗示了一种消极情绪。然而，在这个例子中，COMET 模型只产生一些肤浅的常识，比如 "pick-up-receiver"。因此，本例模型无法正确预测。

4.8 应用实践

相关的核心代码列表 4.1 所示。

列表 4.1 基于常识知识的讽刺检测模型

```
1  class KLBert(nn.Module):
2      def __init__(self):
3          super(KLBert,self).__init__()
4          self.text_bert=BertModel.from_pretrained('bert-base-uncased')
5          self.know_bert=BertModel.from_pretrained('bert-base-uncased')
6          self.W_gate=nn.Linear(768*2,1)
7          self.intermediate=BertIntermediate()
8          self.output=BertSelfOutput()
9          self.dropout=nn.Dropout(0.1)
10         self.classifier=nn.Linear(768,2)
11         self.secode_output=BertOutput()
12
13     def forward(self,text_ids,text_mask,know_ids,know_mask,labels=None):
14         #获得预训练的 BERT 模型的编码
15         text_info,pooled_text_info=self.text_bert(input_ids=text_ids,attention_
           mask=text_mask)
16         know_info,pooled_know_info=self.know_bert(input_ids=know_ids,attention_
           mask=know_mask)
17         #计算文本知识间的 attention
18         attn=torch.matmul(text_info,know_info.transpose(1,2))
19         attn=F.softmax(attn,dim=-1)
20         #attention 加权操作
21         know_text=torch.matmul(attn,know_info)
22
23         #文本知识拼接
24         combine_info=torch.cat([text_info,torch.mean(know_info,dim=1).unsqueeze
           (1).expand(text_info.size(0),text_info.size(1),text_info.size(-1))],dim=-1)
25         #计算门机制权重系数 alpha
26         alpha=self.W_gate(combine_info)
27         alpha=F.sigmoid(alpha)
28         #加权文本表示
29         text_info=torch.matmul(alpha.transpose(1,2),text_info)
30         #加权知识表示
31         know_text=torch.matmul((1 - alpha).transpose(1,2),know_text)
32         #残至连接
33         res=self.output(know_text,text_info)
34         intermediate_res=self.intermediate(res)
```

```
35        res=self.secode_ output(intermediate_ res,res)
36        logits=self.classifier(res)
37        if labels is not None:
38            loss_ fct=CrossEntropyLoss()
39            loss=loss_ fct(logits.view(-1,2),labels.view(-1))
40            return loss
41        else:
42            return logits
```

4.9 本章小结

针对现有的讽刺检测模型没有考虑常识知识对于讽刺检测的帮助的问题。该工作提出一个融合常识知识的讽刺检测模型。通过利用 COMET 模型来生成常识知识。该工作使用了更大的输入长度重新训练了 COMET，来克服之前训练模型无法处理较长文本常识知识生成的问题。目标文本首先被输入预训练的 BERT 模型来对其进行文本编码，同时目标文本经过去停用词、词形还原、去标点等操作，输入 COMET 来生成常识知识。该工作同时提出多种知识选择策略来对生成的知识进行选择，从而获得更高质量的知识。该工作还比较了基于注意力机制的隐式知识选择策略和基于情感分数的显式知识选择策略。此外，该工作设计了知识-文本融合模块来动态地融合知识信息和文本信息。

参考文献

[1] RAJANI N F，MCCANN B，XIONG C，et al. Explain yourself! leveraging language models for commonsense reasoning [C]//Proceedings of the 57th Conference of the Association for Computational Linguistics，ACL 2019. [S. l.]：Association for Computational Linguistics，2019：4932-4942.

[2] LIN B Y，CHEN X，CHEN J，et al. Kagnet：knowledge-aware graph networks for commonsense reasoning [C]//Proceedings of the 2019 Conference on Empirical Methods in Natural Language Processing and the 9th International Joint Conference on Natural Language Processing，EMNLPIJCNLP 2019. [S. l.]：Association for Computational Linguistics，2019：2829-2839.

[3] BAUER L，WANG Y，BANSAL M. Commonsense for generative multi-hop question answering tasks [C]//Proceedings of the 2018 Conference on Empirical Methods in Natural Language Processing. [S. l.]：Association for Computational Linguistics，2018：4220-4230.

[4] MIHAYLOV T，FRANK A. Knowledgeable reader：enhancing cloze-style reading comprehension with external commonsense knowledge [C]//Proceedings of the 56th Annual Meeting of the Association for Computational Linguistics，ACL 2018. [S. l.]：Association for Computational Linguistics，2018：821-832.

[5] BOSSELUT A，RASHKIN H，SAP M，et al. COMET：commonsense transformers for automatic knowledge graph construction [C]//Proceedings of the 57th Conference of the Association for Computational Linguistics，ACL 2019. [S. l.]：Association for Computational Linguistics，2019：4762-4779.

[6] RADFORD A，NARASIMHAN K，SALIMANS T，et al. Improving language understanding by generative

pre-training [Z]. [S. l. : s. n.], 2018.

[7] SPEER R, CHIN J, HAVASI C. Conceptnet 5.5: an open multilingual graph of general knowledge [C]//Proceedings of the Thirty-First AAAI Conference on Artificial Intelligence. [S. l.]: AAAI Press, 2017: 4444-4451.

[8] SAP M, BRAS R L, ALLAWAY E, et al. ATOMIC: an atlas of machine commonsense for ifthen reasoning [C]//The Thirty-Third AAAI Conference on Artificial Intelligence, AAAI 2019, The Thirty-First Innovative Applications of Artificial Intelligence Conference, IAAI 2019, The Ninth AAAI Symposium on Educational Advances in Artificial Intelligence, EAAI. [S. l.]: AAAI Press, 2019: 3027-3035.

[9] LI X, TAHERI A, TU L, et al. Commonsense knowledge base completion [C]//Proceedings of the 54th Annual Meeting of the Association for Computational Linguistics, ACL 2016. [S. l.]: The Association for Computer Linguistics, 2016.

[10] BA L J, KIROS J R, HINTON G E. Layer normalization [J]. CoRR, 2016.

[11] GHOSH A, VEALE T. Fracking sarcasm using neural network [C]//Proceedings of the 7th Workshop on Computational Approaches to Subjectivity, Sentiment and Social Media Analysis, WASSA@ NAACL-HLT 2016. [S. l.]: [s. n.], 2016: 161-169.

[12] PTÁCEK T, HABERNAL I, HONG J. Sarcasm detection on czech and english twitter [C]//COLING 2014, 25th International Conference on Computational Linguistics, Proceedings of the Conference: Technical Papers. [S. l.]: ACL, 2014: 213-223.

[13] KHODAK M, SAUNSHI N, VODRAHALLI K. A large self-annotated corpus for sarcasm [C]//Proceedings of the Eleventh International Conference on Language Resources and Evaluation, LREC 2018. [S. l.]: European Language Resources Association (ELRA),2018.

[14] RILOFF E, QADIR A, SURVE P, et al. Sarcasm as contrast between a positive sentiment and negative situation [C]//Proceedings of the 2013 Conference on Empirical Methods in Natural Language Processing. [S. l.]: [s. n.], 2013: 704-714.

[15] LUKIN S M, WALKER M A. Really? well. apparently bootstrapping improves the performance of sarcasm and nastiness classifiers for online dialogue [J]. CoRR, 2017.

[16] PASZKE A, GROSS S, MASSA F, et al. PyTorch: an imperative style, high-performance deep learning library [C]//Advances in Neural Information Processing Systems 32: Annual Conference on Neural Information Processing Systems 2019, NeurIPS 2019. [S. l.]: [s. n.], 2019: 8024-8035.

[17] KINGMA D P, BA J. Adam: a method for stochastic optimization [C]//3rd International Conference on Learning Representations, ICLR 2015. [S. l.]: [s. n.], 2015.

[18] KIM Y. Convolutional neural networks for sentence classification [C]//Proceedings of the 2014 Conference on Empirical Methods in Natural Language Processing, EMNLP 2014. [S. l.]: [s. n.], 2014: 1746-1751.

[19] TAY Y, LUU A T, HUI S C, et al. Reasoning with sarcasm by reading in-between [C]//Proceedings of the 56th Annual Meeting of the Association for Computational Linguistics. [S. l.]: [s. n.], 2018: 1010-1020.

[20] XIONG T, ZHANG P, ZHU H, et al. Sarcasm detection with self-matching networks and low-rank bilinear pooling [C]//The World Wide Web Conference, WWW 2019. [S. l.]: [s. n.], 2019: 2115-2124.

[21] DEVLIN J, CHANG M, LEE K, et al. BERT: pre-training of deep bidirectional transformers for language understanding [C]//Proceedings of the 2019 Conference of the North American Chapter of the Association for Computational Linguistics: Human Language Technologies, NAACL-HLT 2019. [S. l.]: [s. n.], 2019: 4171-4186.

CHAPTER5

第5章

基于多模态数据的讽刺检测

5.1 任务与术语

1. 任务

对于基于多模态数据的讽刺检测来说，其任务定义是：给定输入文本 $X \in \mathbb{R}^{n*1}$，和一张图像 $\boldsymbol{I}$，其中 n 是输入文本的长度，模型能够正确地预测给定的输入文本和图像是否包含讽刺内容。

2. 术语

- **多模态**：随着社交媒体的发展，用户在社交媒体平台不仅可以发表文本信息，同时还可以发表图像、视频等信息。这为讽刺检测提出了新的方向，有时仅仅从文本无法检测出用户是否表达了讽刺的意图，但是多模态信息的引入提供了额外的信息，使得对于讽刺的检测提供了帮助。
- **Hashtag 标签**：Hashtag 是指在推特中用户使用前面带“#”的单词来表示推特的主题或情感。
- **模态间不一致性**：我们将文本和图像间的冲突定义为模态间不一致性。
- **模态内不一致性**：我们将文本和 Hashtag 间的冲突定义为模态内不一致性。

5.2 模态内注意力

自注意力机制可以用来生成序列的内部表示，内部表示考虑序列中每对词之间的相互关系。模态间的不一致信息可以表示为多个模态特征之间的一种相互作用，由于不一致性是讽刺的一个关键特征，输入的文本会对与之矛盾的图像区域给予高度的关注。因此，该工作借鉴了自注意力机制的思想，设计了一个文本图像匹配层来捕获文本与图像之间的不一致信息。文本图像匹配层接受文本特征 $\boldsymbol{H} \in \mathbb{R}^{d*N}$ 作为查询向量，而图像特性 $\boldsymbol{G} \in \mathbb{R}^{d*49}$ 作为键向量和值向量。这样，文本特征可以指导模型关注在图文不一致的图像区域。具体而言，对于文本图像匹配层的第 i 个头，其具有以下形式：

$$\mathrm{ATT}_i(\boldsymbol{H},\boldsymbol{G}) = \mathrm{softmax}\left(\frac{[W_i^Q\boldsymbol{H}]^{\mathrm{T}}[W_i^K\boldsymbol{G}]}{\sqrt{d_k}}\right)[W_i^V\boldsymbol{G}]^{\mathrm{T}} \tag{5.1}$$

其中 $d_k \in \mathbb{R}^{d/h}$，$\mathrm{ATT}_i(\boldsymbol{H},\boldsymbol{G}) \in \mathbb{R}^{N*d_k}$。$\{W_i^Q, W_i^K, W_i^V\} \in \mathbb{R}^{d_k*d}$ 是可学习的参数。然后将 h 个头的输出拼接起来，然后进行线性变换，如下所示：

$$\mathrm{MATT}(\boldsymbol{H},\boldsymbol{G}) = [\mathrm{ATT}_1(\boldsymbol{H},\boldsymbol{G}),\cdots,\mathrm{ATT}_h(\boldsymbol{H},\boldsymbol{G})]W^o \tag{5.2}$$

之后，对文本特征 $\boldsymbol{H}$ 和自注意力层 $\mathrm{MATT}(\boldsymbol{H},\boldsymbol{G})$ 的输出进行残差连接：

$$\boldsymbol{Z} = \mathrm{LN}(\boldsymbol{H} + \mathrm{MATT}(\boldsymbol{H},\boldsymbol{G})) \tag{5.3}$$

其中，LN 表示层标准化[1]。随后一个前馈神经网络和另一个残差结构作用于 $\boldsymbol{Z}$，如下所示：

$$\mathrm{TIM}(\boldsymbol{H},\boldsymbol{G}) = \mathrm{LN}(\boldsymbol{Z} + \mathrm{MLP}(\boldsymbol{Z})) \tag{5.4}$$

其中，$\mathrm{TIM}(\boldsymbol{H},\boldsymbol{G}) \in \mathbb{R}^{N*d}$ 是第一个文本图像匹配层的输出。将 l_m 个这样的文本图像匹配层堆叠起来，得到 $\mathrm{TIM}_{l_m}(\boldsymbol{H},\boldsymbol{G})$ 作为最后一层的输出，其中 $\mathrm{TIM}_{l_m}(\boldsymbol{H},\boldsymbol{G}) \in \mathbb{R}^{N*d}$，$l_m$ 是一个预先定义的超参数，模态间不一致性信息的最终表示可以描述为 $\boldsymbol{H}_{\boldsymbol{G}} \in \mathbb{R}^d$。

5.3 模态间注意力

由于不一致可能只出现在文本中（例如，图像与文本不相关），因此有必要考虑模态内部的不一致性。像推特这样的社交媒体允许用户添加 Hashtag 来表明主题或他们的真实想法。Hashtag 在分析用户的真实情绪时很有用[2]（例如，I am happy that I woke up at 5:15 this morning）。因此，该工作将原始文本和其中的 Hashtag 之间的冲突视为模态内不一致（对于那些没有 Hashtag 的样本，该工作使用一个特殊标记）。直观地说，可以使用与模态间注意力机制相同的方法来获得模态内的不一致信息。然而，实验发现即使它包含更多的参数，也不会带来太大的改善。因此，该工作引入了一个互注意力矩阵 $\boldsymbol{C}$ 来建模文本和 Hashtag 之间的交互。$\boldsymbol{C}$ 的计算公式为

$$\boldsymbol{C} = \tanh(\boldsymbol{H}^{\mathrm{T}}W_b\boldsymbol{T}) \tag{5.5}$$

其中，$\boldsymbol{H} \in \mathbb{R}^{d*N}$ 和 $\boldsymbol{T} \in \mathbb{R}^{d*M}$ 分别代表文本表示和 Hashtag 的表示。N 和 M 是预定义的超参数，分别表示输入序列的最大长度和 Hashtag 的最大长度。$W_b \in \mathbb{R}^{d*d}$ 是一个可学习参数。在计算了互注意力矩阵 $\boldsymbol{C} \in \mathbb{R}^{N*M}$ 之后，通过最大化文本特征位置上的互注意力矩阵，得到 Hashtag 的注意力分布。最后，模态内不一致性计算为

$$\boldsymbol{H}_{\boldsymbol{T}} = \boldsymbol{a}\boldsymbol{T}^{\mathrm{T}} \tag{5.6}$$

在获得模态内不一致性表示 $\boldsymbol{H}_{\boldsymbol{T}}$ 和模态间不一致性表示 $\boldsymbol{H}_{\boldsymbol{G}}$ 之后，通过将它们拼接起来进行预测。预测部分由一个线性层和一个 softmax 函数组成，前者用于降维，后者用于将概率分布到每个类别。

5.4　模型框架

图 5-1 展示了模型的总体框架，它主要包含两个部分，分别是模态内注意力和模态间注意力，以此来建模模态内和模态间的不一致性信息，两部分信息被用于最后的分类。

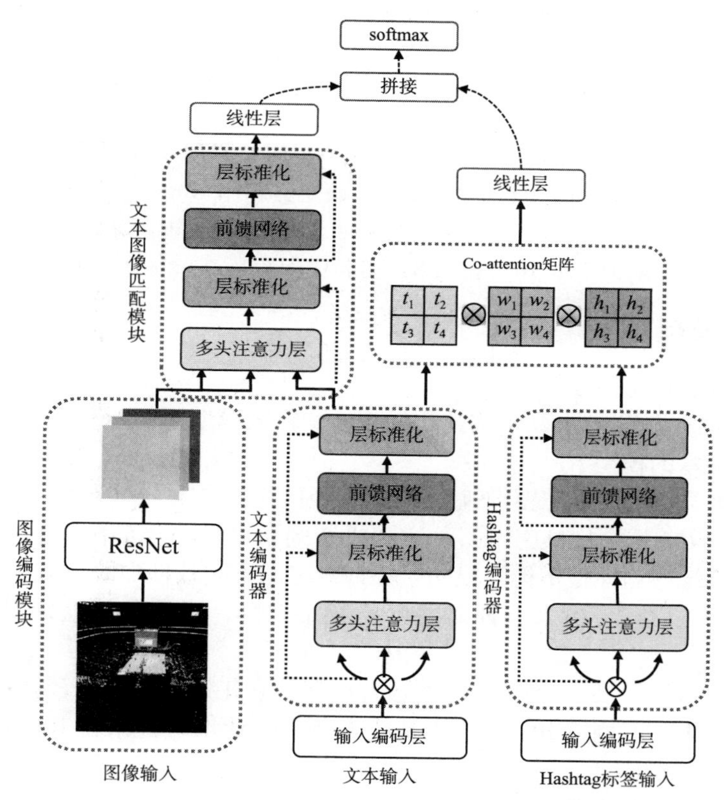

图 5-1　基于建模模态间和模态内不一致性的讽刺检测模型

5.5　实验设计和结果分析

5.5.1　数据集介绍

本例在一个公开的多模态讽刺检测数据集[3] 上评估了所提出的模型。数据集中的每个样本都由一段文本和一个与之关联图像组成。在数据预处理过程中，包含诸如 sarcasm、sarcastic、irony、ironic 或 URL 等的数据会被丢弃。将数据分为训练集、验证集和测试集，比例为 80% ：10% ：10%。检查验证集和测试集，以确保标签的准确性。表 5-1 总结了详细的统计数据。

表 5-1 多模态讽刺检测数据集描述

	训练集	验证集	测试集		训练集	验证集	测试集
样本	19 816	2410	2409	负样本	11 174	1451	1450
正样本	8642	959	959	平均长度	15.71	15.72	15.89

5.5.2 实验环境和设置

该模型是使用 PyTorch[4] 实现的，运行在 NVIDIA TITAN RTX GPU 上。本工作使用 Transformer toolkit 实现预训练好的 BERT 模型，该工具箱由 Hugging Face㊀发布。Adam[5] 作为优化器，学习率设置为 5×10^{-5}，预热率为 0.2，批量大小固定为 32，用于训练。文本和 Hashtag 的最大长度分别为 75、10。轮为 8，实验中保存了在验证集上具有最佳性能的模型。

5.5.3 基线模型

1. 仅使用图像信息的模型

Image Only：将图像特性 $\boldsymbol{G}$ 平均池化操作后，输入模型用于预测。

2. 仅使用文本的模型

- TextCNN：文献［6］提出了基于卷积神经网络的文本分类深度学习模型。
- SIARN：SIARN 是最早用内部注意力机制的讽刺检测模型[7]。它克服了循环神经网络等传统序列模型不能建模句子中词对之间不一致性的缺点。
- SMSD：该模型[8] 引入了词对之间的权重矩阵，提高了捕获词对之间关系的灵活性。
- BERT：BERT[9] 是一种预训练的语言模型，它在许多自然语言处理任务中取得了显著的效果。本例以 BERT 作为基线来研究性能增益是来自 BERT 还是本例提出的方法。

3. 同时使用图像和文本信息的模型

- 层次融合模型（Hierarchical Fusion Model，HFM）：HFM[3] 是一种用于多模态讽刺检测的层级融合模型。他们的模型以图像特征、图像属性特征和文本特征为三种模态。三种模态的特征被重建和融合用于预测。
- D&R Net：该模型[10] 是从建模跨模态中的冲突和关联语意信息来检测多模态讽刺。他们设计了 D-Net 来表现图像和文本在高层空间中的共性和差异性，通过 R-Net 从多个视图捕获图像和文本之间的上下文关联。
- Res-bert：Res-bert 只是将图像特征 $\boldsymbol{G}$ 和文本特征 $\boldsymbol{H}$ 拼接起来进行分类。

㊀ https://huggingface.co/transformers/

5. 5. 4　对比实验结果

表 5-2 给出了本例所提出模型与基线模型的对比实验结果。结果表明，本例提出的模型在基线模型中取得了最好的性能。具体来说，本例模型在 F1 值评测指标上比层次融合模型[3]（HFM）提高了 2. 74%。也比微调的 BERT 模型有 2. 7%的改进，这表明了本例所提出的模型的有效性和图像信息的重要性。

表 5-2　多模态讽刺检测数据集对比实验结果

模态	方法	精确率	召回率	准确率	F1 值
	Random	0. 4055	0. 5057	0. 5027	0. 4470
图像	Image-Only	0. 6511	0. 6715	0. 7260	0. 6611
文本	TextCNN	0. 7429	0. 7639	0. 8003	0. 7532
	SIARN	0. 7555	0. 7570	0. 8057	0. 7563
	SMSD	0. 7646	0. 7518	0. 8090	0. 7582
	BERT	0. 7827	0. 8227	0. 8385	0. 8022
图像+文本	HFM	0. 7657	0. 8415	0. 8344	0. 8018
	D&R Net	0. 7797	0. 8342	0. 8402	0. 8060
	Res-bert	0. 7887	0. 8446	0. 8480	0. 8157
	本文方法	**0. 8087**	**0. 8508**	**0. 8605**	**0. 8292**

可以从表 5-2 看到仅使用图像特征的模型效果不好，说明多模态讽刺检测任务不能仅仅使用图像。显然，基于文本模态的方法比基于图像模态的方法具有更好的性能。因此，文本信息比图像信息更有助于讽刺检测。值得注意的是，经过微调的 BERT 模型比其他基于文本的非预训练模型的性能要好得多。图像加文本模态的模型通常比其他模型获得更好的结果，表明图像有助于提高性能。

文本模态中的模型，SMSD[8] 将不一致信息纳入考虑范围，并优于 TextCNN。因此，不一致信息有助于识别讽刺。本例提出的方法取得了比 Res-bert 更好的结果，证明了建模模态内和模态间的不一致性比简单的模态间信息拼接更有效。

5. 5. 5　消融实验结果

为了评估模型中不同模块的有效性，本工作进行了一系列消融实验。首先去掉了模态内的注意力机制模块，它只使用 $\boldsymbol{H}_G$ 进行预测。然后，移除模态间注意力，该模型将 $\boldsymbol{H}$ 和 $\boldsymbol{H}_T$ 拼接然后输入分类层，实验结果表明 $\boldsymbol{H}_T$ 只在的模型中起支持作用。

表 5-3 给出了消融实验的结果。结果表明，模型在同时包含模态内注意力模块和模态间注意力模块的情况下具有最佳的性能。模态间注意力的缺失导致了性能的下降，证明了建模模态间不一致性对于多模态讽刺检测是有意义的。没有模态内注意力的模型也会影响性能。因此，模态内注意力和模态间注意力在本工作的模型中都起着不可或缺的作用。

表 5-3 多模态讽刺检测消融实验结果

模型	精确率	召回率	准确率	F1 值
BERT	0.7827	0.8227	0.8385	0.8022
本例方法(不含模态间建模)	0.7764	0.8508	0.8430	0.8119
本例方法(不含模态内建模)	0.8005	0.8373	0.8522	0.8185
本例方法	**0.8087**	**0.8508**	**0.8605**	**0.8292**

5.5.6 模型分析

本小节主要包含参数影响实验分析、模型可视化和错误分析。

1. 文本图像匹配层的数量影响

本例测量了 F1 值在文本图像匹配层数 l_m 从 1 到 7 的范围内的变化。可以在图 5-2 看到，F1 值随着 l_m 增加而增加，直到当 l_m 等于 3 时，达到峰值点。模型在这一点上取得了最好的性能。然后，随着 l_m 的持续增长，模型性能开始下降。这表明增加更多的文本图像匹配层可能不会提高性能，而是降低性能。

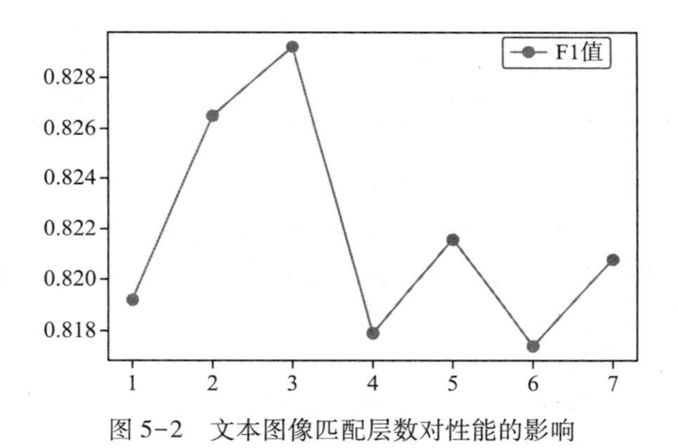

图 5-2 文本图像匹配层数对性能的影响

2. 模型的可视化

在本节中，通过将文本图像注意力分布可视化，可以发现模型有效地捕捉到模态间的不一致性信息。因此，模型更容易发现模态间冲突导致的讽刺。下面展示了从数据集中收集的几个讽刺案例：

- such a packed game. it's amazing we even got a seat. # pelicans
- well that looks appetising... # ubereats
- good thing my 2nd graders are not distracted by chainsaws, falling trees, and chippers!

图 5-3 说明模型在建模模态间不一致性时是非常有效的。在第一个例子中，模型关注的区域表示"lots of unoccupied seats"，这与文本"it is amazing we even got a seat"形成了矛盾，在第二和第三个例子下也可以注意到类似的模式。

a)such a packed game.it is amazing we even got a seat.# pelicans

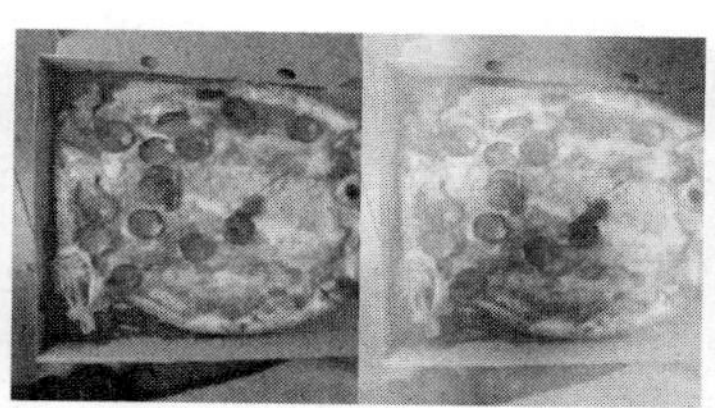

b)well that looks appetising... ubereats

c)good thing my 2nd graders are not disrtacted by chainsaws,falling trees,and chippers

图 5-3 多模态讽刺推文的注意力可视化

3. 错误分析

此外，本工作还对错误预测的样本进行了分析。通过检查了大约50个错误的分类实例，发现模型可能会错误地分类那些图像上包含重要文本的样本数据（图5-4）。因此，考虑图像上的文本可能会对多模态讽刺检测任务带来改进。在此基础上，本工作进一步进行实验，具体来说，通过使用一个通用字符识别API来获取图片上的文本，并使用一个互注意力矩阵来建模原始推特文本和图像上文本之间的不一致信息。表5-4结果表明，当考虑到图像上的文本时，模型取得了显著的性能提升。

I could enter the Olympics !

图 5-4 错误分类的例子

表 5-4 结合图像上文本的实验结果

模型	精确率	召回率	准确率	F1 值
本例方法	0. 8087	0. 8508	0. 8605	0. 8292
本例方法(加入图像上文本信息)	**0. 8433**	**0. 8811**	**0. 8875**	**0. 8618**

5.6 应用实践

相关的核心代码如列表5.1所示。

列表 5.1 基于多模态数据的的讽刺检测模型

```
1  class MsdBERT(nn.Module):
2      def __init__(self):
3          super(MsdBERT,self).__init__()
4          self.bert=BertModel.from_pretrained('bert-base-uncased')
5          self.hashtag_bert=BertModel.from_pretrained('bert-base-uncased')
6          self.tanh=nn.Tanh()
7          self.text2image_attention=BertCrossEncoder()
8          self.image_text_pooler=BertPooler()
9          self.dropout=nn.Dropout(0.1)
```

```
10          self.vismap2text=nn.Linear(2048,768)
11          self.classifier=nn.Linear(768*2,2)
12          self.W_b=nn.Parameter(nn.init.xavier_uniform_(torch.FloatTensor(768,768)))
13
14      def forward(self,input_ids,visual_embeds_att,input_mask,added_attention_mask,
            hashtag_input_ids,hashtag_input_mask,labels=None):
15          #获得BERT编码后的文本表示
16          sequence_output,pooled_output=self.bert(input_ids=input_ids,token_type_ids=
                None,attention_mask=input_mask)
17          #获得BERT编码后的Hashtag表示
18          hashtag_output,hashtag_pooled_output = self.hashtag_bert(input_ids =
                hashtag_input_ids,token_type_ids=None,attention_mask=hashtag_input
                _mask)
19
20          #对图像对应位置的mask编码
21          img_mask=added_attention_mask[:,:49]
22          #维度变换
23          extended_img_mask=img_mask.unsqueeze(1).unsqueeze(2)
24          extended_img_mask=extended_img_mask.to(dtype=next(self.parameters()).dtype)
25          #mask的位置设置为-10000值
26          extended_img_mask=(1.0 - extended_img_mask)*-10000
27
28          #将text作为query,image作为key,和value做attention
29          vis_embed_map=visual_embeds_att.view(-1,2048,49).permute(0,2,1)
30          #图像维度变换
31          visual=self.vismap2text(vis_embed_map)
32          #文本图像attention
33          image_text_cross_attn=self.text2image_attention(sequence_output,visual,
                extended_img_mask)
34          #计算文本和hashtag的attention
35          C=self.tanh(torch.matmul(torch.matmul(sequence_output,self.W_b),hashtag_
                output.transpose(1,2)))
36          C,_ =torch.max(C,dim=1)
37          attn=F.softmax(C,dim=-1)
38          hashtag_text_cross_attn=torch.matmul(attn.unsqueeze(1),hashtag_output)
39          image_text_pooled_output=self.image_text_pooler(image_text_cross_attn)
40          #将部分信息做拼接
41          pooled_output=torch.cat([image_text_pooled_output,hashtag_text_cross_
                attn.squeeze(1)],dim=-1)
42          pooled_output=self.dropout(pooled_output)
43          logits=self.classifier(pooled_output)
44          if labels is not None:
45              loss_fct=CrossEntropyLoss()
46              loss=loss_fct(logits.view(-1,2),labels.view(-1))
47              return loss
48          else:
49              return logits
```

5.7 本章小结

针对现有的多模态讽刺检测模型仅仅做了模态间的拼接或简单融合，而忽视了讽刺在模态间和模态内的不一致性特性。该工作提出一种基于 BERT 的模型，使用预训练的 BERT 模型编码文本和文本中的 Hashtag。同时，使用预训练的 ResNet 来获得图像的表示并在模型训练过程中更新参数。之后，通过文本图像匹配层建模模态间的不一致性，通过让文本信息作为查询向量，将图像信息作为键向量和值向量，文本图像匹配层最后的输出作为模态间不一致性的表示。该工作使用互注意力矩阵来捕捉文本模态内的不一致性信息，具体表现为建模文本与 Hashtag 的关系，因为 Hashtag 往往表达用户的真实情感或者主题信息。最后，包含模态间和模态内不一致性信息的表示被用作最后的分类。

参考文献

[1] BA L J, KIROS J R, HINTON G E. Layer normalization [J]. CoRR, 2016.

[2] MAYNARD D, GREENWOOD M A. Who cares about sarcastic tweets? investigating the impact of sarcasm on sentiment analysis [C]//Proceedings of the Ninth International Conference on Language Resources and Evaluation. [S. l.]: [s. n.], 2014: 4238-4243.

[3] CAI Y, CAI H, WAN X. Multi-modal sarcasm detection in twitter with hierarchical fusion model [C]//Proceedings of the 57th Conference of the Association for Computational Linguistics. [S. l. : s. n.], 2019: 2506-2515.

[4] PASZKE A, GROSS S, MASSA F, et al. PyTorch: An imperative style, high-performance deep learning library [C]//Advances in Neural Information Processing Systems 32: Annual Conference on Neural Information Processing Systems 2019, NeurIPS 2019. [S. l.]: [s. n.], 2019: 8024-8035.

[5] KINGMA D P, BA J. Adam: A method for stochastic optimization [C]//3rd International Conference on Learning Representations, ICLR 2015. [S. l.]: [s. n.],2015.

[6] KIM Y. Convolutional neural networks for sentence classification [C]//Proceedings of the 2014 Conference on Empirical Methods in Natural Language Processing, EMNLP 2014. [S. l.]: [s. n.], 2014: 1746-1751.

[7] TAY Y, LUU A T, HUI S C, et al. Reasoning with sarcasm by reading in-between [C]//Proceedings of the 56th Annual Meeting of the Association for Computational Linguistics. [S. l.]: [s. n.], 2018: 1010-1020.

[8] XIONG T, ZHANG P, ZHU H, et al. Sarcasm detection with self-matching networks and low-rank bilinear pooling [C]//The World Wide Web Conference, WWW 2019. [S. l.]: [s. n.], 2019: 2115-2124.

[9] DEVLIN J, CHANG M, LEE K, et al. BERT: pre-training of deep bidirectional transformers for language understanding [C]//Proceedings of the 2019 Conference of the North American Chapter of the Association for Computational Linguistics: Human Language Technologies, NAACL-HLT 2019. [S. l.]: [s. n.], 2019: 4171-4186.

[10] XU N, ZENG Z, MAO W. Reasoning with multimodal sarcastic tweets via modeling cross-modality contrast and semantic association [C]//Proceedings of the 58th Annual Meeting of the Association for Computational Linguistics, ACL 2020. [S. l.]: Association for Computational Linguistics, 2020: 3777-3786.

第三部分

CHAPTER6

第6章

基于用户建模的对话情绪分析

人们表达情绪的方式多种多样，尤其是随着社交网络的发展，人们通常会通过网上聊天进行日常交流。网上聊天的主要信息载体通常是文本，文本避免了聊天者直接的表情和肢体动作交互，为人们的社交提供了非常便捷且隐私的虚拟社交空间。人们的日常网上聊天会产生大量的聊天文本㊀，对公开的聊天文本（主要是评论回复）的情绪分析有助于了解当前网友们对于热点事件的情绪态度，以便更好地进行网络舆情分析。然而，不同于传统文本，聊天文本由一系列文本组成，而每一条文本都来自不同的聊天用户，因此对于聊天文本的分析不能单纯等同于对单个独立文本的情绪分析，聊天文本之间的交互和对话用户之间的相互影响对情绪分析都有着非常大的影响。本章将介绍这种对聊天文本进行情绪分析的任务，即对话情绪分析。关于对话情绪分析，本章主要将从对话用户之间的相互影响出发，考虑对话用户关系建模，并将对话以用户交互关系建模应用到当下常用的Transformer[1] 结构中。

6.1 任务与术语

在开始本章内容前，先对对话情绪分析和与其相关的任务、术语进行介绍。本章中的情绪分析模型和相关处理均针对多分类任务，至于其他任务类型，如多标签分类、情绪回归等，都是类似的处理方式，只需替换分类器。因此，后续的定义均以多分类任务为基准。

1. 对话情绪分析

对话情绪分析是一种情绪分析任务，但是不同于常规的情绪分析任务。常规的情绪分析任务是对一条独立的文本或是一个文档（包含多个句子）进行情绪分类，不论是独立文本还是文档都只具有一个情绪标签。然而，对话情绪分析主要处理的数据为对话数据，一个对话由多个语句组成，这时可以把对话看作是一个“文档”，但是对话中的每个语句都拥有自己对应的情绪标签。对话情绪分析中有两种不同的上下文信息需要考虑：

㊀ 聊天文本的获取应遵循相应的法规，社交媒体中的评论回复也属于一种聊天文本，因为这些文本也具有用户之间的交互性，因此可以作为人们私密聊天记录的替代。

每个语句本身语义的上下文信息、语句置于对话语境中的上下文信息。常规情绪分析模型一般只考虑第一种上下文信息，然而第二种对话语境上下文信息对语句的情绪影响很大。例如，一个语句“是呀”，如果进行常规的情绪分析，可能情绪为“中立”，但如果它有一条上下文语句“他真的很讨人厌”，那么“是呀”的情绪是负面的。很显然，常规的情绪分析模型如果不能建模对话语境的上下文信息，那么对“是呀”的情绪判断大概率会出现偏差。对话情绪分析模型需要同时考虑上述两种上下文信息，因此基本都是分层式编码器结构，第一层编码器对语句语义上下文信息建模，第二层抽取对话语境上下文信息。这种结构类似于文档分类中常用的分层式模型结构，但是文档分类的分层是分而治之的思想，最终依然只是对文档进行分类，而对话情绪分析则需要考虑每一个语句。

上文中提到，对话由语句组成，语句是由对话用户发出来的，之所以叫作语句，是因为通常包含多种模态信息：文本、对话用户的人物表情和语音。在这些模态中，文本通常是最重要的一种模态信息，文本中上下文信息的提取能直接影响模型的分类性能，因此对话情绪分析中的大部分工作[2-7] 都仅仅考虑文本信息。在后文中，语句一般都是只带有文本信息，不考虑其他模态信息。为了方便区分语句的不同角色，模型要分类的语句叫作目标语句，而其他语句便是目标语句的上下文语句。由于对话情绪分析需要对对话中每个语句进行情绪分类，因此每个语句都是目标语句，而从某个语句的角度出发，除该语句外的其他语句则为它的上下文语句。

对话情绪分析是一个多分类任务，对话中的每个语句都具有一个对应的情绪标签。对话情绪分析中情绪标签的设定一般依据的是心理学中的相关情绪理论，其中著名的理论包括 Ekman 情绪系统[8]、Izard 情感模型[9]、Tomkins 情感模型[10] 和抛物锥体情感模型[11] 等。Ekman 情绪系统主要包含六种情绪：恐惧、愤怒、悲伤、高兴、厌恶和惊讶。Izard 情感模型包含十种基本的情感动机：兴趣、愉悦、惊讶、悲伤、愤怒、厌恶、憎恨、恐惧、羞愧和羞怯。Tomkins 情感模型包含八种基本情感：兴趣、快乐、惊讶、痛苦、厌恶、愤怒、羞耻和害怕。抛物锥体情感模型由 Robert Plutchik 提出，采用的是因子分析法，其具体的情绪锥体图如图 6-1 所示，其中主要包含的八种基本情绪：生气、厌恶、惊讶、恐惧、悲伤、期待、快乐和信任。不同的对话情绪数据集可能会使用不同类型的情感系统作为情绪标签，使得各个数据集之间不仅存在数据特征分布差异，而且还存在标签类别差异。

2. 对话用户建模

对话用户建模是对话情绪分析中的一个重要环节，对话用户之间的交互会影响对话用户在对应语句上的情绪，如图 6-2 所示。如何建模对话用户之间的交互关系则是各研究工作所关注的重点问题，当下的对话用户关系建模主要分为以下三种。

- **对话用户作为语句的附加信息**：对话中的每个语句都有唯一对应的对话用户，这个对话用户会被设定为类似于标签一样的标志，代表该语句属于某个对应的说话者。在进行对话语境上下文信息建模时，按照对话用户标签对语句进行一个分开处理，使得对话语境上下文建模可以意识到哪些语句属于哪个对话用户，以此能够建模更加精细的上下文信息。这种对话用户建模方式是当下工作[4-5,7,12-14] 中最常用的方法，并且不同工作按照对话用户有不同的划分上下文语句的标准。

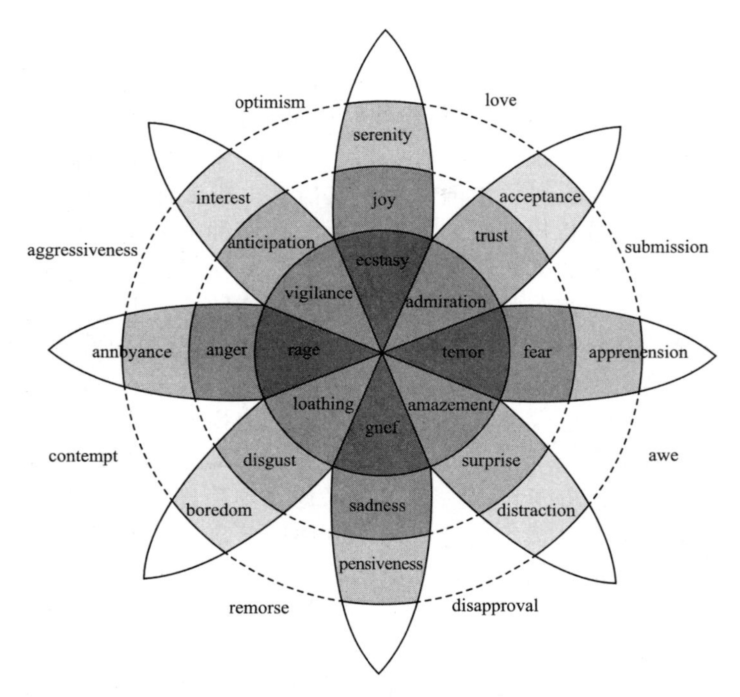

图 6-1 Robert plutchik 抛物锥体情感模型

- ❑ **对话用户建模成辅助任务**：对话用户之间的关系可以建模成对话情绪分析的辅助任务，一般是分类任务。这种辅助分类任务主要是判断对话中的两个语句是否属于同一个对话用户，如果是则标签为1，否则标签为0。在训练时，模型使用额外的分类器，共同训练情绪分析和该任务，这样使得模型能够在两个语句的交互间学习对话用户信息。然而在测试时，模型则不会再用到对话用户信息。建模成辅助任务的方式在测试时因为没法继续使用对话用户信息，使得测试时失去一个非常重要的额外信息。

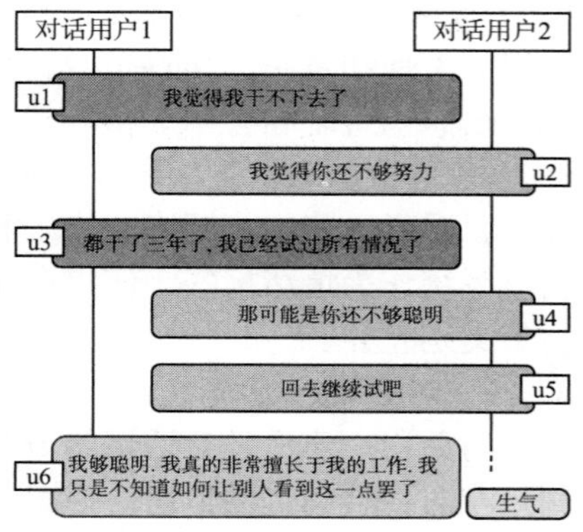

图 6-2 两个对话用户的对话片段⊖

- ❑ **对话用户作为可训练单元**：不同于将对话用户信息作为一个标签，对话用户作为可训练单元是将对话用户和语句以节点的形式建模到同一个图中，语句和对话用户如

⊖ 其中 u6 的情绪为“生气”，该语句的情绪是由属于对话用户 2 所发出的 u4 和 u5 引起的，因为对话用户 2 评价对话用户 1 不够聪明，从这可以看出对话用户之间的交互会对情绪造成影响。

果是所属关系就构造一条连边[15]。由于为了学习到比较好的对话用户节点，每个对话用户都需要非常多的语句，这就要求一个数据集中的语句来自有限数目的用户，然而这种情况并不是在所有场景下都适合，尤其是当有新加入的对话用户时。

在后续小节，将主要介绍第一种对话用户建模方式，即根据对话用户关系来分开建模对话语境上下文信息。

6.2　层级 Transformer 和 Mask 机制

如上节所介绍的，对话情绪分析中有两种信息需要考虑，即语句语义上下文信息和对话语境上下文信息，一般采用的结构为分层式编码器结构。在相当一部分工作中，分层式编码器结构会使用卷积神经网络或者循环神经网络来处理语句，使用循环神经网络来建模对话语境。然而，卷积神经网络往往只能建模局部语义信息，循环神经网络则会受到长距离依赖问题的影响。不仅如此，这些网络结构都缺乏先验知识，使得在编码语句时没法做到更加准确地捕获语义信息。Transformer 结构能够很好地解决上述这些问题。

1. 层级 Transformer

顾名思义，即使用低层 Transformer 结构来编码语句，高层 Transformer 结构来建模对话。低层的 Transformer 一般会使用大规模预训练语言模型，如 BERT[16]、RoBERTa[17] 和 XLNet[18] 等。这些预训练模型在海量的文本数据集上进行语言模型的预训练，因而在模型结构中蕴含了大量的语言先验知识，而这些先验知识可以更好地帮助其他缺乏先验知识的下游任务进行自然语言理解。以 BERT 的基础版本㊀为例，BERT 是一个有 12 层 Transformer 层的编码器，每层中都包含一个 12 头的多头自注意力模块。BERT 在编码语句前，会对语句进行预处理，即在语句前后分别加上两个特定的标识符［CLS］和［SEP］。其中［SEP］是语句分隔符，在使用语句对的下游任务中用来分隔两个语句，在其他使用独立语句的任务中无实际意义，可看作结束符；［CLS］是语句标识符，在使用语句对的下游任务中用来代表语句对进行后续的分类，在使用独立语句的任务中则可看作该语句表征所对应的符号，在后续处理时只取［CLS］对应的隐状态即可。在 BERT 对语句进行完编码之后，取 BERT 顶层的 Transformer 层的输出隐状态，按照上述关于［CLS］标识符的描述，可以取对应的隐状态来代表语句的最终语句表征。而当前有工作[5] 获取语句表征，是对语句中所有词的隐状态表征取最大池化（或是平均池化）：

$$u_i = \mathrm{Linear}(\mathrm{MaxPooling}(\mathrm{BERT}([\mathrm{CLS}]\mathrm{utterance}_i[\mathrm{SEP}]))) \tag{6.1}$$

其中 u_i 是 $\mathrm{utterance}_i$ 对应的语句表征，Linear 是线性映射单元，将维度从 768 映射到语

㊀ 即 BERT-base 版本。

句表征维度 d_u。当低层 Transformer 对一个对话 $C=[\text{utterance}_0, \text{utterance}_1, \cdots, \text{utterance}_L]$ 中所有的语句完成编码后，可以得到尚未进行对话语境建模的语句表征矩阵 $\boldsymbol{U}\in\mathbb{R}^{L\times d_u}$。

层级 Transformer 的高层 Transformer 结构用来建模对话语境，此时高层 Transformer 的输入不再是语句文本，而是低层 Transformer 编码的语句表征 $\boldsymbol{U}$。由于 Transformer 结构没法考虑语句表征序列的序列关系，在处理前会在语句表征 $\boldsymbol{U}$ 上加上绝对位置编码 $\boldsymbol{U}=\boldsymbol{U}+\text{PE}(0:L)$。Transformer 结构主要通过自注意力机制来建模对话语境，即考虑上下文语句对于某个目标语句的上下文信息贡献度。自注意力机制首先将语句表征 $\boldsymbol{U}$ 转化为查询 $\boldsymbol{Q}=\boldsymbol{U}\cdot\boldsymbol{W}_q$（即目标语句）、键 $\boldsymbol{K}=\boldsymbol{U}\cdot\boldsymbol{W}_k$（即上下文语句）和值 $\boldsymbol{V}=\boldsymbol{U}\cdot\boldsymbol{W}_v$，其中 $\boldsymbol{W}_q\in\mathbb{R}^{d_u\times d_a}$、$\boldsymbol{W}_k\in\mathbb{R}^{d_u\times d_a}$ 和 $\boldsymbol{W}_v\in\mathbb{R}^{d_u\times d_a}$ 是可训练的映射矩阵，那么语句表征提取对话语境上下文信息如下所示：

$$\boldsymbol{A}(\boldsymbol{Q},\boldsymbol{K},\boldsymbol{V},\boldsymbol{M})=\text{softmax}\left(\frac{(\boldsymbol{Q}\cdot\boldsymbol{K}^{\mathrm{T}})\cdot\boldsymbol{M}}{\sqrt{d_a}}\right)\cdot\boldsymbol{V} \tag{6.2}$$

其中 $\boldsymbol{A}\in\mathbb{R}^{L\times d_a}$，$\boldsymbol{M}$ 是注意力矩阵的掩码（即 Mask 机制），将在后面中介绍。公式中给出的计算是多头自注意力中的一头，在实际应用中，Transformer 为了能够提取更加全面的上下文信息，会使用多头自注意力机制，即进行多次注意力计算，并且把各个头的输出拼接为 $\boldsymbol{A}'\in\mathbb{R}^{L\times N\cdot d_a}$，其中 N 是注意力头数。最后，多头注意力机制会将 $\boldsymbol{A}'$ 映射为和 $\boldsymbol{U}$ 同样维度的表征矩阵 $\boldsymbol{O}\in\mathbb{R}^{L\times d_u}$。

除了进行自注意力计算，Transformer 层还有后续的操作，包括残差连接和层标准化，即 $\boldsymbol{O}'=\text{LayerNorm}(\boldsymbol{O}+\boldsymbol{U})$。之后，$\boldsymbol{O}'$ 会再过一个前馈神经网络，Transformer 层的最终输出为

$$\boldsymbol{H}=\text{LayerNorm}(\boldsymbol{O}'+\max(0,\boldsymbol{O}'\cdot\boldsymbol{W}_1+\boldsymbol{b}_1)\cdot\boldsymbol{W}_2+\boldsymbol{b}_2) \tag{6.3}$$

其中 $\boldsymbol{W}_1$、$\boldsymbol{W}_2$、$\boldsymbol{b}_1$ 和 $\boldsymbol{b}_2$ 是线性映射的权重和偏置，$max(0,\cdot)$ 是 ReLU 激活函数。Transformer 结构中使用残差连接和层标准化的原因在于 Transformer 一般由大量 Transformer 层叠加而成，因此层数一般很深，残差连接和层标准化避免层数过深而带来梯度爆炸和消失问题。

层级 Transformer 结构中，低层的 Transformer 一般被称为语句级 Transformer，而高层 Transformer 一般被称为对话级 Transformer。

2. Mask 机制

如公式（6.2）中的 $\boldsymbol{M}$ 所示，Mask 机制即注意力机制中注意力矩阵的掩码，其作用是遮盖掉注意力中不需要关注的项。根据公式（6.2）中对于 $\boldsymbol{M}$ 的使用，那么 $\boldsymbol{M}$ 中需要关注的项会设置成 1，而不需要关注的项则设置为负无穷大-Inf，这样设置的原因在于，注意力矩阵 $\boldsymbol{Q}\cdot\boldsymbol{K}^{\mathrm{T}}\in\mathbb{R}^{L\times L}$ 中需要关注的项乘以 1 不会有任何值的变化，而不需要关注的项乘以负无穷大得负无穷大，负无穷大经过 softmax 计算后会等于 0，等于该注意力项的注意力贡献为 0。

Mask 机制在许多任务和模型中有使用。在翻译任务中，Transformer 解码器[1] 需要使用 Mask 来遮盖时间步在解码步之后的项，这时 Mask 矩阵是一个下三角矩阵㊀；在生成模型 GPT[19] 中，下三角矩阵形式的 Mask 用来实现单向 Transformer 的功能㊁；在 UniLM 预训练模型[20] 中，Mask 通过遮盖掉不同的元素来实现 Transformer 中的双向、单向、序列到序列任务。

回到对话情绪分析，层级 Transformer 结构可以建模语句语义上下文信息和对话语境上下文信息。对于对话用户建模，由于采用将对话用户作为语句附加信息的建模方式，Transformer 可以通过 Mask 机制来建模对话用户之间的上下文交互。Mask 机制对应的对话用户建模主要包含两种关系——自己-自己关系和自己-其他关系，这两种对话用户关系将在后续两个小节详细描述。

6.3 自己-自己关系建模

自己-自己关系建模对话用户自身对应的上下文语句之间的交互影响。对于某个目标语句 u_i，其对应的对话用户为 p_k，那么自己-自己关系会根据对话用户标签 p_k，只考虑 u_i 的上下文语句中对话用户为 p_k 的语句。自己-自己关系映射到 Transformer 中，即对话级 Transformer 的自注意力机制对每个查询向量只关注与其对话用户相同的键向量，这可以通过 Mask 机制来实现。Mask 为每个语句遮盖掉与之对话用户不同的语句所对应的注意力矩阵元素，将其设置为负无穷大-Inf。这种建模自己-自己关系的 Mask 叫作自己-自己 Mask。

例如，对于一段对话语句序列 u_1、u_2、u_3、u_4，其对应的对话用户标签序列为 p_1、p_2、p_1、p_2，那么该对话对应的自己-自己 Mask 如图 6-3a 所示。

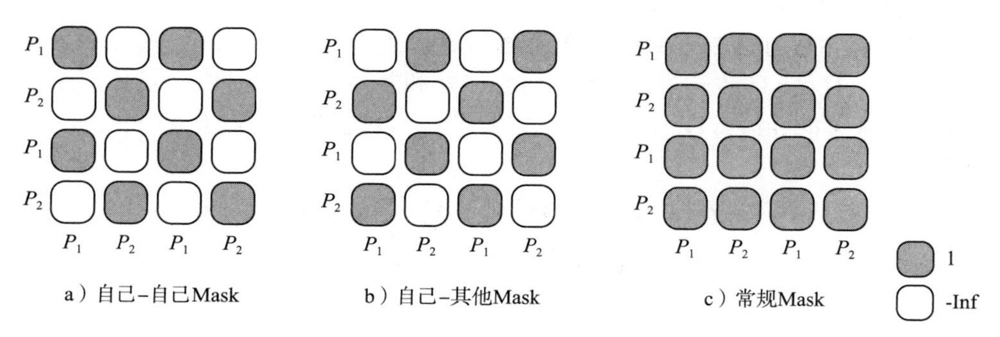

图 6-3 不同类型的 Mask 机制，其中 a）和 b）为对话用户关系建模 Mask，c）为不考虑对话用户关系的常规 Mask

㊀ 这里的下三角矩阵不同于平常的下三角矩阵，即对角线以下的元素为 1，以上的元素为负无穷大-Inf。

㊁ 没有使用 Mask 机制的 Transformer 可以看作是双向的，因为对于每个时间步，不论是历史时间步还是未来时间步的元素都能被访问到。

6.4 自己-其他关系建模

自己-其他关系建模其他对话用户对当前对话用户的交互影响。对于目标语句 u_i，其对应的对话用户为 p_k，那么自己-其他关系会根据对话用户标签 p_k，考虑 u_i 的上下文语句中对话用户不是 p_k 的语句。自己-其他关系将其他对话用户看作是一个整体，即 $\neg p_k$。这样做的好处是避免了过于复杂的对话关系建模，如果对于目标对话用户，和其他的每一个对话用户都建立独立的关系的话，需要考虑的对话用户关系会变得非常多，尤其是当对话用户数目非常大时，这不方便 Mask 机制的使用，因为需要构造大量不同类型的 Mask。其次，当有新的对话用户加入对话时，需要构造新的对话者关系，而当把其他对话用户看作一个整体时，新加入的对话用户并不会增加关系数目。为了在 Transformer 中实现自己-其他关系，Mask 机制只需遮盖掉属于同一对话用户的上下文语句，这种建模自己-其他关系的 Mask 叫作自己-其他 Mask。图 6-3b 中展示的是节 6.3 中所举例子的自己-其他 Mask。

Mask 机制除了建模自己-自己关系和自己-其他关系，建模常规的对话语境上下文所对应的常规 Mask 也如图 6-3c 所示。

6.5 用户关系权重选择

在一个对话中，来自不同对话用户的上下文语句对目标语句的交互贡献是不同的，有时候对话用户趋于保持原本的情绪状态，此时对话用户自身的影响更加重要，有时候对话用户的情绪容易被其他对话用户影响，如图 6-2 所示，那么其他对话用户对目标对话用户的影响更加重要。为了衡量来自不同对话用户关系对当前语句情绪判断的影响，使用融合注意力机制来对不同关系的贡献度进行打分。令模型为目标语句考虑了三种关系——自己-自己关系、自己-其他关系和常规上下文建模，并且使用三种关系而提取的信息表征分别为 $\boldsymbol{O}_{SS} \in \mathbb{R}^{1\times d_u}$、$\boldsymbol{O}_{SO} \in \mathbb{R}^{1\times d_u}$、$\boldsymbol{O}_{C} \in \mathbb{R}^{1\times d_u}$，那么融合注意力机制的计算公式为

$$\boldsymbol{O}_i = Concat(\boldsymbol{O}_i^C, \boldsymbol{O}_{SSi}, \boldsymbol{O}_{SOi}, \mathrm{dim}=0) \tag{6.4}$$

$$\boldsymbol{\alpha} = \mathrm{softmax}(W_F \cdot \boldsymbol{O}_i^{\mathrm{T}}) \tag{6.5}$$

$$\boldsymbol{R}_i = \boldsymbol{\alpha} \boldsymbol{O}_i \tag{6.6}$$

其中 $\boldsymbol{O}_i \in \mathbb{R}^{3\times d_u}$ 为拼接后的表征，$W_F \in \mathbb{R}^{1\times d_u}$ 是可训练的参数，$\boldsymbol{\alpha} \in \mathbb{R}^{1\times 3}$ 是不同信息表征所对应的注意力分数，$\boldsymbol{R}_i \in \mathbb{R}^{1\times d_u}$ 是融合了不同关系信息的最终语句表征。

除了使用融合注意力机制来融合来自不同关系的信息，还可以通过拼接的方式，隐式地选择所需的关系信息：

$$\boldsymbol{R} = \mathrm{Concat}(\boldsymbol{O}_C, \boldsymbol{O}_{SS}, \boldsymbol{O}_{SO}, \mathrm{dim}=1) \tag{6.7}$$

$$\boldsymbol{R}_i = \text{Linear}(\boldsymbol{R}) \tag{6.8}$$

其中线性单元将 $\boldsymbol{R}$ 从 $\mathbb{R}^{1\times 3d_u}$ 映射到 $\mathbb{R}^{1\times d_u}$。

取三种不同关系信息的平均表征也是一种融合方式，不过这种方式相当于将三种信息看作是同等贡献度，即不考虑用户关系的重要性：

$$\boldsymbol{R}_i = \frac{1}{3}(\boldsymbol{O}_C + \boldsymbol{O}_{SS} + \boldsymbol{O}_{SO}) \tag{6.9}$$

6.6 模型框架

在介绍了层级 Transformer 和建模各种对话用户关系的 Mask 机制后，本节主要介绍如何将层级上下文和对话用户关系整合到同一个模型中。

层级 Transformer 结构依然使用 BERT 等预训练模型作为语句级 Transformer，对于对话级 Transformer，使用三个并列的 Transformer 块来建模不同的对话用户关系，它们分别为自己-自己 Transformer、自己-其他 Transformer 和常规 Transformer。这些 Transformer 中的多头自注意力机制分别使用不同的对话用户关系 Mask 机制来建模不同的对话用户关系，在抽取了相关对话用户关系后，使用融合注意力或者拼接、相加的方式来融合不同信息，最终用于情绪分类。基于用户关系的层级 Transformer 结构的处理流程如图 6-4 所示。

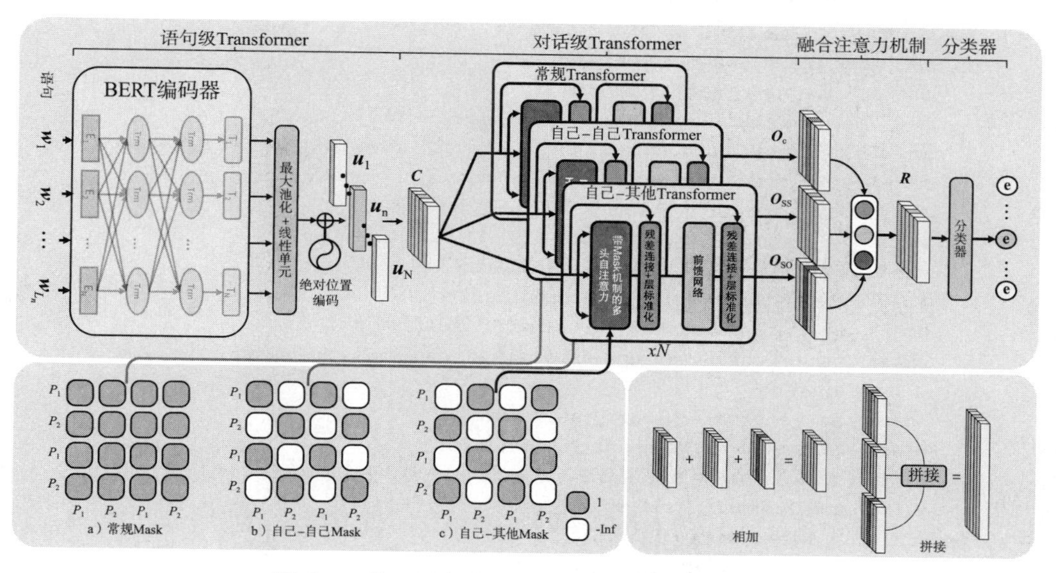

图 6-4 基于用户关系的层级 Transformer 结构图

基于用户关系的层级 Transformer 中，语句级 Transformer 和对话级 Transformer 的构建可以借助现有的资源。

BERT 等预训练模型可以非常方便地使用 HuggingFace Transformer 包来调用，HuggingFace

Transformer 是一个主流的、专门为自然语言处理社区提供多语言预训练模型㊀的工具包，其支持 PyTorch 和 TensorFlow 深度学习框架，并且非常容易学习与上手，用户可以自行阅读官方提供的文档㊁进行快速学习。

普通的 Transformer 编码器结构在 PyTorch 中有具体实现，其主要包含两个类：TransformerEncoder㊂、TransformerEncoderLayer㊃。TransformerEncoder 由 N 个编码器层 TransformerEncoderLayer 叠加而成，因此欲初始化一个 N 层的 TransformerEncoder，需要先初始化一层 TransformerEncoderLayer，并将该对象作为变量来初始化编码器。编码器进行处理时的输入包括语句表征和对应的 Mask，列表 6.1 给出了不同类型的 Mask 机制构造函数的代码实现。

列表 6.1　不同类型的 Mask 机制构造函数

```
1  import torch
2
3  def build_mask(utt_mask,spk_mask=None,window=100,bidirectional=False):
4      # utt_mask 的第一维是批次大小,第二维是最长对话的长度,元素 1 代表语句,0 代表 padding.
5      # spk_mask 与 utt_mask 大小相同,不过元素为每个语句的对话用户标签,如 1,2,3; 0 代表 padding.
6      utt_mask=torch.matmul(utt_mask.unsqueeze(2),utt_mask.unsqueeze(1))
7      # window 控制每个目标语句能够访问到的上下文语句数目.
8      utt_mask=utt_mask.tril(window)-utt_mask.tril(-window-1)
9      # bidirectional 控制 Mask 是否考虑未来的上下文语句.
10     if bidirectional is False:
11         utt_mask=utt_mask.tril(0)
12     umask=utt_mask.eq(0)
13     if spk_mask is not None:
14         batch_size=spk_mask.size(0)
15         seq_len=spk_mask.size(1)
16         mask1=spk_mask.unsqueeze(2).expand(batch_size,seq_len,seq_len)
17         mask2=spk_mask.unsqueeze(1).expand(batch_size,seq_len,seq_len)
18         # 自己-自己 Mask 和自己-其他 Mask 形式上可以看作是互补的.
19         smask_self=torch.eq(mask1,mask2)
20         smask_other=torch.eq(smask_self,False)
21         # 对话用户关系 Mask 也要考虑窗口和 padding 位置.
22         smask_self=torch.masked_fill(smask_self,umask,False)
23         smask_other=torch.masked_fill(smask_other,umask,False)
24
25         smask_self=torch.eq(smask_self,False)
26         smask_other=torch.eq(smask_other,False)
27         # 返回的 mask 中,元素为 False 代表不遮盖,True 代表需要遮盖.
28         return umask,smask_self,smask_other
29     return umask,None,None
```

㊀ HuggingFace Transformers 支持中文版和英文版的众多预训练模型。

㊁ https://huggingface.co/transformers/

㊂ https://pytorch.org/docs/stable/generated/torch.nn.TransformerEncoder.html

㊃ https://pytorch.org/docs/stable/generated/torch.nn.TransformerEncoderLayer.html

根据代码，函数返回了三种所需的 Mask 机制，这三种 Mask 分别输入到对应的 Transformer 编码器中进行相关关系的建模。如果 TransformerEncoder 为使用者自己的代码实现，那么在使用 Mask 时，可以采用 torch. masked_fill 函数，将需要遮盖的注意力矩阵元素全部设置为一个非常小的数（如 -1×10^{30}）来代替-Inf ㊀，经过 softmax 函数后，对应注意力矩阵元素的值为 0。

除了对话用户关系建模，基于用户关系建模的 Transformer 还有一个重要构件，即融合注意力模块。融合注意力模块的实现非常简单，其 PyTorch 代码如列表 6. 2 所示。

列表 6. 2　融合注意力机制的 PyTorch 代码

```
1  import torch.nn as nn
2  import torch
3  import torch.nn.functional as F
4
5  class FusionAttention(nn.Module):
6      def __init__(self,input_dim):
7          super(FusionAttention,self).__init__()
8          self.input_dim=input_dim
9          self.wf=nn.Parameter(torch.empty((1,1,input_dim,1)),requires_grad=True)
10
11     def forward(self,feat,mask):
12         # feat 的维度 (bsz,3,seq_len,sent_dim)
13         # mask 的维度 (bsz,seq_len),元素为 0 代表 padding.
14         bsz=feat.size(0)
15         seq_len=feat.size(2)
16         sent_dim=feat.size(3)
17         # (bsz,3,seq_len,sent_dim) -> (bsz,seq_len,3,sent_dim)
18         feat=feat.transpose(1,2)
19         # (bsz,seq_len,3,1)
20         alpha=torch.matmul(feat,self.wf.expand(bsz,seq_len,sent_dim,1))
21         alpha=F.softmax(alpha,dim=2)
22         mask=mask.unsqueeze(2).unsqueeze(3)
23         # mask 会将所有 padding 位置对应的表征向量置为 0,mask 其实可有可无,因为后续计算 Loss 时不
           考虑 padding.
24         alpha=alpha*mask
25         # (bsz,seq_len,1,3)*(bsz,seq_len,3,sent_dim) -> (bsz,seq_len,1,sent_dim)
26         out=torch.matmul(alpha.transpose(2,3),feat)
27
28         # (bsz,seq_len,sent_dim)
29         return out.squeeze(2)
```

㊀ 使用-Inf 来替换原本的元素可能会导致注意力矩阵元素出现 NaN 的情况，比如某一行的所有元素都为-Inf 时。

代码中融合注意力机制的处理是对对话中所有的语句同时进行的，因此与上节中的公式有部分出入，主要区别在维度上。

6.7 应用实践

6.7.1 常用数据集

对话情绪分析的数据集中，常用的两个为 IEMOCAP 和 MELD[21]。这两个数据集均为多模态数据集，提供了文本、视觉和音频三个模态的信息。根据上文中的描述，本章只关注文本模态。

IEMOCAP 数据集是一个双人对话数据集，这些双人对话分别来自 10 个不同的对话者，总共有 151 个长对话，平均长度为 50，其中前 120 个对话被用来作为训练集，后 31 个对话作为测试集。IEMOCAP 数据集中原本共有 10 种情绪——中立、激动、沮丧、其他、愤怒、悲伤、高兴、厌恶、恐惧和惊讶，其中后六种为 Ekman 情绪系统中的基本情绪。研究者们在使用 IEMOCAP 数据集时，一般挑选了其中样本数目较多的几种情绪，这样数据集的情绪分布就相对平衡，这些情绪包括：中立、高兴、悲伤、愤怒、激动和沮丧。因此，IEMOCAP 训练集共包含 5810 个语句，测试集包含 1623 个语句。由于 IEMOCAP 数据集没有验证集，因此研究者们会从原本的训练集中分出一部分作为验证集，分配比例一般是 8：2或者 9：1。

MELD 数据集是一个多人对话数据集，该数据集的数据采集自美国著名电视剧集《老友记》的片段，大部分片段不是特别长，平均长度为 10 轮。MELD 的训练集包含 1039 个对话、9989 个语句，验证集包含 114 个对话、1109 个语句，测试集包含 280 个对话、2610 个语句。MELD 数据集中包含了大量的对话用户，数目在 20 个以上，而研究者们主要关注的对话用户为《老友记》中的六大主角，因为这 6 个角色的语句数目最多，而其他的对话用户均作为其他用户。MELD 数据集主要包含 7 种情绪——中立、高兴、惊讶、愤怒、厌恶、悲伤和恐惧，其中后 6 种来自 Ekman 情绪系统的六大基本情绪。

6.7.2 其他对话用户关系建模模型

本章中主要描述的自己-自己关系和自己-其他关系不仅可以应用到层级 Transformer 中，还可以应用到 XLNet 中。XLNet 中带有记忆单元，因此可以处理超长序列。对话中的语句可以使用标识符［SEP］进行连接，组成一个非常长的文本序列，XLNet 可对该序列进行一次性处理，同时建模语句语义上下文和对话语境上下文。XLNet 中也使用到了 Mask 机制，因此自己-自己 Mask、自己-其他 Mask 和常规 Mask[㊀]可以进行组合使用到 XLNet，具

㊀ 常规 Mask 包括两种：一种是局部的 Mask，只考虑小窗口内的上下文；一种是全局的 Mask，考虑对话中的所有上下文。

体做法为多头注意力机制中不同头的注意力使用不同的 Mask。这种建模对话的 XLNet 模型称为 DialogXL[7]。

除了自己-自己关系和自己-其他关系的对话用户关系建模外，还有许多其他的对话语句建模方式。

1. **双人对话建模**

双人对话建模即针对双人对话场景的关系建模，主要包括两种模型：CMN[12] 和 ICON[13]。CMN 和 ICON 为不同的对话用户设置一个循环神经网络 GRU 来建模上下文语句，使用记忆网络来建模两个对话用户之间的交互。双人对话建模方式存在的局限性是没法很好地扩展到多人对话场景，使用场景有限。

2. **说话者-听众建模**

说话者-听众建模将对话用户分为两个阵容，即说话者和听众。在某个时间步，目标语句对应的对话用户为说话者，那么其他对话用户均为听众。使用说话者-听众建模的模型为 DialogueRNN[14]。DialogueRNN 为说话者设置了一个说话者 GRU，按照每个时刻的说话者来更新对话用户的上下文语句状态。对于听众，DialogueRNN 使用 GRU 或者不进行处理来更新每个听众在某一时刻的状态。说话者-听众建模方式可以处理多对话用户的场景，但是缺乏对于不同对话用户之间关系的建模。

3. **细粒度建模**

细粒度建模即考虑每两个对话用户之间的交互关系，同时还考虑对话用户出现的先后顺序，例如“$p_1 \to p_2$”关系和“$p_2 \to p_1$”关系是两种不同的关系，第一种是 p_1 出现在 p_2 之前，第二种反之。因此，对于一个有 M 个对话用户的对话来说，最多可以构造 $2M^2$ 种对话用户关系。DialogueGCN[4] 模型使用细粒度对话用户关系来建模对话语境上下文，其根据两个语句之间的对话者交互关系，构造了一个局部全连接的对话交互图，并且使用关系图卷积神经网络来处理该图。DialogueGCN 没有使用任何预训练模型，不过 DialogueGCN 有预训练模型版本，RGAT-POS[5] 模型在 DialogueGCN 的基础上引入了 BERT 和对话用户感知的相对位置编码。

4. **辅助任务**

如 6.2 节所示，可以将对话用户关系建模成辅助分类任务。HiTrans[6] 是基于层级 Transformer 的模型，其在对话情绪分析和对话用户关系预测两个任务上进行多任务学习。

6.7.3 实验结果

本小节将给出基于用户关系建模的层级 Transformer（简写为 TRMSM）、其他使用不同对话用户关系建模的各模型以及一些没有使用对话用户关系建模的基准模型在 IEMOCAP 和 MELD 数据集上的性能。对于 IEMOCAP，使用精度（Acc）、权重化 F1 值（wF1）作为评价指标，对于 MELD 数据集，使用宏平均 F1 值和微平均 F1 值的平均值 $\left(\mathrm{mF1}=\frac{1}{2}(\mathrm{marcoF1}+\mathrm{microF1})\right)$、精度和权重化 F1 值作为评价指标。各模型在 IEMOCAP、MELD 上的结果分别如表 6-1 和表 6-2 所示。

表 6-1 各模型在 IEMOCAP 数据集上的性能，第一好和第二好的结果加粗

方法	IEMOCAP													
	高兴		悲伤		中立		愤怒		激动		沮丧		平均	
	ACC	wF1	ACC	wF1	ACC	wF1	ACC	wF1	ACC	wF1	ACC	wF1	ACC	wF1
CMN	25. 00	30. 38	55. 92	62. 41	52. 59	59. 21	61. 76	59. 83	55. 52	60. 25	**71. 13**	60. 69	56. 56	56. 13
DialogueRNN	25. 69	33. 18	75. 10	**78. 80**	58. 59	59. 21	64. 71	**65. 28**	**80. 27**	**71. 86**	61. 15	58. 91	63. 4	62. 75
AGHMN	**48. 30**	**52. 10**	68. 30	73. 30	61. 60	58. 40	57. 50	61. 90	68. 10	69. 10	**67. 10**	62. 30	63. 50	63. 50
DialogueGCN	40. 62	42. 75	**89. 14**	**84. 54**	61. 92	63. 54	**67. 53**	**64. 19**	65. 46	63. 08	64. 18	**66. 99**	**65. 25**	64. 18
BERT	42. 19	39. 05	60. 45	59. 91	49. 11	52. 24	55. 14	54. 82	64. 22	55. 97	54. 26	55. 88	54. 06	54. 01
RGAT-POS	—	—	—	—	—	—	—	—	—	—	—	—	—	65. 22
HiTrans	—	—	—	—	—	—	—	—	—	—	—	—	—	64. 50
DialogXL	—	—	—	—	—	—	—	—	—	—	—	—	—	**65. 94**
层级 Transformer	43. 08	42. 42	77. 27	74. 54	58. 24	60. 88	**65. 00**	60. 22	68. 37	66. 98	61. 48	59. 84	62. 25	62. 11
TRMSM-相加	43. 53	48. 53	76. 15	76. 74	**66. 06**	**64. 37**	56. 24	60. 6	75. 72	68. 49	63. 23	61. 18	64. 21	64. 45
TRMSM-拼接	**48. 71**	49. 46	76. 84	77. 02	64. 44	63. 00	57. 03	60. 72	76. 07	70. 33	60. 74	62. 09	64. 72	64. 82
TRMSM-融合注意力	43. 36	**50. 22**	**81. 23**	75. 82	**66. 11**	**64. 15**	60. 39	60. 97	**77. 46**	**72. 70**	62. 16	**63. 45**	**65. 34**	**65. 75**

表 6-2 各模型在 MELD 数据集上的性能，第一好和第二好的结果加粗

方法	MELD																
	中立		惊讶		恐惧		悲伤		高兴		厌恶		愤怒		平均		
	ACC	wF1	ACC	wF1	ACC	wF1	ACC	wF1	ACC	wF1	ACC	wF1	ACC	wF1	ACC	wF1	mF1
scLSTM	78.40	73.80	46.80	47.70	3.80	5.40	22.40	25.10	51.60	51.30	4.30	5.20	36.70	38.40	57.50	55.90	46.40
DialogueRNN	72.10	73.50	**54.40**	49.40	1.60	1.20	23.90	23.80	52.00	50.70	1.50	1.70	41.90	41.50	56.10	55.90	45.30
AGHMN	**83.40**	76.40	49.10	49.70	9.20	11.50	21.60	27.00	52.40	52.40	12.20	14.00	34.90	39.40	60.30	58.10	49.45
DialogueGCN	—	—	—	—	—	—	—	—	—	—	—	—	—	—	—	58.10	—
RGAT-POS	—	—	—	—	—	—	—	—	—	—	—	—	—	—	—	60.90	—
HiTrans	—	—	—	—	—	—	—	—	—	—	—	—	—	—	—	61.94	—
DialogXL	—	—	—	—	—	—	—	—	—	—	—	—	—	—	—	**62.41**	—
BERT	74.85	76.57	53.26	56.25	21.94	21.89	35.33	**33.01**	53.82	57.02	36.64	**27.67**	50.70	42.42	61.82	61.07	53.40
层级 Transformer	**76.57**	76.62	53.53	55.67	23.9	**23.8**	36.43	32.34	52.07	57.46	29.46	25.13	50.68	44.64	61.80	61.30	53.45
TRMSM-相加	75.88	**77.71**	53.40	**56.49**	24.67	21.14	36.39	31.56	53.97	57.83	35.07	22.62	**52.36**	**45.95**	**62.93**	62.06	53.96
TRMSM-拼接	75.69	77.26	52.64	56.33	**25.66**	**22.73**	**38.41**	**34.37**	**57.81**	**58.07**	**35.61**	22.57	48.34	45.90	62.76	62.01	**54.04**
TRMSM-融合注意力	75.48	**77.56**	**55.90**	**57.25**	**25.91**	20.38	**36.82**	32.9	**55.55**	**58.66**	**38.31**	**28.63**	**52.11**	**45.95**	**63.23**	**62.36**	**54.57**

表中出现的 AGHMN[3]、scLSTM[22] 均为无对话用户关系建模的层级 RNN（CNN-RNN）结构模型。由表 6-1 可知，IEMOCAP 数据集是一个着重于对话语境上下文建模的数据集，因为 BERT 的性能不佳，其他基于预训练模型并且考虑对话语境上下文建模的模型明显优于 BERT。在更加着重对话语境的 IEMOCAP 上，没有使用对话用户关系建模的模型 AGHMN 不及 DialogueGCN 等模型，说明了细粒度对话用户关系建模的优越性。然而使用细粒度对话用户关系建模的 RGAT-POS 性能不及 TRMSM-融合注意力模型和 DialogXL，说明过于细粒度的对话用户建模带来的增益并不大，自己-自己关系和自己-其他关系足够满足对话用户关系建模。至于 DialogXL 取得了最好的结果，原因可能在于预训练模型 XLNet 在自然语言理解任务上本身就优于 BERT。除此之外，对比 TRMSM 各种模型变体，可以看出，动态地选择用户关系要好于其他的方式，说明不同对话用户关系对于不同对话的贡献度有所不同。

由表 6-2 可知，MELD 数据集中语句语义上下文信息足够满足 BERT 取得非常好的性能，而其他基于预训练的模型提升不明显。不仅如此，根据 DialogueGCN[4] 中提供的实验结果，TextCNN[23] 在 MELD 数据集上取得了 55.02 的权重化 F1 值，而 scLTSM、DialogueGCN 等这一系列基于 TextCNN 语句表征抽取器的方法没有取得特别大的性能提升。这证明 MELD 的对话语境上下文较难提取，可能原因在于 MELD 是多人对话数据集，同时 MELD 包含的对话都较短，因此提供的对话语境上下文信息较少。不过，不同模型在 MELD 上取得了与 IEMOCAP 数据集类似的性能现象，这些都证明了对话用户关系建模的有效性和必要性。

6.8 本章小结

本章主要介绍了一种情绪分析任务——对话情绪分析。在对话情绪分析任务中，有两种上下文信息需要建模：语句语义上下文信息和对话语境上下文信息。对话情绪分析模型一般采用层级结构模型来捕获这两种信息，为此本章介绍了层级 Transformer 结构。除此之外，对话用户在对话中的交互关系也对对话语境上下文信息的捕获有影响，本章介绍了三种对话用户建模方法，其中重点介绍了自己-自己关系和自己-其他关系。为建模这两种关系，本章介绍了 Transformer 中的 Mask 机制，通过设计不同的 Mask 来实现不同的对话用户交互关系。对话情绪分析是一个具有挑战性的分类任务，如何高效地建模对话语境上下文和对话用户交互关系依然是该任务中的核心问题，相信未来有更多研究者会提出更加优秀的解决方案。

参考文献

[1] VASWANI A, SHAZEER N, PARMAR N, et al. Attention is all you need [C/OL]//GUYON I, VON LUXBURG U, BENGIO S, et al. Advances in Neural Information Processing Systems 30: Annual Conference on Neural Information Processing Systems 2017, December 4-9, 2017, Long Beach, CA, USA. 2017: 5998-6008. https://proceedings.neurips.cc/paper/2017/hash/3f5ee243547dee91fbd053c1c

4a845aa-Abstract. html.
[2] JIAO W, YANG H, KING I, et al. Higru: hierarchical gated recurrent units for utterance-level emotion recognition [C/OL]//BURSTEIN J, DORAN C, SOLORIO T. Proceedings of the 2019 Conference of the North American Chapter of the Association for Computational Linguistics: Human Language Technologies, NAACL-HLT 2019, Minneapolis, MN, USA, June 2-7, 2019, Volume 1 (Long and Short Papers). Association for Computational Linguistics, 2019: 397-406. https://doi. org/10. 18653/v1/n19-1037.
[3] JIAO W, LYU M R, KING I. Real-time emotion recognition via attention gated hierarchical memory network [C/OL]//The Thirty-Fourth AAAI Conference on Artificial Intelligence, AAAI 2020, The Thirty-Second Innovative Applications of Artificial Intelligence Conference, IAAI 2020, The Tenth AAAI Symposium on Educational Advances in Artificial Intelligence, EAAI 2020, New York, NY, USA, February 7-12, 2020. AAAI Press, 2020: 8002-8009. https://ojs. aaai. org/index. php/AAAI/article/view/6309.
[4] GHOSAL D, MAJUMDER N, PORIA S, et al. DialogueGCN: a graph convolutional neural network for emotion recognition in conversation [C/OL]//INUI K, JIANG J, NG V, et al. Proceedings of the 2019 Conference on Empirical Methods in Natural Language Processing and the 9th International Joint Conference on Natural Language Processing, EMNLP-IJCNLP 2019, Hong Kong, China, November 3-7, 2019. Association for Computational Linguistics, 2019: 154-164. https://doi. org/10. 18653/v1/D19-1015.
[5] ISHIWATARI T, YASUDA Y, MIYAZAKI T, et al. Relation-aware graph attention networks with relational position encodings for emotion recognition in conversations [C/OL]//WEBBER B, COHN T, HE Y, et al. Proceedings of the 2020 Conference on Empirical Methods in Natural Language Processing, EMNLP 2020, Online, November 16-20, 2020. Association for Computational Linguistics, 2020: 7360-7370. https://doi. org/10. 18653/v1/2020. emnlp-main. 597.
[6] LI J, JI D, LI F, et al. HiTrans: a transformer-based context- and speaker-sensitive model for emotion detection in conversations [C/OL]//SCOTT D, BEL N, ZONG C. Proceedings of the 28th International Conference on Computational Linguistics, COLING 2020, Barcelona, Spain (Online), December 8-13, 2020. International Committee on Computational Linguistics, 2020: 4190 - 4200. https://doi. org/10. 18653/v1/2020. coling-main. 370.
[7] SHEN W, CHEN J, QUAN X, et al. Dialog XL: all-in-one xlnet for multi-party conversation emotion recognition [C/OL]//Thirty-Fifth AAAI Conference on Artificial Intelligence, AAAI 2021, Thirty-Third Conference on Innovative Applications of Artificial Intelligence, IAAI 2021, The Eleventh Symposium on Educational Advances in Artificial Intelligence, EAAI 2021, Virtual Event, February 2-9, 2021. AAAI Press, 2021: 13789-13797. https://ojs. aaai. org/index. php/AAAI/article/view/17625.
[8] EKMAN P, FRIESEN W V, ELLSWORTH P. Emotion in the human face: Guidelines for research and an integration of findings: volume 11 [M]. [S. l.]: Elsevier, 2013.
[9] IZARD C E. Human emotions [M]. [S. l.]: Springer Science & Business Media, 2013.
[10] TOMKINS S. Affect imagery consciousness: Volume i: The positive affects [M]. [S. l.]: Springer publishing company, 1962.
[11] TAO J, TAN T. Affective information processing [M/OL]. Springer, 2009. https://doi. org/10. 1007/978-1-84800-306-4.
[12] HAZARIKA D, PORIA S, ZADEH A, et al. Conversational memory network for emotion recognition in dyadic dialogue videos [C/OL]//WALKER M A, JI H, STENT A. Proceedings of the 2018 Conference of the North American Chapter of the Association for Computational Linguistics: Human Language

Technologies, NAACL-HLT 2018, New Orleans, Louisiana, USA, June 1-6, 2018, Volume 1 (Long Papers). Association for Computational Linguistics, 2018: 2122-2132. https://doi.org/10.18653/v1/n18-1193.

[13] HAZARIKA D, PORIA S, MIHALCEA R, et al. ICON: interactive conversational memory network for multimodal emotion detection [C/OL]//RILOFF E, CHIANG D, HOCKENMAIER J, et al. Proceedings of the 2018 Conference on Empirical Methods in Natural Language Processing, Brussels, Belgium, October 31 - November 4, 2018. Association for Computational Linguistics, 2018: 2594-2604. https://doi.org/10.18653/v1/d18-1280.

[14] MAJUMDER N, PORIA S, HAZARIKA D, et al. DialogueRNN: an attentive RNN for emotion detection in conversations [C/OL]//The Thirty-Third AAAI Conference on Artificial Intelligence, AAAI 2019, The Thirty-First Innovative Applications of Artificial Intelligence Conference, IAAI 2019, The Ninth AAAI Symposium on Educational Advances in Artificial Intelligence, EAAI 2019, Honolulu, Hawaii, USA, January 27 - February 1, 2019. AAAI Press, 2019: 6818 - 6825. https://doi.org/10.1609/aaai.v33i01.33016818.

[15] ZHANG D, WU L, SUN C, et al. Modeling both context- and speaker-sensitive dependence for emotion detection in multi-speaker conversations [C/OL]//KRAUS S. Proceedings of the Twenty-Eighth International Joint Conference on Artificial Intelligence, IJCAI 2019, Macao, China, August 10-16, 2019. ijcai.org, 2019: 5415-5421. https://doi.org/10.24963/ijcai.2019/752.

[16] DEVLIN J, CHANG M, LEE K, et al. BERT: pre-training of deep bidirectional transformers for language understanding [C/OL]//BURSTEIN J, DORAN C, SOLORIO T. Proceedings of the 2019 Conference of the North American Chapter of the Association for Computational Linguistics: Human Language Technologies, NAACL-HLT 2019, Minneapolis, MN, USA, June 2-7, 2019, Vol-ume 1 (Long and Short Papers). Association for Computational Linguistics, 2019: 4171 - 4186. https://doi.org/10.18653/v1/n19-1423.

[17] LIU Y, OTT M, GOYAL N, et al. RoBERTa: a robustly optimized BERT pretraining approach [J/OL]. CoRR, 2019, abs/1907.11692. http://arxiv.org/abs/1907.11692.

[18] YANG Z, DAI Z, YANG Y, et al. XLNet: generalized autoregressive pretraining for language understanding [C/OL]//WALLACH H M, LAROCHELLE H, BEYGELZIMER A, et al. Advances in Neural Information Processing Systems 32: Annual Conference on Neural Information Processing Systems 2019, NeurIPS 2019, December 8-14, 2019, Vancouver, BC, Canada. 2019: 5754-5764. https://proceedings.neurips.cc/paper/2019/hash/dc6a7e655d7e5840e66733e9ee67cc69-Abstract.html.

[19] RADFORD A, NARASIMHAN K, SALIMANS T, et al. Improving language understanding by generative pre-training [J]. 2018.

[20] DONG L, YANG N, WANG W, et al. Unified language model pre-training for natural language understanding and generation [C/OL]//WALLACH H M, LAROCHELLE H, BEYGELZIMER A, et al. Advances in Neural Information Processing Systems 32: Annual Conference on Neural Information Processing Systems 2019, NeurIPS 2019, December 8 - 14, 2019, Vancouver, BC, Canada. 2019: 13042 - 13054. https://proceedings.neurips.cc/paper/2019/hash/c20bb2d9a50d5ac1f713f8b34d9aac5a-Abstract.html.

[21] BUSSO C, BULUT M, LEE C, et al. IEMOCAP: interactive emotional dyadic motion capture database [J/OL]. Lang. Resour. Evaluation, 2008, 42 (4): 335 - 359. https://doi.org/10.1007/s10579-008-9076-6.

[22] PORIA S, CAMBRIA E, HAZARIKA D, et al. Context-dependent sentiment analysis in usergenerated

videos [C/OL]//BARZILAY R, KAN M. Proceedings of the 55th Annual Meeting of the Association for Computational Linguistics, ACL 2017, Vancouver, Canada, July 30 - August 4, Volume 1: Long Papers. Association for Computational Linguistics, 2017: 873-883. https://doi.org/10.18653/v1/P17-1081.

[23] KIM Y. Convolutional neural networks for sentence classification [C/OL]//MOSCHITTI A, PANG B, DAELEMANS W. Proceedings of the 2014 Conference on Empirical Methods in Natural Language Processing, EMNLP 2014, October 25 - 29, 2014, Doha, Qatar, A meeting of SIGDAT, a Special Interest Group of the ACL. ACL, 2014: 1746-1751. https://doi.org/10.3115/v1/d14-1181.

CHAPTER7

第7章 基于过去、现在和未来的对话情绪分析

对话情绪分析中，对于对话上下文的捕获和对话用户的建模固然重要，各种面向这两个方面的方法和模型也取得非常不错的性能。不过，当前方法都缺乏对对话用户心理状态的考量。对话用户心理状态一般是指对话者在对话中的意图、感受、行为预知以及对自身或他人的影响，这些心理状态会随时随地影响对话用户的情绪。例如，当说话者说出“你好棒啊”之前，该说话者心里可能想的是“自己得表现得友好”，这便是说这句话的意图，很明显，此时的意图对预测正面情绪是有帮助的。然而，当下所有的对话情绪分析数据集并没有提供任何额外关于对话用户心理状态相关的数据，因此使得模型能考虑对话用户的心理状态是需要引入额外知识的。常识知识通常能够满足心理状态的建模，当前许多常识知识图谱可以为使用者提供词联想、事件因果分析、语句对应对话用户的心理状态推理等功能。根据常识知识图谱，一个对话者的行为和感受一般根据过去的上下文语句、意图一般根据未来的上下文语句、自我影响根据当前语句来进行推理和判断。考虑三种不同的心理状态知识来源，模型能够做出更加合理和准确的情绪判断。

本章将重点关注对话情绪分析如何使用常识知识图谱来增益情绪判断。在介绍对话情绪分析模型之前，将再次简述对话情绪分析任务，同时简要介绍维度情绪分析[㊀]；随后将介绍常识知识图谱和图神经网络相关的模型；最后，将介绍一种基于过去、现在和未来的、结构化建模心理知识的对话情绪分析模型。

7.1 任务与术语

本章依然面向对话情绪分析，对话情绪分析任务主要是对一个对话中所有的语句进行情绪分类或者情绪回归预测[㊁]。对话情绪分类是一个多分类任务，对话中的每个语句都有一个对应的情绪标签。对话情绪分类的标签设置一般遵循的是 Ekman 情绪系统或者抛物锥体情感模型等。例如，对话情绪分析中常用的数据集 DailyDialog 共包含 7 种情绪标签——开心、惊讶、伤心、生气、恶心、害怕和中立，其中前 6 种情绪来自 Ekman 的 Big

㊀ 后文中的 NRC-VAD 情绪词典将涉及情绪维度。

㊁ 本书中关于情绪分析的介绍都是关于分类的。回归是情绪分析中非常重要的一个任务类型，本小节后续会简明介绍，不过针对分类的各种模型和方法基本也适用于回归。

Six 情绪系统。

在对话情绪回归中，情绪不再以单个的标签形式存在，而是以不同维度的连续值表示，因此对话情绪回归一般称为维度对话情绪分析。情绪的维度主要分为三个：愉悦度、激活度和优势度。愉悦度一般代表情绪的正负特性，即积极或者消极程度；激活度表达的是心理激活水平和警觉性；优势度代表的是情绪个体对情景和他人的控制程度。一个语句在三个维度上都有一个得分，这些得分一般会落在［-1，1］㊀区间内。例如，某个语句在三个维度上的得分为 $V=0.8$，$A=0.7$，$D=0.9$，那么该语句：①偏向积极情绪；②激活度很高，情绪比较激动；③控制度高，情绪有控制性且容易感染他人。根据上述三个维度上的描述，那么这种情绪一般是“开心”。

本章涉及大部分和对话情绪相关的术语等同于上一章，这里不再赘述。

7.2 常识知识库

常识知识是人类通常拥有的、能够帮助人类理解日常事务的信息，这种信息通常是人类公认的、不需要争论的[1]。根据定义，常识知识有如下三种原则。

- **概念、而非实体**：这是常识知识的主要原则，它来自概念级的知识和命名实体级知识之间的区别。简单讲就是概念性知识是常识知识，命名实体性知识不是。例如，“房子有房间”是一条常识知识，因为这句话是能被人们广泛接受的。相反，“凡尔赛宫有 700 个房间”不是一条常识知识，因为它涉及的是具体的实体（即“700 个房间”），这种知识并不是被大部分人所熟知的。
- **平常化**：平常化指的是常识知识应该是被绝大多数人知道的、普及性的概念。例如，“集装箱是用来装东西的”是一条公认的常识，而“坏疽性口炎是一种口疮性口炎”不是，因为这条知识不够普及。
- **通用域知识**：常识知识应该是一种适用于各种领域的知识，而非某个特定领域（如化学、生物）中的专家知识。值得注意的是，甚至是在同一种知识类型中，某些关系描述的是通用知识，而其他的可能就需要专家知识。例如，“整体-部分”这种类型的关系中，“部分”描述的就是被大家熟知的一些事实，比如“轮胎是车的一部分”。然而另外一种“整体-部分”关系——“细胞组成成分”强调的是生物学的知识，比如“胆固醇是细胞膜的一种成分”。

常识知识库，顾名思义是通过广泛收集并整合常识知识而形成的一个规模庞大的数据库。在常识知识库中，常识知识一般会被组织成三元组［单元 1，关系，单元 2］，其中三个组成成分要遵循上述的常识知识三原则。当前，研究者们提出了各种各样的常识知识库，不同类型的常识知识库在不同的任务中的表现各异，因此需要根据具体任务挑选合适的常识知识库。为了方便使用者进行甄别，文献［2］根据常识知识库中的关系类

㊀ 各维度得分的区间不一定限制在［-1，1］区间，有的工作以［0，1］为区间，或者其他的区间。只要能够符合维度的定义，指定不同的区间都是合理的，因为都可以通过缩放而映射到同一尺度上。

型对常识知识库进行了分类，如表 7-1 所示。对于该表中的常识知识库，本书主要介绍两种——ConceptNet[3] 和 ATOMIC[4]，其中 ConceptNet 将在其他章节进行介绍，本章着重介绍与 ATOMIC 相关的常识知识库和模型。

表 7-1 各种类型的常识知识库汇总[2]

类别	知识库	关系数	示例 1
常识知识图谱 (Commonsense KG)	ConceptNet	34	食物-可以-腐烂
	ATOMIC	9	人物 X 烤面包-人物 X 想要-吃东西
	GLUCOSE	10	人 A-制作-事物 A
	WebChild	4	餐厅食物-品质-贵
	Quasimodo	78 636	高压锅-快速烹饪-事物
	SenticNet	4	放凉的食物-情感极性-负面
	HasPartKB	1	日常食物-有-维他命
公共知识图谱 (Common KG)	Wikidata	6.7k	食物-具有品质-口感
	YAGO4	116	香蕉片-类别-食物
	DOLCE	1	实例参考相关文献
	SUMO	1614	食物-下义词-食物产品
词汇资源 (Lexical resource)	WordNet	10	食物-下义词-安慰食品
	Roget	2	餐-同义词-食物
	FrameNet	8	烹饪创作-有框架元素-做吃的
	MetaNet	14	食物-有角色-食物消费者
	VerbNet	36	吃-相关-可食用的
视觉源 (Visual source)	Visual Genome	42 374	食物-在-盘子
	Flickr30k	1	食物自助-相关-食物柜台
语料库和语言模型 (Corpora & LM)	GenericsKB	无	土豚寻找食物
	GPT-2	无	食物会引起人的饥饿,让人想吃东西

7.2.1 ATOMIC 常识知识库

ATOMIC 常识知识库的全称为“用于 If-Then 推理的机器常识图谱”，总共包含大约 87.7 万条推理知识的文本描述。不同于当下以分类学知识为中心的知识资源，ATOMIC 聚焦于推理知识，这种推理知识的形式主要为“如果（If）变量 A 那么（Then）变量 B”。例如“If X 赞美 Y，Then Y 很可能会回赞”，其中“X 赞美 Y”是变量 A，“Y 很可能会回赞”是变量 B，X 和 Y 是两个人物，之所以以字母代替人物，是因为要满足常识知识的“概念，而非实体”原则。

从表 7-1 中可知，ATOMIC 共有 9 种关系。关系是常识知识三元组的一个组成成分，它主要起到连接前后两个单元的作用。ATOMIC 的 9 种关系被分为 3 个类别：If-事件-Then-心理状态、If-事件-Then-事件、If-事件-Then-人格特征。从类别的名字便可看出，关系的变化主要在变量 B 上，即变量 B 是关系和元素 2 的组合。

具体地，If-事件-Then-心理状态主要包括三种关系：xIntent、xReaction、oReaction。其中 xIntent 指的是发生事件之前，事件主体人物的意图，比如事件为"*X* 赞美 *Y*"，那么 xIntent 对应的变量 *B* 为"*X* 想表现得很和蔼"；xReaction 指的是发生了事件后，事件主体人物的感受，比如事件"*X* 赞美 *Y*"，那么 xReaction 对应的变量 *B* 为"*X* 觉得不错"；oReaction 指的是发生事件后，事件的承受人物的感受，比如事件"*X* 赞美 *Y*"，那么 oReaction 对应的变量 *B* 为"*Y* 觉得受宠若惊"。

If-事件 1-Then-事件 2[㊀]包括五种关系：xNeed、xEffect、oEffect、xWant、oWant。其中 xNeed 指的是发生事件 1 前，事件 1 的主体人物要先执行什么动作（事件 2），比如事件 1 为"*X* 给 *Y* 做咖啡"，那么 xNeed 对应的事件 2（等价于变量 *B*）为"*X* 需要先把咖啡放进过滤器"；xWant 和 oWant 是发生事件 1 后事件 1 的主体人物和承受人物想要执行的动作，比如事件 1 依然是"*X* 给 *Y* 做咖啡"，xWant 对应"*X* 想在咖啡里放奶油"，oWant 对应"*Y* 想要感谢 *X*"；xEffect 和 oEffect 与上述两个关系类似，不过强调的是事件 1 对于主体人物和承受人物的影响。

If-事件-Then-人格特征包含一种关系：xAttribute。xAttribute 指的是从事件中可以得到事件主体人物具有哪些人格特征，比如事件"*X* 报警"，那么 xAttribute 对应的是"*X* 看上去很有责任感"。

为了更加直观地观察上述 9 种关系之间的联系，图 7-1 给出了 ATOMIC 关系的分类系统图。

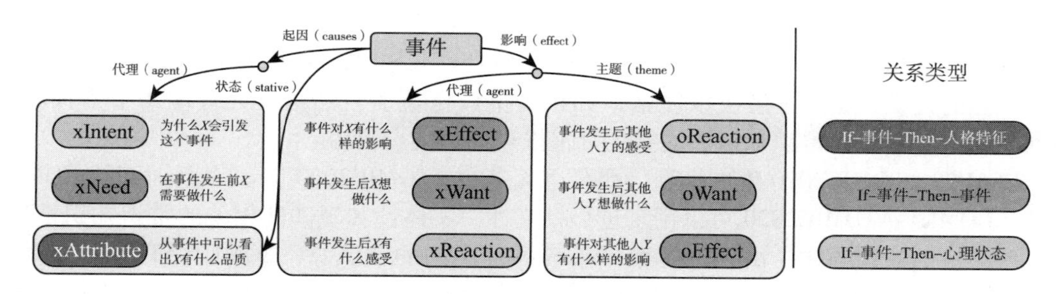

图 7-1　ATOMIC 9 种关系的分类系统[㊁]

7.2.2　COMET 知识生成模型

尽管常识知识库 ATOMIC 可以为使用者提供 If-Then 推理数据，但是这些数据都是固定的，进行查询时，事件必须是知识库中能够匹配到的，如果一个事件的描述 ATOMIC 中没有，那么 ATOMIC 是无法进行推理的。使用者没法做到了解 ATOMIC 中收录的所有

㊀ 指的是 If-事件-Then-事件，这里为了区分不同的事件，故在两个事件上加上了编号 1、2。

㊁ 引自文献［4］。图中有两种分类方式，第一种是文中提到的按照关系类型分类，第二种是按照因果关系（causal relation）分为起因（causes）、影响（effect）、状态（stative），对于起因和影响，可以继续根据推理强调的是事件的代理 agent（X）还是主题 theme（O）进一步分类。

事件，并且使用者在使用 ATOMIC 进行事件推理时输入的事件描述大概率让 ATOMIC 无法正常推理，因此一个能够处理使用者任何事件描述且自动生成对应推理结果的模型是解决上述问题的关键。

常识 Transformer（COMmonsEnse Transformer）简称为 COMET[5]（彗星），可以非常好地应对上述问题。COMET 是一个使用常识知识库数据作为训练语料的 GPT 生成模型（基于单向 Transformer 的解码器结构）。当 COMET 进行推断时，对于常识知识库 ATOMIC 中没有的事件描述，COMET 会将该描述和使用者选取的推理关系的拼接序列作为输入，依据该序列 COMET 会自动生成对应的推理结果。

得益于常识知识库中数据的三元组形式，COMET 可以非常方便地对这些数据进行训练，并且在推断时满足使用者的需求。COMET 为了方便使用者选取关系来进行常识知识推理，将常识知识库中的关系设置成可训练的符号（token），这样 ATOMIC 就有 9 种可训练的关系符号可供选择。COMET 有两种版本，第一种是以 ATOMIC 作为训练数据的 If-Then 推断事件生成模型，第二种是以 ConceptNet 作为训练数据的概念生成模型，使用者可以根据下游任务的类型和需求选择不同的模型版本。

7.2.3　COMET-ATOMIC2020 知识生成模型

ATOMIC2020[6] 是 ATOMIC 的“升级”版本，囊括了来自不同常识知识源的知识，包括社交交互、物体实体、以事件为中心的常识知识。实际上，社交交互常识知识来自 ATOMIC，在 ATOMIC2020 将它们定义成与社交相关的知识；物体实体常识知识来自 ConceptNet；以事件为中心的常识知识来自 TRANSOMCS。ATOMIC2020 之所以要收集不同知识源的知识，是为了解决以往常识知识图谱没法覆盖自然语言处理应用中各种场景的问题，旨在用一个常识知识图谱做到日常推理知识的全覆盖。

COMET-ATOMIC2020 生成模型，顾名思义是在 ATOMIC2020 知识库上训练的 COMET 模型。COMET-ATOMIC2020 可以用来进行社交性、实体性和事件性相关的常识知识推理，并生成对应的知识描述。由于训练数据来自 3 种不同的知识源，COMET-ATOMIC2020 共有 23 种常识知识推理关系，包括 9 种社交推理关系、7 种实体性关系、7 种事件性关系。COMET-ATOMIC2020 的开发者们为 COMET-ATOMIC2020 模型的展示而发布了一个交互网站㊀，感兴趣的读者可以自行前往体验。

7.3　图神经网络

图神经网络（Graph Neural Network，GNN）是一种借鉴了卷积神经网络、循环神经网络和深度自动编码器的思想，用于处理图结构数据的神经网络结构。图神经网络主要更新的是图中节点的状态，一般会分为两个阶段：①边㊁进行节点之间的信息传播，②节

㊀ https://mosaickg.apps.allenai.org/model-comet2020

㊁ 边是连接图中两个节点的结构，是图的一个重要组成部分。

点在接收到来自其他节点的信息后会对信息进行聚合并更新当前节点的状态。尽管现存的各种图神经网络结构各异，但是它们都会遵循上述的图处理过程：信息传播和信息聚合。

研究者们[7] 根据图神经网络的结构以及用途，一般将它们分为五种：图卷积网络（Graph Convolution Network）、图注意力网络（Graph Attention Network）、图自编码器（Graph Autoencoder）、图生成网络（Graph Generative Network）和图时空网络（Graph Spatial-temporal Network）。

图卷积网络是使用最广泛、也是最简单的图神经网络，它是多种复杂图神经网络的基础。图卷积网络的信息传播和信息聚合都是通过图卷积来实现的，图卷积运算是传统卷积运算在图结构上的推广，其建模的特征映射 $f(\cdot)$ 聚合的特征来自目标节点自身以及邻居节点㊀。两种运算本质上没有太大区别，传统卷积运算可以看作是在全连接图上的图卷积运算。

图注意力网络不同于图卷积网络的地方在于，图注意力网络可以衡量来自不同邻居节点对于目标节点的信息贡献。图注意力网络的这种功能主要通过注意力机制来实现，注意力机制会给对目标节点贡献大的邻居节点赋予一个大的注意力分数，这使得图神经网络可以提高对于重要信息的关注度。

图自编码器主要是通过图神经网络将节点的表示映射成低维向量；图生成网络的功能是根据已知图来生成新的图；图时空网络主要针对场景不同于上述的图神经网络，图时空网络的处理对象是时空图，其节点的输入可以随着时间发生变化。

本章主要介绍图 Transformer 网络[8]，一种图注意力网络的变体。对于部分其他类型的图神经网络，本书的其他章节有相关介绍，请读者自行跳转。如果读者对于图神经网络感兴趣，可以参考图神经网络的综述文献［7］。

图 Transformer 网络是一种图注意力网络，它不仅能够在源节点与目标节点之间传递节点信息，而且还可以将边上所带有的关系信息一并传递给目标节点。

在介绍图 Transformer 网络的信息传播和信息聚合之前，先给出图的形式化表示。对于一个边和节点都具有表征的图，将其表示为 $\mathcal{G}=\{\mathcal{H}, \varepsilon, \mathcal{A}\}$，其中 $\mathcal{H}$ 是图中节点表征集合，ε 是边集合，$\mathcal{A}$ 是边对应的表征集合。

图 Transformer 网络拥有 L 层相同结构，每层结构都进行相同的信息传播、信息聚合操作，这里以其中第 l 层的操作为例，第 l 层的信息聚合公式如下所示：

$$\boldsymbol{h}_i^{(l)} = (\mathbf{1} - \boldsymbol{\beta}_i)\Big(\sum_{j \in N(i)} \boldsymbol{\alpha}_{i,j}\boldsymbol{m}_j\Big) + \boldsymbol{\beta}_i \boldsymbol{W}_s \boldsymbol{h}_i^{(l-1)} \tag{7.1}$$

其中 $\boldsymbol{h}_i^{(l-1)}$ 和 $\boldsymbol{h}_i^{(l)}$ 分别是节点 i 在第 l 层的表征输入和输出，$\boldsymbol{m}_j$ 是传播自邻居节点 j 的信息，$\boldsymbol{\alpha}_{i,j}$ 是 i 对 j 的注意力分数，$\boldsymbol{\beta}_i$ 是门控值，控制第 l 层聚合的信息对当前表征的更新力度，W_s 是可训练的映射权重。从聚合公式可以看出，图 Transformer 通过注意力机制计算

㊀ 二对于无向图，只要一个节点与目标节点有边相连，那么该节点是目标节点的邻居节点。对于有向图，一个节点如果是目标节点的源节点、即发出一条边指向目标节点，那么该点是目标节点的邻居节点。

了来自每个邻居节点的信息 $\boldsymbol{m}_j$ 的贡献度 $\boldsymbol{\alpha}_{i,j}$。来自邻居节点 j 的信息为

$$\boldsymbol{m}_j = (\boldsymbol{W}_v \boldsymbol{h}_j^{(l)} + \boldsymbol{b}_v) + \boldsymbol{W}_e \boldsymbol{a}_{j,i} \tag{7.2}$$

其中 $\boldsymbol{W}_v$、$\boldsymbol{b}_v$ 是对节点 j 表征 $\boldsymbol{h}_j^{(l)}$ 进行线性映射的权重和偏置，$\boldsymbol{a}_{j,i}$ 是从 j 到 i 这条边的边表征，$\boldsymbol{W}_e$ 是对边表征进行映射的权重。从公式可知，图 Transformer 将边携带的信息同源节点信息相结合，然后再传递给目标节点，这是图 Transformer 不同于其他图神经网络的地方。进一步，在获得每个邻居节点传播的信息后，需要对它们进行一个重要度评估，注意力分数的计算如下所示：

$$\boldsymbol{\alpha}_{i,j} = \text{softmax}\left(\frac{(\boldsymbol{W}_q \boldsymbol{h}_i^{(l)} + \boldsymbol{b}_q)((\boldsymbol{W}_k \boldsymbol{h}_j^{(l)} + \boldsymbol{b}_k) + \boldsymbol{W}_e \boldsymbol{a}_{j,i})}{\sqrt{d_h}}\right) \tag{7.3}$$

其中 $\boldsymbol{W}_q$、$\boldsymbol{W}_k$、$\boldsymbol{b}_q$、$\boldsymbol{b}_k$ 是自注意力机制中对 query 和 key 进行线性映射的相关可训练参数，d_h 是表征 $\boldsymbol{h}^{(l)}$ 的维度大小。由公式可知，在进行注意力打分时，边表征也参与了计算。

在完成来自不同邻居节点的信息聚合后，图 Transformer 网络还通过一个门控值 $\boldsymbol{\beta}_i$ 来控制对节点表征最终的更新，该门控的部署相当于带有门控机制的残差连接，对于 $\boldsymbol{\beta}_i$ 的计算如下所示：

$$\boldsymbol{\beta}_i = \text{sigmoid}(\boldsymbol{w}_g^{\mathrm{T}}[\boldsymbol{h}_i^{(l)}; \boldsymbol{o}_i; \boldsymbol{h}_i^{(1)} - \boldsymbol{o}_i]) \tag{7.4}$$

其中 $\boldsymbol{o}_i = \sum_{j \in N(i)} \boldsymbol{\alpha}_{i,j} \boldsymbol{m}_j$ 是来自邻居节点的聚合信息，[ ] 是拼接操作，$\boldsymbol{w}_g^{\mathrm{T}}$ 将拼接向量映射为一个标量。

上述过程使用的是头数为 1 的自注意力机制，在实际应用中一般采用多头自注意力机制，正是因为自注意力机制的使用，因此才叫图 Transformer 网络。图 Transformer 网络可以看作是 Transformer 结构在图数据上的推广，不过图 Transformer 网络具有更加丰富的信息来源，即考虑了边具有的丰富特征。

对于图 Transformer 网络，有 PaddlePaddle 和 PyTorch 两种深度学习框架的实现，这里主要给出 PyTorch 下的实现。PyTorch-Geometric[⊖]是基于 PyTorch 的一个图和稀疏计算的工具包，PyTorch-Geometric 给出了图 Transformer 的代码实现，这里将该代码进行了精简，如列表 7.1 所示。

列表 7.1 图 Transformer 网络的 PyTorch-Geometric 简易代码

```
1  import math
2  import torch
3  import torch.nn. functional as F
4  from torch.nn import Linear
5  from torch_ geometric.nn.conv import MessagePassing
6  from torch_ geometric. utils import softmax
```

⊖ https://pytorch-geometric. readthedocs. io/en/latest/index. html。

```
7
8  class TransformerConv(MessagePassing):
9      def __init__(self,in_channels,out_channels,heads,dropout,edge_dim,**kwargs):
10         kwargs.setdefault('aggr','add')
11         super(TransformerConv,self).__init__(node_dim=0,**kwargs)
12         self.in_channels=in_channels
13         self.out_channels=out_channels
14         self.heads=heads
15         self.dropout=dropout
16         self.edge_dim=edge_dim
17         self.lin_key=Linear(in_channels,heads*out_channels)
18         self.lin_query=Linear(in_channels,heads*out_channels)
19         self.lin_value=Linear(in_channels,heads*out_channels)
20         self.lin_edge=Linear(edge_dim,heads*out_channels,bias=False)
21         self.lin_skip=Linear(in_channels,heads*out_channels,bias=bias)
22         self.lin_beta=Linear(3*heads*out_channels,1,bias=False)
23
24     def forward(self,x,edge_index,edge_attr):
25         #调用message函数,进行信息传播和信息聚合,得到o_i
26         out=self.propagate(edge_index,x=x,edge_attr=edge_attr,size=None)
27         out=out.view(-1,self.heads*self.out_channels)
28         x_r=self.lin_skip(x)
29         #计算门控值
30         beta=self.lin_beta(torch.cat([out,x_r,out-x_r],dim=-1))
31         beta=beta.sigmoid()
32         out=beta*x_r+(1-beta)*out
33         return out
34
35     def message(self,x_i,x_j,edge_attr,index,size_i):
36         #该函数进行message的传播,并且进行聚合
37         #x_i是目标节点对应的id,x_j是源节点对应的id
38         #index指定哪些节点要进行softmax
39         #edge_attr是边表征
40         #size_i是节点数目
41         query=self.lin_query(x_i).view(-1,self.heads,self.out_channels)
42         key=self.lin_key(x_j).view(-1,self.heads,self.out_channels)
43         edge_attr=self.lin_edge(edge_attr).view(-1,self.heads,self.out_channels)
44         key+=edge_attr
45         alpha=(query*key).sum(dim=-1)/math.sqrt(self.out_channels)
46         alpha=softmax(alpha,index,size_i)
47         alpha=F.dropout(alpha,p=self.dropout,training=self.training)
48         out=self.lin_value(x_j).view(-1,self.heads,self.out_channels)
49         out+=edge_attr
50         out*=alpha.view(-1,self.heads,1)
51         return out
```

由于图对应的邻接矩阵一般是稀疏的，因此在存储邻接矩阵[㊀]时可以只存储对应值不为零的元素，那么原本大小为 $N \times N$ 的稠密邻接矩阵变为了大小为 2×E 的元素位置矩阵，其中 N 是节点个数，$E(\ll N^2)$ 是边数目。对于稀疏矩阵的元素位置矩阵，第一行对应的是源节点 $j \in [1, \cdots, N]$ 的标号，第二行对应的是目标节点 $i \in [1, \cdots, N]$ 的标号。PyTorch-Geometric 中的所有模型结构都具有稀疏版本，部分模型支持稠密版本，对于图 Transformer 网络，上述代码对应的是稀疏版本。因此，模型 forward 函数输入的 edge_index（$2 \times E$）是邻接矩阵的元素位置矩阵，$x(N \times d_x)$ 和 edge_attr$(E \times d_e)$ 分别为节点和边对应的表征。在 PyTorch-Geometric 中欲自行设计一个模型结构，可继承父类 MessagePassing，需要重写的方法就包括上述代码中的三个，其中 message 方法（第 36 行）是进行信息传播和信息聚合的方法，为了使该方法起效，只需在 forward 方法中调用 propagate 方法（第 27 行）。关于 message 方法的主要输入，$x_i(E \times d_x)$ 代表目标节点的表征[㊁]，$x_j(E \times d_x)$ 代表源节点的表征，edge_attr 是边表征。forward 方法和 message 方法中的计算流程严格按照上文描述的公式。

PyTorch-Geometric 为使用者提供了非常友好的方法和模型接口，本书只进行了粗略介绍，感兴趣的读者可自行根据 PyTorch-Geometric 官方文档进行学习。

7.4 基于知识的情绪预测

常规的对话情绪分析一般考虑的是如何更加高效地捕获对话层面的上下文信息以及建模对话用户之间的交互关系，然而这些模型都没法做到和人一样能够对对话内容进行常识推理、分析自己当前心理状态和其他对话用户的心理状态。常识知识（如上文中所描述的）是人类公认的、能够帮助人类理解日常事务的知识，对于日常的对话也不例外，额外的常识知识能够帮助机器更好地理解对话并且建模对话用户的情绪变化。本小节将简单介绍在当下研究工作中是如何使用常识知识来辅助对话中的情绪预测的。

在对话情绪分析中，常用的常识知识主要是两种：ConceptNet 和 ATOMIC。ConceptNet 主要是为对话语句中的词拓展和延伸相关的词，以此来帮助机器理解当前词所表达的含义；ATOMIC 主要是根据语句所描述的事情，推理对话用户说出当前语句时所处的心理状态以及对其他对话者状态的影响。如图 7-2 所示，两种常识知识都能对对话的情绪预测有增益效果。图 7-2 为使用 ConceptNet 增强的对话，对于目标语句中的“朋友”一词，在 ConceptNet 中，与“朋友”一词相关的知识实体有“社交”“派对”“电影”等词，这些词对于预测情绪标签“开心”能起到帮助。右图为使用 ATOMIC 增强的对话，ATOMIC 为语句提供了当前对话用户的心理状态刻画，以及推理了另外一个对话用户的心理状态，这些心理状态的推理很明显对于情绪“生气”的预测有增益作用。

㊀ 对于无向图，两个节点之间只有一条唯一的边；对于有向图，两个节点一个方向也只有一条边，因此邻接矩阵中的元素只有 0 和 1，故不需要存储非零元素值。

㊁ 此时已经根据邻接矩阵第二行取得了各个位置对应节点的表征，所以第一维是 E，后面的 x_j 同理。

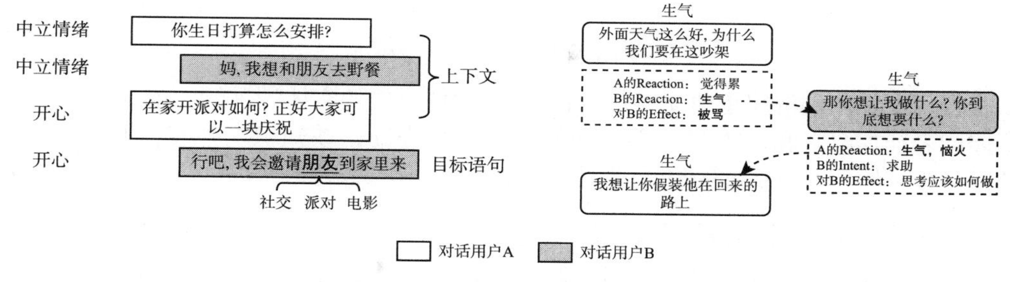

图7-2 使用ConceptNet和ATOMIC增强的对话

7.4.1 知识增强的Transformer

知识增强的Transformer[9]（Knowledge Enhanced Transformer，KET）是使用ConceptNet常识知识和NRC VAD[10-11] 情感知识㊀来增强情绪预测的Transformer。ConceptNet主要为对话语句的每个词提供相应的知识实体，如图7-2所示。KET为了能够更加有效地平衡从ConceptNet中抽取的相关知识信息和这些信息的情感强度信息，提出了一种动态上下文感知的情感图注意力机制来平衡知识信息的相关性和情感性。

相关性是指从ConceptNet中检索到的实体词 c_k 和对话上下文之间的关联强度；情感性是指 c_k 的情感强度。由于从ConceptNet中抽取的实体词不是都和当前的对话内容相匹配，因此需要考虑该实体词的相关性。实体词的相关性系数计算公式为

$$rel_k = \min - \max(s_k) * \text{abs}(\cos(\text{CR}(X^i), c_k)) \tag{7.5}$$

其中 s_k 是实体词 c_k 的置信分数，该分数来自ConceptNet，min-max是最小最大缩放㊁，abs是绝对值函数，cos是余弦距离函数，CR是 c_k 所属语句词对应语句的上下文表示，这个上下文表示是所有上下文语句的平均表征。

实体词 c_k 的情感性系数计算如下所示：

$$aff_k = \min - \max(\| [V(c_k) - 1/2, A(c_k)/2] \|_2) \tag{7.6}$$

其中 $\|\cdot\|_2$ 是 L_2 归一化，$V(c_k)$ 和 $A(c_k)$ 分别是 c_k 对应的Valence值和Arousal值。其中Valence值减去一半是为了考虑Valence维度偏离中立情绪的程度，Arousal值取一半是为了衡量Arousal维度偏离平静（calm）的程度。

在获得 c_k 的相关度系数和情感性系数后，知识增强的Transformer使用一个平衡参数 λ_k 来平衡这两个系数，该平衡系数可作为超参数，也可作为可训练参数：

㊀ NRC-VAD是一组英文词，每个英文词都有对应的Valence、Arousal和Dominance值，这些值都在［0，1］区间内，VAD是情绪分析的另外一种表现形式，即三维情绪分析。

㊁ 由于需要对一个语句中的所有非停用词在ConceptNet中查询实体词，这些抽取到的实体词的置信分数的尺度不尽相同。为了将所有词的实体词置信分数设置在同一尺度，因此采用最大最小缩放。值得注意的是最大最小缩放是在每个语句词对应的实体词内进行的，而不是在所有语句词对应的所有实体词上进行。

$$w_k = \lambda_k \mathrm{rel}_k + (1 - \lambda_k) aff_k \tag{7.7}$$

获得每个实体词的权重值 w_k 后，对一个语句词对应的实体词进行 softmax 计算，然后和实体词表征加权求和，得到该语句词的知识增强表征，该知识增强表征和语句词自身表征相拼接，输入 Transformer 进行后续的操作。

7.4.2 COSMIC 情绪预测模型

COSMIC 情绪预测模型[12] 是使用 ATOMIC 来增强情绪分析的双向 GRU 模型㊀。COSMIC 考虑的 ATOMIC 关系主要包括五种：xReaction、oReaction、xEffect、oEffect 和 xIntent。在每个时刻，当前语句对应的对话用户使用 x 关系来增强，而对于其他对话用户的知识增强则使用 o 关系。

COSMIC 考虑的常识知识关系较多，而且建模也较为复杂。COSMIC 主要为上下文状态（context）、对话用户内部状态（internal）、对话者外部状态（external）、对话者意图状态（intent）和情绪状态（emotion），这五种状态分别设置了一个 GRU。Context GRU 主要负责对话上下文建模；Internal GRU 负责对话用户的（x/o）Effect 状态建模；External GRU 负责对话用户的（x/o）Reaction 状态建模；Intent GRU 负责对话用户的（x）Intent 状态建模。对于对话用户，COSMIC 按照时间步进行区分，在某个时间步说话的用户为说话者（speaker），其余用户则为听者（listener）。

为了方便描述 COSMIC 的处理过程，假设模型处理到了第 t 个时间步，第 t 时间步对应的语句为 $\boldsymbol{u}_t$，对应的对话用户 s_i 是说话者，那么该时刻其他对话用户 s_j，$(j \neq i)$ 是听者。

对于第 t 时刻的语句 $\boldsymbol{u}_t$，首先使用 Context GRU 和注意力机制来建模该语句的历史上下文语句，这些上下文语句为 $\boldsymbol{u}_t$ 提供对话级上下文信息。Context GRU 在时刻 t 的上下文表征 $\boldsymbol{c}_t$ 的计算为

$$\boldsymbol{c}_t = \mathrm{GRU}_C(\boldsymbol{c}_{t-1}, (\boldsymbol{x}_t \oplus \boldsymbol{q}_{s_i,t-1} \oplus \boldsymbol{r}_{s_i,t-1})) \tag{7.8}$$

其中 GRU_C 是 Context GRU，$\oplus$ 是拼接操作，$\boldsymbol{q}_{s_i,t-1}$ 是说话者 s_i 在上一时刻的内部状态，$\boldsymbol{r}_{s_i,t-1}$ 是说话者 s_i 在上一时刻的外部状态（内外部状态的计算将在后文中描述）。求得 $\boldsymbol{c}_t$ 后，COSMIC 将其加入历史上下文的表征池 $\boldsymbol{C}=[\boldsymbol{c}_1, \boldsymbol{c}_2, \cdots, \boldsymbol{c}_{t-1}]$。随后 COSMIC 采用注意力机制来获得时刻 t 的对话级上下文信息：

$$\boldsymbol{x}_k = \tanh(\boldsymbol{W}_s \boldsymbol{c}_i + \boldsymbol{b}_s), k \in [1, t-1] \tag{7.9}$$

$$\boldsymbol{\alpha}_k = \frac{\exp(\boldsymbol{x}_k^{\mathrm{T}} \boldsymbol{u}_t)}{\sum_{k=1}^{t-1} \exp(\boldsymbol{x}_k^{T} \boldsymbol{u}_t)} \tag{7.10}$$

㊀ COSMIC 可以看作是 DialogueRNN 的变体，DialogueRNN 的处理和计算流程与 COSMIC 类似，具体流程下文中会描述。

$$\boldsymbol{a}_t = \sum_{k=1}^{t-1} \boldsymbol{\alpha}_k \boldsymbol{c}_k \tag{7.11}$$

其中 $\boldsymbol{a}_t$ 是 t 时刻语句 $\boldsymbol{u}_t$ 的对话级上下文表征。

获得对话级上下文信息 $\boldsymbol{a}_t$ 后，其将用于更新对话用户的内部状态和外部状态。内部状态主要建模的是时刻 t 时说话者 s_i 和其他听者 s_j 的 Effect 状态。说话者将用 xEffect 对应的知识 $\boldsymbol{\varepsilon}_x$，而听者则使用 oEffect 对应的知识 $\boldsymbol{\varepsilon}_o$。不同于生成的如图 7-2 所示的知识描述，COSMIC 需要的是常识知识表征，因此这些知识的生成流程为：将 $\boldsymbol{u}_t$ 和对应关系组成输入，通过 COMET 处理，取 COMET 中 Transformer 最后一层的关系隐状态作为知识表征。对话者 s_i 内部状态 $\boldsymbol{q}_{s_i,t}$ 的更新为

$$\boldsymbol{q}_{s_i,t} = \mathrm{GRU}_Q(\boldsymbol{q}_{s_i,t-1}, (\boldsymbol{a}_t \oplus \boldsymbol{\varepsilon}_x(\boldsymbol{u}_t))) \tag{7.12}$$

其中 GRU_Q 是 Internal GRU。听者 s_j 内部状态 $\boldsymbol{q}_{s_j,t}$ 的更新为

$$\boldsymbol{q}_{s_j,t} = \mathrm{GRU}_Q(\boldsymbol{q}_{s_j,t-1}, (\boldsymbol{a}_t \oplus \boldsymbol{\varepsilon}_o(\boldsymbol{u}_t))) \tag{7.13}$$

外部状态主要建模的是说话者和听者的 Reaction 状态。说话者将用 xReaction 对应的知识 $\mathcal{R}_x$，听者使用 oReaction 对应的知识 $\mathcal{R}_o$，外部状态的更新如下所示：

$$\boldsymbol{r}_{s_i,t} = \mathrm{GRU}_R(\boldsymbol{r}_{s_i,t-1}, (\boldsymbol{a}_t \oplus \boldsymbol{u}_t \oplus \mathcal{R}_x(\boldsymbol{u}_t))) \tag{7.14}$$

$$\boldsymbol{r}_{s_j,t} = \mathrm{GRU}_R(\boldsymbol{r}_{s_j,t-1}, (\boldsymbol{a}_t \oplus \boldsymbol{u}_t \oplus \mathcal{R}_o(\boldsymbol{u}_t))) \tag{7.15}$$

其中 GRU_R 是 Reaction GRU，外部状态相较于内部状态多考虑了语句 $\boldsymbol{u}_t$。

意图状态建模的是说话者的 Intent 状态，不考虑其他听者。说话者将用 xIntent 对应的知识 $\mathcal{I}_x$，意图状态的更新如下所示：

$$\boldsymbol{i}_{s_i,t} = \mathrm{GRU}_I(i_{s_i,t-1}, (\mathcal{I}_x \oplus \boldsymbol{q}_{s_i,t})) \tag{7.16}$$

$$i_{s_j,t} = i_{s_i,t-1} \tag{7.17}$$

其中 GRU_I 是 Intent GRU。从公式中可知，意图状态的更新没有使用对话级上下文表征 $\boldsymbol{a}_t$，使用的是当前说话者 s_i 的内部状态 $\boldsymbol{q}_{s_i,t}$。

在更新完时刻 t 所有说话者和听者的状态之后，Emotion GRU GRU_E 将拼接所有说话者状态来进行情绪状态的更新，更新完的情绪状态 e_t 将用于最终的情绪预测：

$$\boldsymbol{e}_t = \mathrm{GRU}_E(\boldsymbol{e}_{t-1}, (\boldsymbol{u}_t \oplus \boldsymbol{q}_{s_i,t} \oplus \boldsymbol{r}_{s_i,t} \oplus \boldsymbol{i}_{s_i,t})) \tag{7.18}$$

上面描述的 COSMIC 处理过程采用的是单向 GRU，在实际应用中 COSMIC 使用的是双向 GRU，因此在对话级上下文信息抽取时还会考虑未来上下文信息。

7.5 对话上下文交互图构建

从上一小节中对于 COSMIC 流程的描述可以看出，COSMIC 对于常识知识的建模是以

序列化形式的，并采用双向 GRU 对每个时刻的常识知识进行序列化的更新。然而，这种序列化建模常识知识的方法将限制模型对于语句之间的心理知识[㊀]交互，心理知识交互指的是心理知识可以直接且显式地在两个语句之间进行传递。如图 7-3 所示，来自其他语句的心理知识可以辅助目标语句的情绪预测，心理知识交互也可以将心理知识从一个离目标语句多个时间步的语句直接传递给目标语句。尽管序列化建模使用的 GRU 可以通过记忆将知识隐式地传播，但是这样的隐式传播方式既不直接也不能传播太远，可能会受到遗忘、长距离依赖等问题的影响。

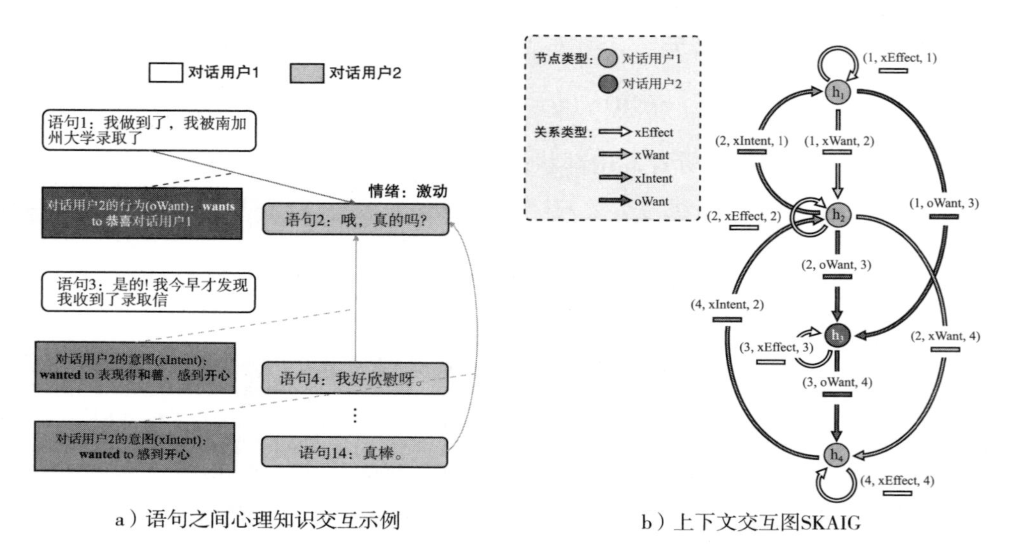

图 7-3　左图为语句之间心理知识交互示例，由图可知心理知识按照 ATOMIC 中对于其的定义，按照固定方向进行传播。除此之外，语句 14 对语句 2 来说是多个时间步后的语句，但是语句 14 依然可以直接把心理知识传播给语句 2。右图为对话上下文交互图 SKAIG，节点为语句表征，边为三元组，根据边关系，每条边被赋予其对应的边表征，为了上下文交互图的简洁，图中的窗口大小设置为 1。

根据 ATOMIC 中对于知识的定义，比如 xIntent 指的是为什么会引发当前事件（图 7-1），而生成的 xIntent 描述为“因为 X 曾想做…”，xReaction（xWant）指的是事件发生后 X 有什么感受（想做什么）。xIntent 强调的是语句说出之前说话用户的意图，xReaction（xWant）强调的是语句说出之后说话者用户的感受（行为），因此对于目标语句来说，说话用户在此刻的意图只能根据未来的语句推理，而感受或者行为只能用历史语句来推理。然而 COSMIC 使用的双向 GRU 明显违背了各种心理知识的原本定义，因为双向 GRU 将意图向前传（只能后传）、将感受相后传（只能前传）。

㊀ 从这一节起，ATOMIC 常识知识将被称为心理知识，在 ATOMIC2020 中将 ATOMIC 称为社交交互知识，而在对话情绪分析中，常识知识更像是对话用户的内心心理活动，影响对话用户的意图、行为和感受。

心理知识感知的对话上下文交互图（Psychological-Knowledge-Aware Interaction Graph，SKAIG）是一个按照知识定义、并且将知识建模成边关系的上下文语句交互图，SKAIG 可以解决 COSMIC 上述的两个问题。本小节的后续内容将介绍如何构造这样的对话上下文交互图。

SKAIG 图共有 4 个组成部分，即 $\mathcal{G}=\{\mathcal{V}, \mathcal{R}, \varepsilon, \mathcal{A}\}$，其中 $\mathcal{V}$ 为节点，由对话中的语句表征构成；$\mathcal{R}$ 为边关系，由 4 种 ATOMIC 关系组成；ε 为边，边连接两个语句节点，并且带有关系；$\mathcal{A}$ 是边表征，由 COMET 生成。

$\mathcal{V}$ 和 $\mathcal{A}$ 的构造方式和 COSMIC 基本相同，主要介绍关系 $\mathcal{R}$ 和边 ε 的构造。R 中共有 4 种 ATOMIC 关系：xIntent、xWant、oWant、xEffect。xIntent 关系主要建模目标对话用户的意图，并且只能从未来的上下文语句传给目标语句。xWant 和 oWant 关系分别建模目标对话用户和其他对话用户的行为，只能根据历史上下文语句来推理。xEffect 关系主要考虑目标对话用户对自身的影响，因此属于一个自连关系，考虑当前语句对自身的影响。考虑这 4 种关系，一个目标语句可以依据历史、现在和未来进行情绪分析。

SKAIG 中的边为三元组 $\boldsymbol{e}_{i,j}=(\boldsymbol{u}_i, \boldsymbol{r}, \boldsymbol{u}_j) \in \varepsilon$，其中 $\boldsymbol{u}_i$ 是边的源节点，$\boldsymbol{u}_j$ 是目标节点，$\boldsymbol{r}$ 是两个节点之间的关系，$\boldsymbol{r}$ 的选择主要根据两个节点之间的时间关系和节点的对话用户。当 $\boldsymbol{u}_i$ 是 $\boldsymbol{u}_j$ 的历史上下文时，主要考虑的关系为行为，如果 $\boldsymbol{u}_i$ 和 $\boldsymbol{u}_j$ 对应同一个对话用户，那么关系 $\boldsymbol{r}=\text{xWant}$，否则 $\boldsymbol{r}=\text{oWant}$；如果 $\boldsymbol{u}_i$ 是 $\boldsymbol{u}_j$ 的未来上下文，主要考虑的关系为意图，如果 $\boldsymbol{u}_i$ 和 $\boldsymbol{u}_j$ 对应同一对话用户，那么关系 $\boldsymbol{r}=\text{xIntent}$，否则该边不存在，因为在意图推断中，只能通过同一对话用户的语句来推理，ATOMIC 中也没有提供任何和“oIntent”相关的知识；最后，对于每个语句 $\boldsymbol{u}_j$，一条关系为 $\boldsymbol{r}=\text{xEffect}$ 的自连边来传递对话用户的自身影响。由于心理状态在对话中可能会随时发生变化，因此离目标语句太远的语句对目标语句的心理知识贡献应该是非常小的，因此在构建边时需要加上一个大小为 w 的窗口[⊖]，目标语句窗口内的上下文语句参与边的构造。图 7-3 给出了一个窗口大小为 1 的 SKAIG 图。

7.6 模型框架

在介绍了如何构造 SKAIG 图后，本小节简要介绍 SKAIG 图各组成部分的来源，以及如何处理 SKAIG 图。

SKAIG 中的每个语句节点都由一个语句表征表示，该语句表征一般由大规模预训练模型构造，与 COSMIC 类似，使用的是 RoBERTa。RoBERTa 将输入的语句编码成一组词隐状态，而语句表征可以取第一个特殊符号［CLS］的隐状态，也可以对整组词隐状态进行最大（平均）池化。SKAIG 中的每条边也具有对应的边表征，该边表征的获取也和

⊖ 目标语句的窗口是加在每个对话者上的，即当窗口大小为 1 时，目标语句对于每个对话者，在历史和未来中分别考虑一个语句。

COSMIC 一致，即使用 COMET 的 Transformer 最后一层的关系隐状态。KAIG 的关系和边根据上节中的描述进行构造。

SKAIG 图是一种带有边表征的有向图，因此需要采用图 Transformer 网络来处理 SKAIG。根据 8. 3. 1 节中的描述，SKAIG 图只需将邻接矩阵转化为稀疏形式即可，关于图 Transformer 网络具体请参考 8. 3. 1 节。

7. 7　应用实践

本节主要对比 SKAIG 和 COSMIC 模型与其他基准模型在常用对话情绪分析数据集上的性能。

数据集主要包括：IEMOCAP、MELD、EmoryNLP[12] 和 DailyDialog[13]。其中 IEMOCAP 和 MELD 数据集在第 6 章中已经介绍，这里不再赘述。EmoryNLP 是一个类似于 MELD 的多人对话数据集，数据来源依旧是著名电视剧集《老友记》，EmoryNLP 中共包括 7 种情绪：中立、开心、惊吓、愤怒、平和、强烈和伤心。DailyDialog 比前面三个数据集的规模都要大，其中包含的对话为双人日常生活对话，DailyDialog 共包含 7 种情绪——中立、开心、惊讶、伤心、生气、恶心和害怕，其中标签为中立的语句数目占总语句数的 83%。四个数据的其他指标统计如表 7-2 所示。IEMOCAP、MELD、EmoryNLP 使用的评价指标为权重 F1（weighted-F1）值，DailyDialog 使用的评价指标是宏平均 F1（macro-F1）值和去掉中立样本的微平均 F1（micro-F1）值。

表 7-2　四个常用对话情绪分析数据的相关指标统计

数据集	对话数目			语句数目			平均对话长度			平均语句长度		
	训练集	验证集	测试集	训练集	验证集	测试集	训练集	验证集	测试集	训练集	验证集	测试集
IEMOCAP	120		31	5810		1623	48		52	12		13
DailyDialog	11118	1000	1000	87170	8069	7740	8	8	8	12	11	12
EmoryNLP	659	89	79	7551	954	984	12	11	13	8	7	8
MELD	1039	114	280	9989	1109	2610	10	10	9	8	8	8

对比的基准模型主要包括——KET 和 COSMIC，已经在前面的小节介绍过了；RGAT-POS 主要针对的问题是对话图中缺少对位置的建模，因此提出了一种对对话用户关系感知的相对位置编码；HiTrans 和 DialogXL 在第 6 章已经被提及；RoBERTa 是常规的大规模预训练模型，只考虑语句的词级上下文信息；RoBERTa-DialogueRNN 是使用 RoBERTa 构造语句表征的 DialogueRNN 模型；RoBERTa-Transformer 可以大致看作是去掉常识知识的 SKAIG，其相当于局部全连接图。各模型在数据集上的性能如表 7-3 所示。

表 7-3　各模型在数据集上的性能

方法	IEMOCAP	DailyDialog		EmoryNLP	MELD
	weighted-F1	micro-F1	macro-F1	weighted-F1	weighted-F1
KET	59. 56	53. 37	—	34. 39	58. 18
HiTrans	64. 5	—	—	36. 75	61. 94
RGAT-POS	65. 22	54. 31	—	34. 42	60. 91
DialogXL	65. 94	54. 93	—	34. 73	62. 41
RoBERTa-DialogueRNN	64. 76	57. 32	49. 65	37. 44	63. 61
COSMIC	65. 28	58. 48	51. 05	38. 11	**65. 21**
RoBERTa	55. 67	55. 16	48. 2	37. 0	62. 75
RoBERTa-Transformer	63. 78	58. 28	47	37. 5	64. 59
SKAIG	**66. 96**	**59. 75**	**51. 95**	**38. 88**	65. 18

从表中可知，KET 尽管没有引入任何大规模预训练模型，但是在 EmoryNLP 上取得了和 RGAT-POS、DialogXL 相似的性能，这展现了 ConceptNet 等常识知识给模型带来的增益，不仅如此，对比其他没有使用大规模预训练的模型，KET 的性能也不俗。相较于 RoBERTa-DialogueRNN 和 RoBERTa-Transformer，COSMIC 和 SKAIG 在不同数据集上都有不同程度的提升，这表明了 ATOMIC 对对话用户心理状态的推理能够增强情绪分析。SKAIG 在除 MELD 外的其他数据集上都取得了比 COSMIC 更好的性能，在 IEMOCAP 数据集上尤为突出。根据 RoBERTa 在 IEMOCAP 上的不良性能和表 7-2 中关于 IEMOCAP 平均对话长度的展示，IEMOCAP 是一个非常依赖对话层级上下文建模的长对话数据集。在 IEMOCAP 的对话层级上下文建模中，语句间的心理知识交互也至关重要，因为在加上心理知识后 RoBERTa-Transformer 到 SKAIG 的性能提升比 RoBERTa-DialogueRNN 到 COSMIC 的性能显著。实际应用中，SKAIG 在 IEMOCAP 数据集上取窗口大小 7~10 时最佳，这表明了心理知识交互可以传递给多个时间步以外的语句㊀。对于其他三个短对话（如表 7-2 所示，平均对话长度都在 10 左右）数据集，不论是 COSMIC 还是 SKAIG，相对于 RoBERTa 的提升幅度都不像在 IEMOCAP 上那么明显，原因可能在于数据集提供的对话级的上下文信息有限。在 MLED 和 EmoryNLP 这类多人对话数据集（即最大对话用户数目大于 2）上，性能提升不明显，也说明了当前模型仍然需要更加高效的对话用户关系建模。

7.8　本章小结

本章主要介绍对话情绪分析是如何使用常识知识的，以及基于“过去、现在和未来”

㊀ 当窗口大小为 7 时，对于两人对话的场景，如果这两个对话用户交替发出语句，那么窗口为 7 时，一个语句的心理知识最远可以传递时间步为 15 的语句。

的知识交互建模。除此之外，还简述了与主题相关的常识知识图谱和图神经网络。用常识知识来增强模型对于相关任务的认知和建模是当下越来越受欢迎的研究，不过如何有效地使用常识知识是当前自然语言处理社区需要重点研究的课题。

参考文献

[1] ILIEVSKI F, SZEKELY P A, SCHWABE D. Commonsense knowledge in wikidata [C/OL]//KAFFEE L, TIFREA-MARCIUSKA O, SIMPERL E, et al. CEUR Workshop Proceedings: volume 2773 Proceedings of the 1st Wikidata Workshop (Wikidata 2020) co-located with 19th International Semantic Web Conference (OPub 2020), Virtual Conference, November 2 - 6, 2020. CEURWS. org, 2020. http://ceur-ws. org/Vol-2773/paper-10. pdf.

[2] ILIEVSKI F, OLTRAMARI A, MA K, et al. Dimensions of commonsense knowledge [J/OL]. Knowl. Based Syst., 2021, 229: 107347. https://doi. org/10. 1016/j. knosys. 2021. 107347.

[3] SPEER R, CHIN J, HAVASI C. ConceptNet 5. 5: an open multilingual graph of general knowledge [C/OL]//SINGH S, MARKOVITCH S. Proceedings of the Thirty-First AAAI Conference on Artificial Intelligence, February 4-9, 2017, San Francisco, California, USA. AAAI Press, 2017: 4444-4451. http://aaai. org/ocs/index. php/AAAI/AAAI17/paper/view/14972.

[4] SAP M, BRAS R L, ALLAWAY E, et al. ATOMIC: an atlas of machine commonsense for ifthen reasoning [C/OL]//The Thirty-Third AAAI Conference on Artificial Intelligence, AAAI 2019, The Thirty-First Innovative Applications of Artificial Intelligence Conference, IAAI 2019, The Ninth AAAI Symposium on Educational Advances in Artificial Intelligence, EAAI 2019, Honolulu, Hawaii, USA, January 27 - February 1, 2019. AAAI Press, 2019: 3027 - 3035. https://doi. org/10. 1609/aaai. v33i01. 33013027.

[5] BOSSELUT A, RASHKIN H, SAP M, et al. COMET: commonsense transformers for automatic knowledge graph construction [C/OL]//KORHONEN A, TRAUM D R, MÁRQUEZ L. Proceedings of the 57th Conference of the Association for Computational Linguistics, ACL 2019, Florence, Italy, July 28- August 2, 2019, Volume 1: Long Papers. Association for Computational Linguistics, 2019: 4762-4779. https://doi. org/10. 18653/v1/p19-1470.

[6] HWANG J D, BHAGAVATULA C, BRAS R L, et al. (comet-) ATOMIC 2020: on symbolic and neural commonsense knowledge graphs [C/OL]//Thirty-Fifth AAAI Conference on Artificial Intelligence, AAAI 2021, Thirty-Third Conference on Innovative Applications of Artificial Intelligence, IAAI 2021, The Eleventh Symposium on Educational Advances in Artificial Intelligence, EAAI 2021, Virtual Event, February 2-9, 2021. AAAI Press, 2021: 6384-6392. https://ojs. aaai. org/index. php/AAAI/article/view/16792.

[7] WU Z, PAN S, CHEN F, et al. A comprehensive survey on graph neural networks [J/OL]. IEEE Trans. Neural Networks Learn. Syst., 2021, 32 (1): 4-24. https://doi. org/10. 1109/TNNLS. 2020. 2978386.

[8] SHI Y, HUANG Z, FENG S, et al. Masked label prediction: unified message passing model for semi-supervised classification [C/OL]//ZHOU Z. Proceedings of the Thirtieth International Joint Conference on Artificial Intelligence, IJCAI 2021, Virtual Event / Montreal, Canada, 19-27 August 2021. ijcai. org, 2021: 1548-1554. https://doi. org/10. 24963/ijcai. 2021/214.

[9] ZHONG P, WANG D, MIAO C. Knowledge-enriched transformer for emotion detection in textual

conversations [C/OL]//INUI K, JIANG J, NG V, et al. Proceedings of the 2019 Conference on Empirical Methods in Natural Language Processing and the 9th International Joint Conference on Natural Language Processing, EMNLP-IJCNLP 2019, Hong Kong, China, November 3-7, 2019. Association for Computational Linguistics, 2019: 165-176. https://doi.org/10.18653/v1/D19-1016.

[10] MOHAMMAD S M. Word affect intensities [C/OL]//CALZOLARI N, CHOUKRI K, CIERI C, et al. Proceedings of the Eleventh International Conference on Language Resources and Evaluation, LREC 2018, Miyazaki, Japan, May 7 - 12, 2018. European Language Resources Association (ELRA), 2018. http://www.lrec-conf.org/proceedings/lrec2018/summaries/329.html.

[11] GHOSAL D, MAJUMDER N, GELBUKH A F, et al. COSMIC: commonsense knowledge for emotion identification in conversations [C/OL]//COHN T, HE Y, LIU Y. Findings of ACL: EMNLP 2020 Findings of the Association for Computational Linguistics: EMNLP 2020, Online Event, 16-20 November 2020. Association for Computational Linguistics, 2020: 2470 - 2481. https://doi.org/10.18653/v1/2020.findings-emnlp.224.

[12] ZAHIRI S M, CHOI J D. Emotion detection on TV show transcripts with sequence-based convolutional neural networks [C/OL]//AAAI Technical Report: WS - 18 The Workshops of the The Thirty-Second AAAI Conference on Artificial Intelligence, New Orleans, Louisiana, USA, February 2-7, 2018. AAAI Press, 2018: 44-52. https://aaai.org/ocs/index.php/WS/AAAIW18/paper/view/16434.

[13] LI Y, SU H, SHEN X, et al. DailyDialog: a manually labelled multi-turn dialogue dataset [C/OL]// KONDRAK G, WATANABE T. Proceedings of the Eighth International Joint Conference on Natural Language Processing, IJCNLP 2017, Taipei, China, November 27 - December 1, 2017 - Volume 1: Long Papers. Asian Federation of Natural Language Processing, 2017: 986 - 995. https://aclanthology.org/I17-1099/.

CHAPTER8

第8章

基于平衡特征空间的不平衡情绪分析

在计算机视觉和自然语言处理的常规分类任务研究中，常用的数据集包括 CIFAR、IMDb 等，这些数据集上的数据分布一般是平衡的。数据分布平衡是指不同类别都拥有相同或者相似数目的数据样本，如 IMDb 包含正面、负面两种类别，这两种类别都有 25 000 条影评文本。然而，在现实生活中，受限于不同数据资源的规模和获取难度，人们往往不能收集并构造出一个数据分布平衡的数据集。这种数据分布不平衡的问题会影响神经网络的分类学习，使得深度学习模型在样本数目少的类别上表现不佳。因此，如何缓解数据分布不平衡给模型带来的影响是当下研究需要探究的。本章主要面向情绪分析的不平衡问题，引入计算机视觉和自然语言处理中的一些解决不平衡问题的方法，同时，对于不平衡情绪分析中的常用方法所存在的问题，本章将介绍基于平衡特征空间的损失函数。

8.1 情绪分析中的不平衡问题

在日常生活中，人们的情绪表达是不平衡的。例如，人会趋于保持中立的情绪状态，当出现让情绪发生变化的事情时，人们表达得往往也是如开心、愤怒等常见的情绪。情绪表达的不平衡造成了大部分情绪分析数据集都存在较严重的数据分布不平衡问题。如图 8-1 所示，在列举的四个数据集上，各类别的样本数目从高到低排序，呈现出长尾分布[1]。在专门的不平衡研究中，研究者们将这种数据呈长尾分布的多分类不平衡问题称为长尾识别[2]（Long-tailed Recognition）。长尾分布中，样本数目多的类别出现在分布的“头部”，因此通常被叫作头类别；而样本数目少的类别出现在分布的“尾部”，通常被叫作尾类别。无论是对于情绪分析还是其他分类任务，不平衡问题会使得模型在训练时偏向于头类别，而在训练不充分的尾类别上性能不佳。为了缓解数据分布不平衡带来的问题，研究者们提出了一系列的方法，主要包括重平衡策略及其衍生方法。重平衡策略又分为两种：重采样策略和重权重化策略。其中，重权重化策略是广泛使用于情绪识别中的重平衡策略[3-4]。在后续小节中，将对重权重化策略存在的问题进行探讨，并引入基于平衡特征空间的损失函数。

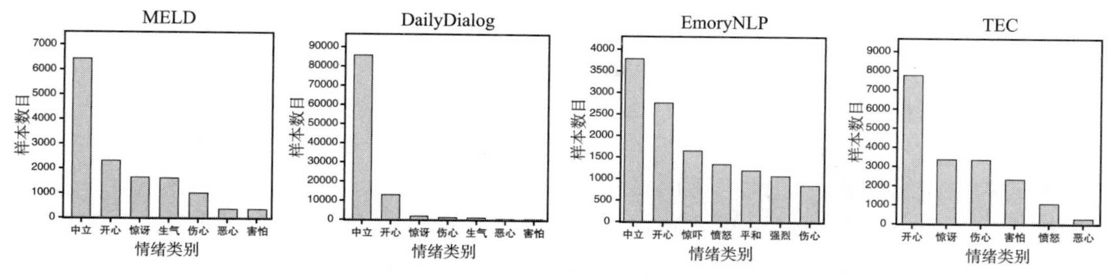

图 8-1　各数据集的情绪类别数据分布直方图

8.2　基于重采样的平衡策略

重采样策略是指在采样一批次训练数据时，通过提高尾类别采样概率或降低头类别采样概率，从而使得训练数据达到平衡的重平衡策略。提高尾类别采样概率的方法被称为过采样（Oversampling），而降低头类别采样概率的方法被叫作欠采样（Undersampling）。

在实现中，重采样策略会给每个样本赋予其对应的采样概率，这个概率一般是该样本对应类别样本数目的倒数。例如，一个数据集总共有 N 个样本、C 个类别，某类别 $i\in[1, 2, \cdots, C]$ 有 N_i 个样本，如果采用重采样策略，该类别中样本的采样概率则为 $1/N_i$，当 N_i 越大，采样概率 $1/N_i$ 则会变得越小，即代表该样本被采样到的机会越小，反之则越大。在给每个样本赋予采样概率后，重采样会对一轮训练采样足够数目的样本，这个数目可以决定重采样策略是欠采样还是过采样。当采样数目为 $C * N_{\text{tail}}$ 时，其中 N_{tail} 是某尾类别的样本数目，那么重采样策略是欠采样；当采样数目为 $C * N_{\text{head}}$ 时，其中 N_{head} 是某头类别的样本数目，重采样策略则为过采样。在一般应用中，采样数目会取数据集样本数目 N，这就相当于同时进行过采样和重采样。PyTorch 在构造 DataLoader 时提供了一个 WeightedRandomSampler㊀，该采样器能完全满足重采样策略的功能，初始化一个采样器所需的两个参数也分别是上述样本的采样概率和总的采样数目。

上述的重采样策略是根据样本为采样单元的，除此之外，重采样策略还可以使用类别作为采样单元，即先平衡地采样类别，然后再从类别中采样样本。在这种设定下，欲采样一批次数据，需先对类别进行不放回采样，其中所有类别的采样概率都是相等的，在平衡地采样完类别后，再根据采样的类别从类别中不放回采样固定数目 m 个样本，当所有类别（或者某个类别的样本）被采样完时，类别（或者某类别的样本）则会被重新补充以保证每次采样时都有足够的类别（或样本）。根据上述流程，如果采样了 C 个类别，那么采样完的一批次数据中总共有 $C * m$ 个样本，且该批次数据中各类别样本数目是严格平衡的。

尽管重采样策略能够一定程度上缓解数据不平衡问题，但也存在一些局限性。首先，

㊀ https://pytorch.org/docs/stable/data.html?highlight=weightedrandomsampler#torch.utils.data.WeightedRandomSampler

过采样可能会导致模型在尾类别上过拟合，因为尾类别的样本会被高频次地重复抽取；欠采样则可能因为在头类别采样时没法完全采样所有的头类别样本，导致模型丢失部分重要数据而影响模型的泛化能力。其次，重采样策略并不能适用所有的分类任务场景，如对话情绪分析任务和多标签分类任务。大部分对话情绪分析模型对一个完整对话中的所有语句同时进行处理，因此训练时数据以对话为采样单元，如果重采样策略对对话进行采样，由于对话中有情绪标签无法人为控制，那么数据分布的不平衡可能会更加严重。同样的问题也存在于多标签分类中，因为一个样本有多个标签，如果头类别和尾类别在样本上的共现程度高，重采样就会导致数据分布不平衡的加剧。

8.3 基于重权重化的平衡策略

重权重化策略是一种通过调整不同类别在损失函数中的权重大小来提高尾类别训练比重的重平衡策略。重权重化策略会给尾类别赋予大的损失权重，给头类别赋予小的损失权重，这样便可以调整模型在训练时更加关注尾类别。一般地，类别权重会以数据集的数据分布作为先验，取各个类别的样本数目的倒数来计算对应的权重。例如，对于一个有 C 个类别的数据集，其中类别 $i \in [1, \cdots, C]$ 有 N_i 个样本，该类别 i 的权重计算[3] 为

$$w_i = C \frac{(1/N_i)^{\theta}}{\sum_{j=1}^{C} (1/N_j)^{\theta}} \tag{8.1}$$

其中，$\theta \geqslant 0$ 是调节不同类别权重之间差异的调节因子，当 $\theta = 0$ 时，添加了重权重化策略的损失函数等价于原损失函数，当 θ 逐渐增加，损失函数会逐渐偏向尾类别，通常情况下，θ 取值为 1。

重权重化策略是一种非常简单且高效的重平衡手段，只需要在损失函数中的每个类别对应项上进行权重缩放即可，一般和常规的交叉熵损失函数相结合，并且简称为重权重化损失函数。对于某个标签为 i 的样本，其对应的重权重化损失计算为

$$\mathcal{L}_{\text{weighted}} = -w_i \log(\text{softmax}(\boldsymbol{x}_i)), i \in [1, \cdots, C] \tag{8.2}$$

其中，$\boldsymbol{x}_i$ 是样本在类别 i 上的 logits，softmax（$\boldsymbol{x}_i$）是样本在类别 i 上对应的预测概率。

重权重化策略除了最基本的重权重化损失函数外，还有一系列改进，在接下来的小节中，将简单介绍几种基于重权重化策略的改进损失函数。

8.3.1 类别平衡损失函数

对于同一类别中的样本，模型通过学习它们之间的一些共性特征而使得它们在特征空间中聚集。一般来说，类别样本越多，模型在类别上的学习会越好，但是随着样本数目越来越多，新增的样本给模型学习带来的效益会越来越少。这是因为当样本数目达到一定规模时，模型对于该类别的学习已经相当充分了，学习到的特征空间趋于饱和，那

么新增的学习样本大概率会落在学习到的特征空间中，而不是为类别扩展新的特征空间。因此，每个类别都存在一个有效的样本数目，这个有效数目足以满足模型学到不错的类别特征。

类别平衡损失[1]（Class-Balanced Loss）函数由 Cui 等人提出，正是这样一种基于类别样本有效数目的重权重化策略。类别平衡损失函数对样本有效数目给出了形式化的定义，该定义主要基于随机覆盖。

定义

给定一个类别，定义该类别特征空间中所有可能的数据样本集合为 S，S 中的基本单元是一个数据样本，数据样本之间可能存在特征重叠。一个类别的样本体积定义为 S 集合的大小 N，对于一个样本基本单元，$N=1$，那么样本的有效数目则是期望样本体积。

计算样本的期望体积是一个非常困难的问题，因为需要依赖样本的形状和特征空间的维度。为了简化这个计算过程，随机覆盖过程被简化为不考虑样本部分重叠的情况，即一个新增样本映射到特征空间中只有两种情况：①以概率 p 落在类别已有的样本特征空间中，此时样本的期望体积不会发生变化；②以概率 $1-p$ 落在该样本特征空间之外，此时期望体积会增大。随着样本数目的增加，p 会变得越来越大。Cui 等人通过数学归纳法证明了以下命题的成立[1]。

命题

当新增第 n 个样本时，类别样本的期望体积（有效数目）为 $E_n=(1-\beta^n)/(1-\beta)$，其中 $\beta=(N-1)/N$。

根据上述命题，对于有 C 个类别的数据集，各个类别的样本数目为 $[n_1, n_2, \cdots, n_C]$，那么类别 i 的样本有效数目是 $E_{n_i}=(1-\beta_i^{n_i})/(1-\beta_i)$，其中 $\beta_i=(N_i-1)/N_i$。由于类别体积 N_i 没有具体的获取途径，所有类别的类别体积都被设为 $N_i=N$，其中 N 为超参数，因此 $\beta_i=\beta=(N-1)/N$。

类别平衡损失函数使用类别样本的有效数目 E_{n_i} 替代类别原本的样本数目 n_i，因此重权重化权重的计算转化为

$$w_i = C\frac{1/E_{n_i}}{\sum_{j=1}^{C} 1/E_{n_j}} \tag{8.3}$$

类别平衡损失的权重可以在多种损失函数中使用，包括 softmax 交叉熵损失函数（多分类任务）、sigmoid 交叉熵损失函数（多标签分类任务）和 Focal 损失函数（查看章节）中。

8.3.2 标签分布感知的间隔损失函数

标签分布感知的间隔损失[5]（Label-Distribution-Aware Margin Loss，LDAM）函数是通过调整类别到决策界的间隔来达到头类别和尾类别最优间隔权衡的间隔损失（Margin Loss）函数。一个类别中离决策界最近的样本决定了该类别的泛化能力，而这个样本到决策界的距离就是该类别的间隔。对于尾类别，当间隔变大时，尾类别样本被错分为其他类别的概率就会降低，LDAM 就是通过增大尾类别间隔来偏向尾类别的。不过，当增大尾类别的间隔，决策界会像头类别方向移动，使得头类别的间隔变小。为了避免损失函数在偏向尾类别时损害到头类别的学习能力，LDAM 找到了一个头类别和尾类别之间的最佳间隔权衡，该最佳平衡是通过数学推导获得的。事实上，LDAM 并不能算严格意义上的重权重化策略，不过由于其能够在间隔设置中偏向于尾类别的特点，故在此提及。在下文中，将简单叙述 LDAM 损失函数的具体形式。

首先，对于某个训练样本 $\boldsymbol{x}$，其对应的标签为 y，那么该样本到 y 的间隔为

$$\gamma(\boldsymbol{x},y)=f(\boldsymbol{x})_y-\max_{j\neq y}f(\boldsymbol{x})_j \tag{8.4}$$

其中，$f(\boldsymbol{x})$ 是样本 $\boldsymbol{x}$ 在各类别样本上的概率预测，j 是除正确标签 y 外离样本 $\boldsymbol{x}$ 最近的类别。那么类别 y 对应的间隔则为该类别中最小的样本间隔：

$$\gamma_y=\min_{\boldsymbol{x}\in S_y}(\boldsymbol{x},y) \tag{8.5}$$

其中，S_y 是类别 y 的样本集合。

Cao 等人[5] 通过优化每个类别的泛化误差边界，得到多类别情景下类别 y 的间隔为

$$\gamma_y=\frac{C}{n_y^{1/4}} \tag{8.6}$$

其中 C 是超参数。根据间隔计算公式，当 n_j 非常小时，间隔 $\boldsymbol{\gamma}_y$ 的值会大，反之则小。这正好符合间隔偏向尾类别的需求，同时，该间隔满足类别间最优间隔权衡。在计算获得每个类别对应的最优间隔后，LDAM 可按如下公式计算：

$$\mathcal{L}_{\text{LDAM-HG}}(\boldsymbol{x},y)=\max(\max_{j\neq y}\{z_j\}-z_y+\Delta_y,\boldsymbol{0}) \tag{8.7}$$

$$\Delta_y=\frac{\boldsymbol{C}}{n_y^{1/4}},\ y\in\{1,\ \cdots,\ k\} \tag{8.8}$$

由于上述公式的铰链损失形式缺少平滑性，因此在训练时可能会存在优化困难等问题。所以在实际应用中，LDAM 都会采用如下的平滑版本：

$$\mathcal{L}_{\text{LDAM}}(\boldsymbol{x},y)=-\log\frac{\mathrm{e}^{z_y}-\Delta_y}{\mathrm{e}^{z_y-\Delta_y}+\sum_{j\neq y}\mathrm{e}^{z_j}} \tag{8.9}$$

$$\Delta_y=\frac{C}{n_y^{1/4}},\ y\in\{1,\ \cdots,\ k\} \tag{8.10}$$

值得一提的是，为了方便调整间隔 Δ，LDAM 在计算 $\boldsymbol{z}=q\boldsymbol{W}^{\mathrm{T}}$ 前会对样本的编码器输出 $q\in\mathbb{R}^{1\times d}$ 和分类器中的分类向量 $\boldsymbol{W}\in\mathbb{R}^{k\times d}$ 进行 L_2 归一化。

8.4 基于数据增强的平衡策略

重采样策略在过采样尾类别时会出现过拟合的情况，这是因为过采样会重复采样尾类别中的样本来构造平衡的数据批次。为了避免模型多次遇到同一个样本，研究者们通过数据增强的方式构造“新”的尾类别样本来缓解尾类别样本不充分的问题。基于数据增强的平衡策略一般在计算机视觉中被频繁地使用，而自然语言处理限于构造正样本的难度而缺乏相关工作，不过在下面小节中，依然会给出当前自然语言处理中常用的数据增强方法。

8.4.1 计算机视觉中的基于数据增强的平衡策略

SMOTE 是过采样的一种改进版本，它通过 K-Means 手段找到尾类别样本的 K 近邻样本，然后从这些样本中随机选择若干样本进行尾类别样本构造，如对于某尾类别样本 $\boldsymbol{x}$，选取了一个近邻 $\boldsymbol{x}_k$，那么“新”的尾类别样本构造为 $\boldsymbol{x}_{\text{new}}=\boldsymbol{x}+(\boldsymbol{x}_k-\boldsymbol{x})\gamma$，其中 $\gamma\in(0,1)$ 是一个生成的随机数。SMOTE 是一种非常简单的过采样方法，但是它并不能克服数据分布不平衡问题，容易产生分布边缘化问题，因此 SMOTE 也存在一些改进方法[6]。

Chu 等人[7] 认为一张图片中存在两种特征：类别特有特征、类别通用特征。给定一个直观的例子，一张图片的标签是猫，那么它的类别特有特征是图片中的猫，而类别通用特征则为图片中的背景等特征。某图片的类别通用特征可以与其他图片的类别特有特征进行融合，从而构造“新”的图片特征。于是，Chu 等人通过类别激活映射来进行特征分离，将尾类别的类别特有特征和其他类别（如头类别）的类别通用特征进行融合。通过这样的数据增强方式，一批次平衡的数据可以在线生成并参与训练。

除了上述使用两个样本进行数据增强的方法，M2M[8] 通过对抗训练的方式将头类别的样本迁移给尾类别，M2M 主要选取的是头类别中容易进行迁移的样本，通过“迷惑”判别器的方式，慢慢将这些样本“移到”尾类别中。Yang 等人[9] 则通过讨论半监督学习和自监督的方式是否能够为不平衡问题带来效益，发现这两种方式都能提升模型对于不平衡问题的抵御，其中自监督预训练的方法没有引入任何额外数据。图片的自监督预训练有多种方式，包括：拼图游戏（Jigsaw Puzzles）、旋转预测（Rotation Prediction）、自拍（Selfie）、动量对比（Momentum Contrast，MoCo）等。拼图游戏是指将图片拆分成多个块，然后让模型预测这些图块的正确排序；旋转预测则是将图片随机旋转 $N\times90°$，让模型判断旋转的角度是多少；自拍将图片中的一块“挖”掉，然后让模型从一批图块中选出正确的图块；动量对比则是使用对比学习的方式进行预训练。

计算机视觉中还有非常多其他的基于数据增强的不平衡研究工作，除此之外，还有诸如元学习、因果推断[10] 等解决手段，这里不再详细介绍。

8.4.2 自然语言处理中的数据增强方法

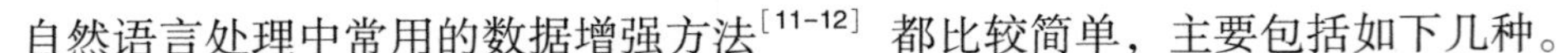

自然语言处理中常用的数据增强方法[11-12] 都比较简单，主要包括如下几种。

- **同义词替换（Synonym Replacement）**：在不考虑停用词的情况下，从文本中随机选取 n 个词，通过查阅同义词词典，将这些词随机替换为同义词。
- **随机插入（Random Insertion）**：同样是在不考虑停用词的情况下，随机选取一个词，在该词的同义词集合中选取一个同义词，并插入到文本的随机位置，该过程可在文本上进行多次。
- **随机交换（Random Swap）**：在文本随机选取两个词，将其位置进行交换，该过程可以在文本进行多次。
- **随机删除（Random Deletion）**：文本中的词按照概率 p 进行随机删除。
- **反向翻译（Back Translation）**：借助翻译工具，将文本翻译为其他语言，然后再翻译回原本的语言。
- **掩码语言模型（Masked Language Modeling，MLM）**：随机掩盖文本中的词，再使用 BERT 等基于 MLM 的预训练模型预测的词来进行替换。
- **对抗攻击（Adversarial Attack）**：对文本加入对抗扰动，以构造对抗样本，这种方式可作为数据增强手段。

这些数据增强方式可以用来增强文本分类任务，同时也可以用来生成“新”的尾类别样本。

8.5 Focal 损失函数

Focal 损失函数主要是为了解决单阶段目标检测任务中正负样本比例严重失衡的问题，由 Lin 等人[13] 提出。Focal 损失函数主要针对的是两个问题：单阶段目标检测中大部分负样本都是非常容易被分类的，这些容易分类的负样本并没有对训练提供大量的有用信息；简单负样本的数目大幅度多于正样本，导致模型没法正常学习识别正样本。Focal 损失通过设置两个简单的缩放因子，对样本难易程度和数据不平衡两个问题进行了很好的缓解。本章将对 Focal 损失函数进行解析，先以二分类任务为解析对象，之后再引出多分类任务上的 Focal 损失函数。

首先，先观察常规的交叉熵损失函数：

$$\mathrm{CE}(p,y)=\begin{cases}-\log(p) & y=1\\ -\log(1-p) & y=0\end{cases} \tag{8.11}$$

当类别 $y=0$ 时，交叉熵损失函数为了收敛（变小）会指导负样本预测概率 p 向 0 靠近，当 p 越趋于 0，则代表该样本被分为 0 标签的置信度越高。随着训练不断地进行，如果一个负样本越简单，那么它的预测概率会越快小于 0.5，且向 0 靠近，反之则会处于一个较大值。再回到负样本非常多的场景，尽管大量的负样本会快速靠近 0，但是由于数量庞大，简单负样本在最终损失中依然有着非常大的占比。反观正样本，由于样本数目非常少，尽管会提高一个较高的损失贡献，在损失中的占比太小，所以会难以优化。Focal 损失函数为了缓解这种情况，便在损失函数上添加一个评判样本难易程度的缩放因子，当一个样本越容易，那么这个因子会越小，加上该缩放因子后的损失函数如下所示：

$$\mathrm{CE}(p,y)=\begin{cases}-(1-p)^{\gamma}\log(p) & y=1\\ -p^{\gamma}\log(1-p) & y=0\end{cases} \tag{8.12}$$

从公式可知，对于一个负样本，该样本越简单，p^{γ} 就会越小，那么这个样本的损失相对于原本的-log（1-p），被缩得越小。对于正样本，因为样本缺乏训练，因此 p 会较小，于是缩放因子（1-p）$^{\gamma}$ 对其损失的缩小就没有简单负样本那么强烈。于是，在最终损失函数中，简单负样本的贡献会被压缩，而分类难度较大的样本贡献则会相对上升，这便是 Focal 损失难易程度缩放因子的作用。

为缓解正负样本极度不平衡的问题，Focal 损失函数还添加了一个类似于重权重化权重的超参数 α，因此 Focal 损失函数的最终形式为

$$\mathrm{FL}(p,y)=-\alpha(1-p)^{\gamma}y\log(p)-(1-\alpha)p^{\gamma}(1-y)\log(1-p) \tag{8.13}$$

尽管原始 Focal 损失函数面向的是二分类问题，但它也可以扩展到多分类情况中。对于多分类问题，比如情绪分析，Focal 损失函数会保留样本难易程度缩放因子，将衡量不平衡程度的缩放因子替换成重权重化权重或者有效数目权重。这里给出的是类别平衡版本的 Focal 损失函数：

$$\mathcal{L}_{\mathrm{CB-Focal}}(p,y)=-\frac{C/E_{n_y}}{\sum_{j=1}^{C}1/E_{n_y}}(1-p_y)\log(p_y) \tag{8.14}$$

其中 y 为正确类别，C 为类别数目，$p\in\mathbb{R}^C$ 是样本的预测分布。

8.6　自我调整的 Dice 损失函数

自我调整的 Dice 损失（Self-Adjusting Dice Loss，DSC）函数由 Li 等人[14] 提出，用来解决自然语言处理任务（标注、阅读理解等）数据不平衡的损失函数。DSC 主要解决两个问题：①常规交叉熵损失函数是面向精度优化的，而测试时常用 F1 值作为评价指标，这会造成训练和测试时的优化目标不一致；②常规的交叉熵损失函数并未考虑样本的难易程度。

针对上述两个问题，DSC 采用 Dice 损失函数来替换原本的交叉熵函数，并且将 Focal 损失函数的样本难易程度缩放因子引入 Dice 损失函数中，DSC 的计算公式为

$$\mathcal{L}_{\mathrm{DSC}}=1-\frac{2(1-p_y)p_y y+\gamma}{(1-p_y)p_y+y+\gamma} \tag{8.15}$$

其中 y 是样本对应的正确类别，p_y 为正确类别对应的预测概率，1-p_y 是样本难易程度的

缩放因子，γ 是平滑因子，其作用是防止当 $y=0$ 时，损失为 0 的情况。

从 Dice 损失函数公式可知，DSC 由 Dice 损失函数和 Focal 损失函数组合而成，其中 Dice 损失函数等价于 F1 值的计算公式，因此，DSC 可以填补交叉熵损失存在的训练和测试的不一致。

8.7 中心损失函数

中心损失[15]（Center Loss，CL）函数是一种使得属于同一类别的样本紧凑，不同类别的样本之间分散的损失函数。中心损失函数为每个类别都设置了一个可学习的类别中心，其优化目标为缩小该类别的样本与类别中心之间的欧氏距离。中心损失函数一般会和交叉熵损失函数相结合，共同作为模型的优化目标。那么，对于一个类别为 y、表征向量为 $\boldsymbol{x}$ 的样本，中心损失函数的优化目标为

$$\mathcal{L}_{\mathrm{CL}}=-\log(\mathrm{softmax}(\boldsymbol{W}_y^{\mathrm{T}}\boldsymbol{x}+\boldsymbol{b}_y))+\frac{\lambda}{2}\|\boldsymbol{x}-\boldsymbol{c}_y\|^2 \tag{8.16}$$

其中 $\boldsymbol{W}_y$ 和 $\boldsymbol{b}_y$ 为类别 y 在分类器中对应的权重向量和偏置，$\boldsymbol{c}_y$ 是类别 y 对应的可训练中心，λ 是控制中心损失贡献的超参数。类别中心的更新过程为

$$\boldsymbol{c}_y^{t+1}=\boldsymbol{c}_y^t+\boldsymbol{\alpha}\Delta\boldsymbol{c}_y^t \tag{8.17}$$

$$\Delta\boldsymbol{c}_y^t=\frac{\sum_{i=1}^{m}\delta(y_i=y)(\boldsymbol{c}_y^t-\boldsymbol{x}_i)}{1+\sum_{i=1}^{m}\delta(y_i=y)} \tag{8.18}$$

其中 $\boldsymbol{\alpha}$ 是更新类别中心的学习率，m 是一批次数据中的样本数目，y_i 是第 i 个样本对应的类别标签，$\boldsymbol{x}_i$ 是第 i 个样本对应的表征向量，δ 是判别函数，如果条件成立则等于 1，否则等于 0。由更新类别中心的梯度可知，对于类别 y 的梯度计算只和一批次数据中标签为 y 的样本相关。

8.8 三元组中心损失函数

三元组中心损失[16]（Triplet Center Loss，TCL）函数可以看作是中心损失函数的改进版本，该损失函数进一步加强类别之间的区分度。对于类别为 y、表征向量为 $\boldsymbol{x}$ 的样本，其三元组中心损失函数的计算公式为

$$\mathcal{L}_{\mathrm{TCL}}=-\log(\mathrm{softmax}(\boldsymbol{W}_y^{\mathrm{T}}\boldsymbol{x}+\boldsymbol{b}_y))+\lambda\max(D(\boldsymbol{x},\boldsymbol{c}_y)+m-\min_{j\neq y}D(\boldsymbol{x},\boldsymbol{c}_j),0) \tag{8.19}$$

其中 $D(\cdot)$ 为欧氏距离的平方，m 为超参数间隔。根据公式，三元组中心损失函数使得样本到对应类别中心的距离和到最近的非对应类别中心的距离之间至少相差大小为 m 的间隔，这样便可以使得类别之间的区分度更加明显。三元组中心损失函数的类别中心的更新与中心损失函数的一致。

8.9 最大马氏分布中心

最大马氏分布中心（Max-Mahalanobis Center）是用来应对对抗攻击、提高模型鲁棒性的预设类别中心，由 Pang 等人[17] 提出。最大马氏分布中心实际上是一组拥有相同协方差矩阵的高斯分布的数学期望$\boldsymbol{\mu}$，而且这组数学期望的模 $\|\boldsymbol{\mu}\|_2$ 相等，这样一组的高斯分布组合成一个联合分布便是最大马氏分布[18]（Max-Mahalanobis Distribution）。最大马氏分布中心名字的来源和最大马氏分布中的任意两个高斯分布期望间的马氏距离相关，对于最大马氏分布中心$\boldsymbol{\mu}^*$的构造是一个最大化最小马氏距离的问题：

$$\boldsymbol{\mu}^* = \arg\min_{\boldsymbol{\mu}} \max_{i\neq j} \boldsymbol{d}_{\text{maha}}(\boldsymbol{\mu}_i, \boldsymbol{\mu}_j) \tag{8.20}$$

其中$\boldsymbol{\mu}_i$ 和$\boldsymbol{\mu}_j$（$\|\boldsymbol{\mu}_i\|_2=\|\boldsymbol{\mu}_j\|_2$）是任意两个期望（分布的中心），$\boldsymbol{d}_{\text{maha}}$ 是两个中心之间的马氏距离，其计算公式为 $\boldsymbol{d}_{\text{maha}}(\boldsymbol{\mu}_i, \boldsymbol{\mu}_j)=\sqrt{(\boldsymbol{\mu}_i-\boldsymbol{\mu}_j)^{\mathrm{T}}\Sigma^{-1}(\boldsymbol{\mu}_i-\boldsymbol{\mu}_j)}$。根据中心的相关假设，协方差矩阵$\Sigma=\boldsymbol{I}$，因此马氏距离等价于欧氏距离，最大马氏分布中心的构造转化为$\boldsymbol{\mu}^*=\arg\min_{\boldsymbol{\mu}}\max_{i\neq j}\langle\boldsymbol{\mu}_i, \boldsymbol{\mu}_j\rangle$，即求解两个中心之间最小夹角最大化问题。根据相关证明和推断（证明略），生成最大马氏分布中心的算法如算法 8.1 所示。

算法 8.1 最大马氏分布中心的生成过程

Input：期望模长 C；中心向量的维度 $\boldsymbol{d}$；类别中心的数目 $L(L\leqslant d+1)$。
Output：一组最大马氏分布中心，数目为 L。
Ensure：
Initialization：将第一个类别中心初始化为 $\boldsymbol{\mu}_1^*=\boldsymbol{e}_1$，其他类别中心初始化为 $\boldsymbol{\mu}_i^*=\boldsymbol{d}_0, i\neq 1$。其中 $\boldsymbol{e}_1\in\mathbb{R}^d$ 是第一个元素等于 1 的单位基向量，$\boldsymbol{d}_0\in\mathbb{R}^d$ 是零向量。

```
for 每个 i ∈[2,L] do
    for 每个 j ∈[1,i-1] do
        μ_i*(j) = -[1+⟨μ_i*, μ_j*⟩(L-1)][μ_j*(j)(L-1)]
    end for
    μ_i*(i) = √(1-‖μ_i*‖_2^2)
end for
for 每个 k ∈[1,L] do
    μ_k* = Cμ_k*
end for
return μ_i*, i ∈[1,L]
```

最大马氏分布中心具有多种特性：①它是预设中心，所以在经过算法 8.1 的计算后便固定了，在训练中不再对它进行调整，这不同于上述中心损失函数和三元组中心损失函数对中心进行训练更新。②任意两个中心的模都是相等的，且都等于 C，C 是一个超参数，由人为赋予。③最大马氏分布中心能够为类别在特征空间中提供最优的类间离散，这种类间离散保证了任意类别中心之间的夹角相等，并且可以为每个类别平分整个特征空间。图 8-2 展示的是类别数目为 2、3、4 时的最大马氏分布中心的分布。类别数目为 3 时组成一个等边三角形，为 4 时是一个正四面体。

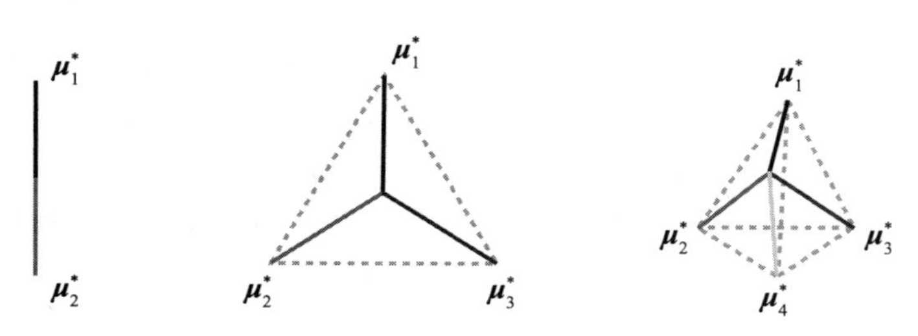

图 8-2　类别数目为 2、3、4 时各类别最大马氏分布中心的分布

8.10　特征空间平衡损失函数

再回到情绪分析任务，研究者们通常会采用常规的重权重化损失函数来缓解情绪分类中的类别分布不平衡问题。尽管重权重化损失函数可以取得不错的性能，但是重权重化损失函数也存在一些问题。重权重化损失函数为尾类别提供较高的学习权重，使得决策界向头类别方向移动，这样就可能使得部分头类别样本越过决策界被分类到尾类别中，导致头类别和尾类别之间的区分度降低。这个问题对于情绪分析来说更加严重，因为情绪分类中的情绪类别之间并不是独立的关系，有的情绪之间的相关度非常高，比如“生气”和“伤心”都属于负面情绪，这类情绪之间的区分度原本就不是特别高，如果这些情绪的数据还处于不平衡的状态，那么区分度会更低。再者，重权重化损失函数仅仅是进行决策界的平移，并没有学习到一个较为平衡的特征空间，这意味着头类别依然拥有更大的特征空间，而尾类别样本依然容易被分类到头类别的特征空间中。为了更加直观地展示重权重化损失函数存在的这两个问题，图 8-3 给出了不同的重权重化损失函数在某个不平衡的示例数据集上的散点图。

特征空间平衡损失函数针对的是重权重化损失函数存在的两个问题。特征空间平衡损失函数为了引导模型学习到一个相对平衡的特征空间，使用最大马氏分布中心作为类别的预设中心。对于类别之间低区分度，特征空间平衡损失函数采用三元组中心损失函数的形式，通过设置样本间隔 m 来增大类别间的区分度。如图 8-3 右的散点图所示，特征空间平衡损失函数可以很好地缓解左图中存在的问题。特征空间平衡损失函数的计算公式如下所示：

$$\mathcal{L}_{\text{FSB}} = -\log(\text{softmax}(\boldsymbol{W}_y^{\text{T}}\boldsymbol{x} + \boldsymbol{b}_y)) + \lambda\max(m + D(\boldsymbol{x},\boldsymbol{\mu}_y^*) - \min_{j\neq y}D(\boldsymbol{x},\boldsymbol{\mu}_j^*),0) \tag{8.21}$$

其中公式前半部分为交叉熵损失函数，后半部分为特征空间平衡损失函数；λ 是控制后半部分比重的超参数；$\boldsymbol{\mu}^*$ 是最大马氏分布中心；D 是欧氏距离的平方；m 是控制样本到对

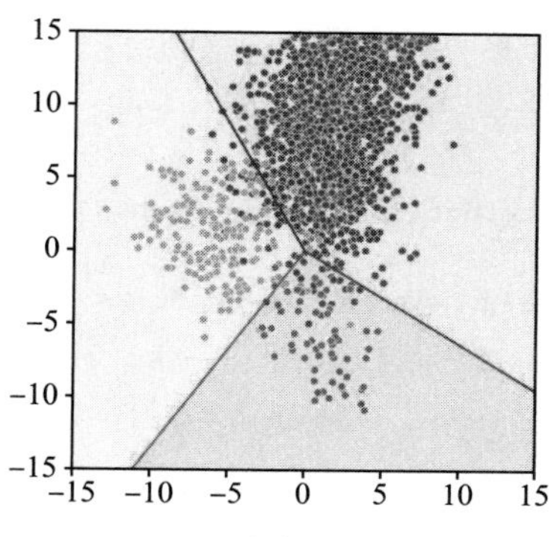

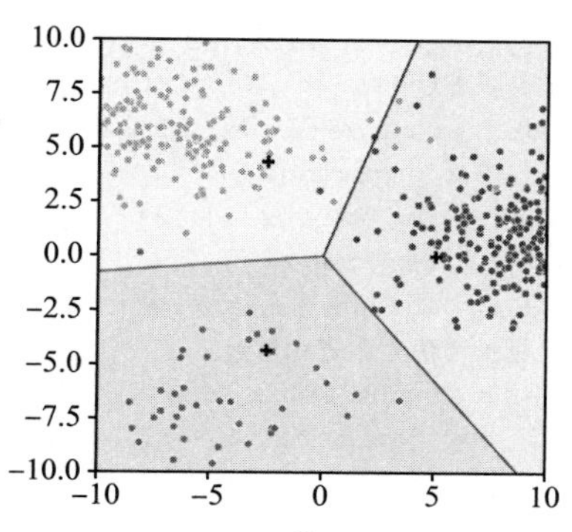

图 8-3　不同的重权重化损失函数对应的样本散点图[㊀]

应中心距离和到其他类别中心距离的间隔，通过间隔可以调整类别之间的区分度。由公式可知，特征空间平衡损失函数是三元组中心损失函数和最大马氏分布中心的结合，这种结合将区分度和平衡特征空间都考虑到了。由于重权重化损失函数存在上述两种问题，因此它可以替换公式中的交叉熵损失函数。

8.11　应用实践

本小节将给出最大马氏分布中心、特征空间平衡损失函数的 Python 代码，并且展示多种不同的损失函数在不平衡的情绪分析数据集上的实验性能。

8.11.1　代码实现

最大马氏分布中心的构造代码如列表 8.1 所示，其中函数的输入分别为超参数 C、类别中心的维度 dim 和类别数目 num$_{c}$lass。

列表 8.1　最大马氏分布中心的 Python 代码

```
1  import numpy as np
2
3  def generate_ mm_ center (C,dim,num_ class):
4      assert num_ class <=dim + 1,"L > d + 1"
5      # 初始化原始的类别中心
6      mm_ center=np.zeros((num_ class,dim))
```

㊀ 从左图中可知，大量样本聚集在决策界附近，说明类别的区分度低。再者，不同类别所分得的特征空间大小也是不平衡的，头类别学习到更加大的特征空间。右图为特征空间平衡损失函数对应的样本散点图，可以看出不同类别的特征空间都是相对平衡的，而且样本离决策界的距离大，保证了类别之间的区分度。右图中的“+”型散点为最大马氏分布中心，样本在特征空间中分散的原因是训练模型时选取了较大的 dropout，样本离中心远的原因是取了较大的间隔 m。

```
7      mm_center[0][0]=1
8      #更新类别中心
9      for i in range(1,num_class):
10         for j in range(i):
11             mm_center[i][j]=-(1/(num_class-1)+np.dot(mm_center[i],mm_center[j]))/
               mm_center[j][j]
12       mm_center[i][i]=np.sqrt(1-np.round(np.linalg.norm(mm_center[i])**2,10))
13     #根据模的大小进行缩放
14     for k in range(num_class):
15         mm_center[k]=C*mm_center[k]
16
17     return mm_center
```

特征空间平衡损失函数的 Python 代码如列表 8.2 所示，损失函数实现为 PyTorch 模块的子类。

列表 8.2　特征空间平衡损失函数

```
1  import torch
2  import torch.nn as nn
3  import torch.nn.functional as F
4
5
6  #特征空间平衡损失函数
7  class FSBLoss(nn.Module):
8      def __init__(self,C,center_dim,num_class,margin,reduction='mean'):
9          super(FixedTCLoss,self).__init__()
10         #margin是一个长度为num_class的张量,
11         #默认所有值都等于m
12         self.register_buffer('margin',margin)
13         self.reduction=reduction
14         self.num_class=num_class
15         mm_centers=generate_mm_center(C,center_dim,num_class)
16         mm_centers=torch.tensor(mm_centers,dtype=torch.float).unsqueeze(0)
17         self.register_buffer('mm_centers',mm_centers)
18
19     def forward(self,x,label):
20         #x为一批次样本的表征向量
21         bsz,dim=x.shape
22         #计算欧氏距离的平方
23         x_expand=x.repeat(1,self.num_class).contiguous().view(bsz,self.num_class,
               dim)
24         logits=-torch.sum((x_expand-self.mm_centers)**2,dim=2)
25         logits_dis=-logits/2
26         #标签对应的独热向量
27         label_one_hot=F.one_hot(label,num_class).to(logits.device).float()
28         #从logits中取出x到对应类别中心的距离
29         logit1=torch.sum(logits_dis*label_one_hot,dim=1)
30         #使用mask去掉logits中x到对应类别中心的距离,方便后续取离
```

```
31        # x 最近的其他类别中心
32        mask=torch.eq(label_one_hot,0)
33        other_logits=torch.masked_select(logits_dis,mask).view(bsz,-1)
34        # 取出离 x 最近的其他类别中心到 x 的距离
35        logit2=torch.min(other_logits,dim=1)[0]
36        # 获取每个类别对应的间隔,默认所有的间隔相等
37        margins=self.margin[label]
38        # max(D(x,mu_y)+m-D(x,mu_min),0)
39        loss=torch.clamp(logit1 + margins-logit2,min=0)
40        # 返回的损失和其他损失函数相结合
41        if self.reduction=='mean':
42            return loss.mean()
43        elif self.reduction=='sum':
44            return loss.sum()
45        else:
46            return loss
```

8.11.2 实验性能

实验主要在三个数据集上进行，包括 CBET[19]、TEC[20] 和 IEST[21]。其中，TEC 为天然的数据分布不平衡数据集，其数据分布如图 8-1 所示。CBET 和 IEST 是两个平衡的情绪分析数据集，为了构造出数据分布不平衡的情况，采用不平衡率来构造不平衡数据集，不平衡率（Imbalance Factor，IF）指的是样本最大头类别的样本数目和最小尾类别的样本数目的比值。给定不平衡率 IF，将 L 个类别随机排列，然后设置第一个类别为最大头类别，它有 N_0 个样本，那么排在第 i 的类别的样本数目为 $N_0\left(\frac{1}{\mathrm{IF}}\right)^{\frac{i-1}{L-1}}$，如果 $N_0=10\,000$，那么最小尾类别 $i=L$ 在不平衡率为 200 的情况下有 50 个样本。根据数据集的规模，CBET 的 IF 取 10、50、100；IEST 的 IF 取 50、100、200。

关于训练集、验证集和测试集的划分，TEC 从每个类别中取 200 个样本组成验证集、取 300 个样本组成测试集，剩下的数据组成训练集，那么训练集的不平衡率为 IF=7740/261=30。CBET 从每个类别中取 683 个样本组成验证集、取 1708 个样本组成测试集，剩下的平衡数据，按照上述的不平衡率组成三种训练集 CBET-10、CBET-50、CBET-100。IEST 只提供了训练集和验证集，这里将验证集分为新的验证集和测试集，各个类别的样本数目均为 700，其余剩下的样本丢弃，训练集也按照不平衡率组成 IEST-50、IEST-100、IEST-200。由于构造的数据集属于长尾分布，因此将构造的数据集称为 TECLT (Long Tail)、CBETLT 和 IESTLT。

实验中主要涉及的损失函数包括：常规交叉熵损失（CE）函数、常规重权重化损失（RW）函数、Focal 损失函数、自我调整的 Dice 损失（DSC）函数、基于类别平衡的 Focal 损失（CB-Focal）函数、标签分布感知的间隔损失（LDAM）函数、中心损失（CL）函数、三元组中心损失（TCL）函数、最大马氏分布中心损失（MMC）函数、特征空间平衡损失（FSB）函数。除上述诸多损失函数以外，还包括常规的过采样（RS）。实验主

要使用的模型架构包括两个：文本卷积神经网络（TextCNN）、双向 Transformer 编码器表征（BERT）。实验结果如表 8-1 所示。

表 8-1 各方法在数据集上的 F1 值

	方法	CBETLT			IESTLT			TECLT			
		100	50	10	200	100	50	头类别	中间类别	尾类别	总性能
TextCNN	CE	33.39	36.93	46.54	31.29	33.56	37.56	53.09	49	21.07	45.03
	Focal	33.22	37.17	46.1	29.54	33.07	38.67	52.28	48.26	21.09	44.04
	LDAM	33.55	36.96	46.09	29.78	33.52	38.03	52.73	49.96	19.79	45.39
	DSC	25.86	29.30	39.68	24.71	28.58	33.74	—	—	—	—
	CL	31.04	35.99	45.08	28.94	32.76	36.59	—	—	—	—
	TCL	33.94	37.09	46.53	31.32	34.44	37.32	52.37	36.88	28.89	45.44
	MMC	32.98	37.24	45.8	30.02	34.86	38.81	50.85	37.44	29.68	44.62
	CB-Focal	38.93	43.67	48.36	36.79	40.6	44.49	54.44	49.57	31.77	47.4
	RS	35.93	40.27	48.44	33.37	37.62	41.20	54.88	40.37	22.52	46.54
	RW	40.3	43.46	48.71	38.29	42.03	45.21	55.47	51.53	39.83	50.24
	FSB	34.61	38.24	46.84	32	35.01	38.87	52.88	48.11	33.43	46.65
	FSB+RW	**41.43**	**45.06**	**49.49**	**38.78**	**43.95**	**46.18**	**58.44**	**52.11**	**40.56**	**51.24**
BERT	CE	40.74	45.98	54.17	45.9	49.19	53.4	59.13	57.42	41.39	55.04
	Focal	40.76	46.16	53.82	45.86	49.57	53.74	58.35	56.18	42.48	54.26
	DSC	31.54	37.51	47.04	38.06	43.32	47.36	—	—	—	—
	TCL	41.61	46.5	53.78	46.58	50.46	54.83	60.04	56.56	46.08	55.4
	MMC	**42.37**	46.61	54.11	47.23	50.22	54.08	59.86	56.48	43.07	54.62
	RW	41.14	45.44	53.85	46.69	51.12	54.24	62.83	55.88	40.24	54.24
	FSB	42.26	**46.72**	**54.33**	47.68	**51.27**	54.86	62.78	**58.1**	45.21	**56.73**
	FSB+RW	41.99	46	53.6	**48.18**	51.2	**56.07**	**64.05**	55.77	**46.38**	55.57

根据实验结果可知，大规模预训练模型 BERT 的结果（包括尾类别的结果）普遍优于 TextCNN，说明 BERT 可以通过先验知识以及微调的方式抵御部分来自数据不平衡的负面影响。而对于 TextCNN，重权重化损失函数的效果显著，而和特征空间平衡损失函数相结合后，性能进一步提升，说明了更大的类别区分度和平衡的特征空间对重权重化损失函数的重要性。对于 BERT，重权重化损失函数的性能相较于在 TextCNN 上没有非常显著提升，而特征空间平衡损失函数、三元组中心损失函数、最大马氏分布中心损失函数等基于中心的损失函数表现不错，这也依然说明了类别之间的大区分度和平衡特征空间的重要性。至于其他损失函数未取得较理想的结果，可能是因为任务场景不合适的缘故，例如自适应的 Dice 损失函数可能不适应多分类任务。

8.12 本章小结

本章主要介绍了情绪分析中的数据分布不平衡问题，当然这个问题也不限于情绪分析，因此本章从各个研究方向中选取一些经典的方法进行了介绍。由于不平衡研究主要集中在计算机视觉领域，因此介绍了大量该领域的方法。除此之外，为了解决重权重化损失函数在情绪分析中的局限性，本章还介绍了特征空间平衡损失函数及其相关的技术方法。总的来说，情绪分析的数据分布不平衡问题仍然是一个亟待解决的关键问题，它具有相当高的研究和实用价值，新的解决方法是当下自然语言处理社区所期待的。

参考文献

[1] CUI Y, JIA M, LIN T, et al. Class-balanced loss based on effective number of samples [C/OL]//IEEE Conference on Computer Vision and Pattern Recognition, CVPR 2019, Long Beach, CA, USA, June 16–20, 2019. Computer Vision Foundation / IEEE, 2019: 9268 - 9277. http://openaccess.thecvf.com/content_CVPR_2019/html/Cui_Class-Balanced_Loss_Based_on_Effective_Number_of_Samples_CVPR_2019_paper.html. DOI: 10.1109/CVPR.2019.00949.

[2] KANG B, XIE S, ROHRBACH M, et al. Decoupling representation and classifier for long-tailed recognition [C/OL]//8th International Conference on Learning Representations, ICLR 2020, Addis Ababa, Ethiopia, April 26–30, 2020. OpenReview.net, 2020. https://openreview.net/forum?id=r1gRTCVFvB.

[3] JIAO W, YANG H, KING I, et al. HiGRU: Hierarchical gated recurrent units for utterance-levelemotion recognition [C/OL]//BURSTEIN J, DORAN C, SOLORIO T. Proceedings of the 2019 Conference of the North American Chapter of the Association for Computational Linguistics: Human Language Technologies, NAACL-HLT 2019, Minneapolis, MN, USA, June 2–7, 2019, Volume 1 (Long and Short Papers). Stroudsburg, PA Association for Computational Linguistics, 2019: 397–406. https://doi.org/10.18653/v1/n19-1037.

[4] KHOSLA S. EmotionX-AR: CNN-DCNN autoencoder based emotion classifier [C/OL]//KU L, LI C. Proceedings of the Sixth International Workshop on Natural Language Processing for Social Media, SocialNLP @ ACL 2018, Melbourne, Australia, July 20, 2018. Stroudsburg, PA Association for Computational Linguistics, 2018: 37–44. https://doi.org/10.18653/v1/w18-3507.

[5] CAO K, WEI C, GAIDON A, et al. Learning imbalanced datasets with label-distribution-aware margin loss [C/OL]//WALLACH H M, LAROCHELLE H, BEYGELZIMER A, et al. Advances in Neural Information Processing Systems 32: Annual Conference on Neural Information Processing Systems 2019, NeurIPS 2019, December 8–14, 2019, Vancouver, BC, Canada. 2019: 1565–1576. https://proceedings.neurips.cc/paper/2019/hash/621461af90cadfdaf0e8d4cc25129f91-Abstract.html.

[6] HAN H, WANG W, MAO B. Borderline-smote: a new over-sampling method in imbalanced data sets learning [C/OL]//HUANG D, ZHANG X S, HUANG G. Lecture Notes in Computer Science: volume 3644 Advances in Intelligent Computing, International Conference on Intelligent Computing, ICIC 2005, Hefei, China, August 23–26, 2005, Proceedings, Part I. Springer, 2005: 878 - 887. https://doi.org/10.1007/11538059_91.

[7] CHU P, BIAN X, LIU S, et al. Feature space augmentation for long-tailed data [C/OL]//VEDALDI A, BISCHOF H, BROX T, et al. Lecture Notes in Computer Science: volume 12374 Computer Vision-ECCV 2020-16th European Conference, Glasgow, UK, August 23-28, 2020, Proceedings, Part XXIX. Springer, 2020: 694-710. https://doi.org/10.1007/978-3-030-58526-6_41.

[8] KIM J, JEONG J, SHIN J. M2M: imbalanced classification via major-to-minor translation [C/OL]//2020 IEEE/CVF Conference on Computer Vision and Pattern Recognition, CVPR 2020, Seattle, WA, USA, June 13-19, 2020. New York: Computer Vision Foundation / IEEE, 2020: 13893-13902. https://openaccess.thecvf.com/content_CVPR_2020/html/Kim_M2m_Imbalanced_Classification_via_Major-to-Minor_Translation_CVPR_2020_paper.html. DOI: 10.1109/CVPR42600.2020.01391.

[9] YANG Y, XU Z. Rethinking the value of labels for improving class-imbalanced learning [C/OL]//LAROCHELLE H, RANZATO M, HADSELL R, et al. Advances in Neural Information Processing Systems 33: Annual Conference on Neural Information Processing Systems 2020, NeurIPS 2020, December 6-12, 2020, virtual. 2020. https://proceedings.neurips.cc/paper/2020/hash/e025b6279c1b88d3ec0eca6fcb6e6280-Abstract.html.

[10] TANG K, HUANG J, ZHANG H. Long-tailed classification by keeping the good and removing the bad momentum causal effect [C/OL]//LAROCHELLE H, RANZATO M, HADSELL R, et al. Advances in Neural Information Processing Systems 33: Annual Conference on Neural Information Processing Systems 2020, NeurIPS 2020, December 6-12, 2020, virtual. 2020. https://proceedings.neurips.cc/paper/2020/hash/1091660f3dff84fd648efe31391c5524-Abstract.html.

[11] WEI J W, ZOU K. EDA: easy data augmentation techniques for boosting performance on text classification tasks [C/OL]//INUI K, JIANG J, NG V, et al. Proceedings of the 2019 Conference on Empirical Methods in Natural Language Processing and the 9th International Joint Conference on Natural Language Processing, EMNLP-IJCNLP 2019, Hong Kong, China, November 3-7, 2019. Stroudsburg, PA Association for Computational Linguistics, 2019: 6381-6387. https://doi.org/10.18653/v1/D19-1670.

[12] YAN Y, LI R, WANG S, et al. Consert: a contrastive framework for self-supervised sentence representation transfer [C/OL]//ZONG C, XIA F, LI W, et al. Proceedings of the 59th Annual Meeting of the Association for Computational Linguistics and the 11th International Joint Conference on Natural Language Processing, ACL/IJCNLP 2021, (Volume 1: Long Papers), Virtual Event, August 1-6, 2021. Stroudsburg, PA Association for Computational Linguistics, 2021: 5065-5075. https://doi.org/10.18653/v1/2021.acl-long.393.

[13] LIN T, GOYAL P, GIRSHICK R B, et al. Focal loss for dense object detection [C/OL]//IEEE International Conference on Computer Vision, ICCV 2017, Venice, Italy, October 22-29, 2017. New York: IEEE Computer Society, 2017: 2999-3007. https://doi.org/10.1109/ICCV.2017.324.

[14] LI X, SUN X, MENG Y, et al. Dice loss for data-imbalanced NLP tasks [C/OL]//JURAFSKY D, CHAI J, SCHLUTER N, et al. Proceedings of the 58th Annual Meeting of the Association for Computational Linguistics, ACL 2020, Online, July 5-10, 2020. Stroudsburg, PA: Association for Computational Linguistics, 2020: 465-476. https://doi.org/10.18653/v1/2020.acl-main.45.

[15] WEN Y, ZHANG K, LI Z, et al. A discriminative feature learning approach for deep face recognition [C/OL]//LEIBE B, MATAS J, SEBE N, et al. Lecture Notes in Computer Science: volume 9911 Computer Vision-ECCV 2016-14th European Conference, Amsterdam, The Netherlands, October 11-14, 2016, Proceedings, Part VII. Springer, 2016: 499-515. https://doi.org/10.1007/978-3-319-46478-7_31.

[16] HE X, ZHOU Y, ZHOU Z, et al. Triplet-center loss for multi-view 3D object retrieval [C/OL]//2018 IEEE

Conference on Computer Vision and Pattern Recognition, CVPR 2018, Salt Lake City, UT, USA, June 18-22, 2018. New York: Computer Vision Foundation / IEEE Computer Society, 2018: 1945-1954. http://openaccess.thecvf.com/content_cvpr_2018/html/He_Triplet-Center_Loss_for_CVPR_2018_paper.html. DOI: 10.1109/CVPR.2018.00208.

[17] PANG T, XU K, DONG Y, et al. Rethinking softmax cross-entropy loss for adversarial robustness [C/OL]//8th International Conference on Learning Representations, ICLR 2020, Addis Ababa, Ethiopia, April 26-30, 2020. OpenReview.net, 2020. https://openreview.net/forum? id=Byg9A24tvB.

[18] PANG T, XU K, DU C, et al. Improving adversarial robustness via promoting ensemble diversity [C/OL]//CHAUDHURI K, SALAKHUTDINOV R. Proceedings of Machine Learning Research: volume 97 Proceedings of the 36th International Conference on Machine Learning, ICML 2019, 9-15 June 2019, Long Beach, California, USA. PMLR, 2019: 4970-4979. http://proceedings.mlr.press/v97/pang19a.html.

[19] SHAHRAKI A G, ZAIANE O R. Lexical and learning-based emotion mining from text [C]//Proceedings of the international conference on computational linguistics and intelligent text processing: volume 9. [S.l.]: [s.n.], 2017: 24-55.

[20] MOHAMMAD S M. #emotional tweets [C/OL]//AGIRRE E, BOS J, DIAB M T. Proceedings of the First Joint Conference on Lexical and Computational Semantics, *SEM 2012, June 7-8, 2012, Montréal, Canada. Stroudsburg, PA: Association for Computational Linguistics, 2012: 246-255. https://aclanthology.org/S12-1033/.

[21] KLINGER R, CLERCQ O D, MOHAMMAD S M, et al. IEST: WASSA-2018 implicit emotions shared task [C/OL]//BALAHUR A, MOHAMMAD S M, HOSTE V, et al. Proceedings of the 9th Workshop on Computational Approaches to Subjectivity, Sentiment and Social Media Analysis, WASSA@EMNLP 2018, Brussels, Belgium, October 31, 2018. Stroudsburg, PA: Association for Computational Linguistics, 2018: 31-42. https://doi.org/10.18653/v1/w18-6206.

第四部分

CHAPTER9

第9章

基于语义-情绪知识的跨目标立场检测

立场检测（Stance Detection）是情感分析的一个子任务，它的任务目标是判断一段文本的作者针对给定目标（Target）所表达的立场，如支持（Favor）、反对（Against）等，其中目标可以是实体（Entity）、事件（Event）、主张（Opinion）、声称（Claim）、话题（Topic）等[1]。立场检测与属性级情感分析类似，都需要挖掘限定范围内的细粒度文本信息，区别在于属性词常常是名词实体，一般出现在文本中；而目标可能不显式地在文本中被提及。例如给定文本“We remind ourselves that love means to be willing to give until it hurts”，目标“abortion”并没有出现在文本中，需要进行额外的推断。另外，同一段文本的情感极性和立场并不一定一致。例如，给定目标“Hillary Clinton”，文本“I am sad that Hillary lost this presidential race”携带的立场是支持，虽然这句话出现了“sad”这一表示负面情感的词，但作者对Hillary参与选举的态度却是支持。

自2016年国际语义评测大赛任务6[2]提出了一份Twitter立场检测数据集以来，立场检测任务逐渐受到更多研究人员的关注，相关研究或是将相关任务的技术应用至立场检测，或是针对立场检测提出新的模型结构，或是收集和标注了立场检测的新数据集。然而，当前立场检测仍然面临缺乏大规模标注数据的问题。除了提出更多的数据集之外，如何在缺少足够领域数据的小样本条件下训练出更优秀的立场判别器，也是立场检测任务的一个重要研究方向。在接下来的三章中，我们分别介绍三种小样本场景下的立场检测方法。

本章中，我们将介绍Zhang等人[3]提出的一种跨目标条件下的立场检测方法，将语义-情绪知识引入深度学习模型，在训练数据与测试数据目标和领域不同的情况下进行实验，效果超过了现有的模型。

9.1 任务描述

在自然语言处理领域中，立场检测通常被看作是一类文本分类问题：给定文本和一个目标，立场检测定义为分类问题，将文本针对该目标的立场分类到指定的标签集合中，例如{Favor，Againest，Neither}。传统的立场检测是在有标记的数据集上进行模型的训练和测试，且测试数据所给定的目标在训练数据中多次出现过。

跨目标立场检测是特殊设定下的立场检测问题，旨在预测出文本针对训练集中未出现的目标所携带的立场。记 x 和 p 分别表示文本和对应的目标，给定源领域标记数据集合

$X^s=\{x_i^s, p_i^s\}_{i=1}^{N^s}$ ⊖，每一个源领域句子-目标对（x^s，p^s）都有一个立场标签 y^s，跨目标立场检测需要用 X^s 学习一个模型，以预测来自目标领域 X^t 的文本 x^t 针对对应的目标 p^t 的立场标签 y^t。由于目标事先不可见，跨目标立场检测具有更大的挑战性，需要模型对目标有更强的理解能力。

9.2 立场检测基础模型

本节中，我们简单介绍几种立场检测的基础模型，这些模型常常被用作立场检测的基准模型。

- BiLSTM：双向 LSTM 网络可同时捕捉前向和后向信息，在自然语言处理任务中常被用于建模上下文。立场检测任务中，BiLSTM 对文本和目标分别进行编码，然后使用前后向的隐状态进行分类。
- TAN[4]：在使用 BiLSTM 编码器的基础上添加了一个针对目标的注意力提取器，计算文本关于目标的注意力权重，从而将目标信息融入文本中。
- BiCond[3]：使用 BiLSTM 编码器分别编码目标和文本，与标准 BiLSTM 不同的是，BiCond 采用条件编码，将目标序列的表示作为编码文本序列的初始状态，从而学习到依赖于目标的文本表示。
- CrossNet[5]：在 BiCond 的基础上添加了属性注意力层，利用自注意力机制获取领域相关的信息，将携带立场信息的核心词赋予较大权重。
- VTN[6]：利用目标之间的潜在话题作为迁移知识，通过神经变分推理和对抗训练的方法学习不随目标改变的文本表示。
- BERT[7]：将文本 text 和目标序列 target 以“[CLS]+text+[SEP]+target+[SEP]”的序列格式输入预训练的 BERT 模型，利用输出的文本-目标表示在下接的分类器上进行立场分类即可。

其中，CrossNet 和 VTN 是跨目标立场检测任务涉及的模型，对于来源不同的目标具有较好的适应能力。同时，在预训练过程中，BERT 预训练模型已从海量数据中提前学习到通用的语义信息，即使在事先不可见的目标上进行立场检测，相比传统基于词向量的模型也具有一定优势。

9.3 语义知识和情绪知识

跨目标立场检测的难度主要体现在不同目标间的知识差距上，源领域和目标领域涉及的背景知识相差越大，立场检测的难度就越大。例如，当训练集是娱乐领域数据而测试数据来源于金融领域时，模型因为事先没有见过金融领域的一些词汇，很可能无法理解含义，造成分类的偏差。

⊖ N^s 为集合 X^s 包含的句子数。

当前跨目标立场检测方法大都是填补目标间知识上的差距，利用不同目标中共同出现的词或共享的概念级知识是一类常见的方法。然而，这样的方法存在两个问题，一是领域标注数据不够多且质量不高，二是用户可能以一种隐含的方式间接表达立场，因此提取领域独立的词汇和上下文信息仍然较为困难。

Zhang 等人[3] 观察到，某些共同的外部知识被不同的目标所共享，它们可以提供实体本身的含义和实体与实体之间的关系，能够为立场检测标记出重要特征，可以用于领域迁移。他们注意到了针对词汇的语义知识和情绪知识这两种外部知识。语义知识指的是词汇所表示的含义及其之间的关系，情绪知识指的是词汇通常表达的情绪，它们都可以通过现有的专业词典（如 WordNet㊀）获得。

相比于语法规则、领域描述等固定的知识，语义知识和情绪知识可以考虑知识和输入之间的关系，借助门控机制等方式融入上下文表示的学习中。

9.4　模型框架

基于前文的分析，Zhang 等人[3] 提出了语义-情绪知识增强的迁移模型（Semantic-Emotion Knowledge Transferring，SEKT），利用了语义-情绪知识缩小源领域和目标领域的知识差距。该模型主要由语义情绪图（SE 图）和知识增强的双向 LSTM（KBLSTM）两部分构成，模型框架如图 9-1 所示。

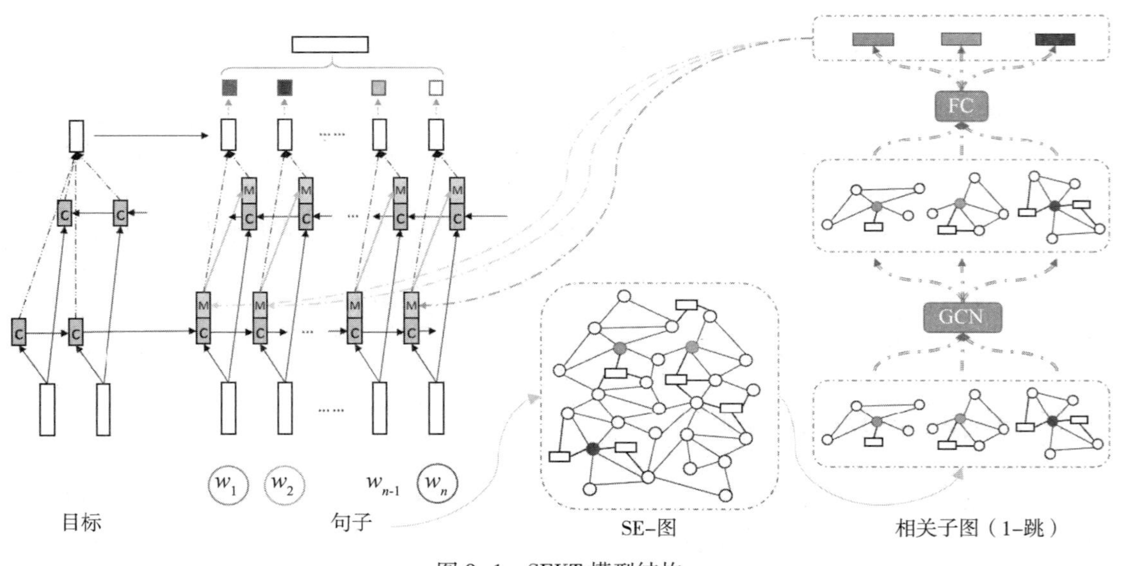

图 9-1　SEKT 模型结构

㊀ 一种基于认知语言学的英语词典，不仅将单词按照字母顺序排列，同时按照词汇含义构成了语义网络。

在接下来两节中，我们将分别围绕语义-情绪知识的构建和融合两个方面，对模型具体细节进行说明。

9.5 语义-情绪图建模

为构建模型可利用的语义-情绪知识，我们需要将语义知识和情绪知识进行向量化表示，构建 SE 图并学习图表示。SE 图以语义和情感词典中的词语和情感标签为节点，根据词语或情感标签的共现频率构造带权边。

SE 图的构造方法如下：首先借助情感词典 SenticNet[8]，将词典中的所有词表示为节点，并连接其中有语义关联的词，然后通过查询 NRC 词语情绪词典 EmoLex[9] 得到每个词的情绪标签，将情绪标签作为节点加入图，并在词与对应情绪之间添加边。不过这样构造的 SE 图情绪节点的度过大，使得输入的文本可能被情绪知识过度影响，所以需要重新为词与情绪连接的边分配一个常数权重。

SE 图中度数高的词节点具有共同的背景知识，可迁移于不同目标之间。作为异质图，SE 图也能够捕捉到词和情绪之间的多跳语义关联，从而有利于立场检测模型识别出可用于知识迁移的重要词汇。对于构建的 SE 图，为每一个单词节点提取出一个 k 跳子图，然后进一步使用图卷积网络[⊖]（GCN）学习节点的嵌入。具体地，记包含全部 v 个顶点的 SE 图为 $E \in \lnapprox \times d$，d 是节点嵌入的大小，对于从 E 中提取的 k 跳子图 G_s，其邻接矩阵和度矩阵分别记为 $\boldsymbol{A}$ 和 $\boldsymbol{D}$，则 G_s 的标准化邻接矩阵计算为

$$\widetilde{\boldsymbol{A}} = \boldsymbol{D}^{-1/2}\boldsymbol{A}\boldsymbol{D}^{-1/2} \tag{9.1}$$

将标准化邻接矩阵输入双层 GCN 中，可得到如下所示的子图表示 L：

$$\boldsymbol{L} = \sigma(\widetilde{\boldsymbol{A}}\sigma(\widetilde{\boldsymbol{A}}EW_0)W_1) \tag{9.2}$$

其中 $\boldsymbol{L} \in \mathbb{R}^{n\times c}$，$\sigma$ 是非线性函数，W_0 和 W_1 是可训练参数。为使图表示更加稠密，将 $\boldsymbol{L}$ 输入一个全连接层中，即可得到最终的子图表示 $M \in \mathbb{R}^{d}$。

9.6 知识增强的 BiLSTM 网络

为利用构建好的语义知识和情绪知识，将词节点对应的 SE 子图的图表示融入立场检测的分类模型中，提出了知识增强的 BiLSTM 网络（KEBiLSTM）[3]。KEBiLSTM 在标准 BiLSTM 模型的基础上进行改进，引入了一个知识感知记忆单元（KAMU）结构，解决了标准的 BiLSTM 仅能利用输入序列的上下文信息而难以利用外部知识的问题，有助于从输入文本中识别有区分度的语义和情感知识。

KEBiLSTM 的结构如图 9-2 所示，该结构分为两个部分，图中左侧的部分是 BiLSTM

⊖ 图卷积网络是一种简单高效的图表示学习方法。

网络，右侧的部分是知识感知记忆单元。KEBiLSTM 与 BiLSTM 一样，需要计算前向和后向两个隐藏状态序列，在此我们介绍如何计算前向 LSTM，后向 LSTM 的计算方法与之类似。

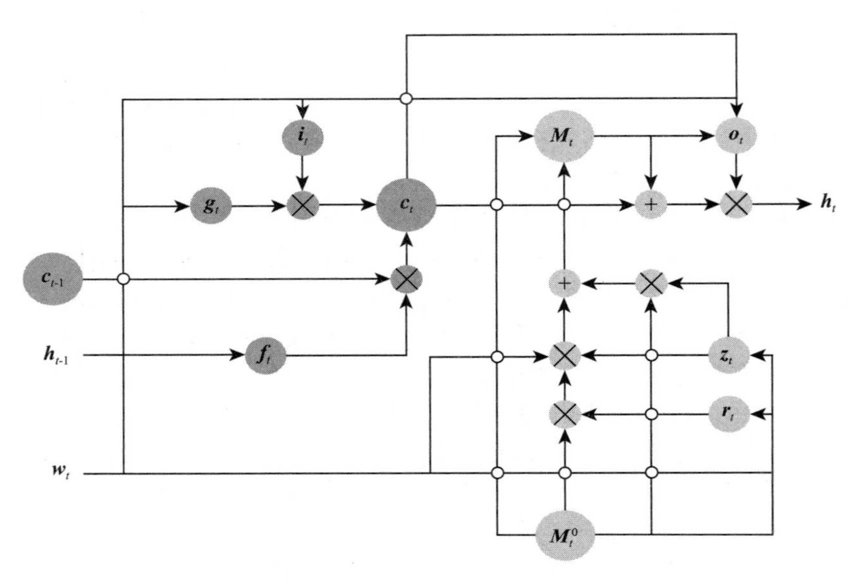

图 9-2　KEBiLSTM 单元结构

在 KEBiLSTM 中，BiLSTM 网络学习输入序列的时序特征，其前向层的输入门 $\boldsymbol{i}_t$、遗忘门 $\boldsymbol{f}_t$、输出门 $\boldsymbol{g}_t$ 和记忆细胞 $\boldsymbol{C}_t$ 的计算公式如下所示：

$$\boldsymbol{i}_t = \sigma(W_i\boldsymbol{w}_t + U_i\boldsymbol{h}_{t-1} + V_i\boldsymbol{C}_{t-1}) \tag{9.3}$$

$$\boldsymbol{f}_t = \sigma(W_f\boldsymbol{w}_t + U_f\boldsymbol{h}_{t-1} + V_f\boldsymbol{C}_{t-1}) \tag{9.4}$$

$$\boldsymbol{g}_t = \tanh(W_g\boldsymbol{w}_t + U_g\boldsymbol{h}_{t-1} + V_g\boldsymbol{C}_{t-1}) \tag{9.5}$$

$$\boldsymbol{C}_t = \boldsymbol{f}_t \odot \boldsymbol{C}_{t-1} + \boldsymbol{i}_t \odot \boldsymbol{g}_t \tag{9.6}$$

其中，σ 为 sigmoid 函数，W、U 和 V 是可训练参数，$\boldsymbol{w}_t$ 是输入文本序列的第 t 个词，$\boldsymbol{h}_{t-1}$ 是第 $t-1$ 个词的隐状态。

然后，为将外部知识融入 BiLSTM，KEBiLSTM 添加了 KAMU 结构，额外输入 9.5 节计算得到的图表示 $\boldsymbol{M}$，修改了隐状态 $\boldsymbol{h}$ 和输出门 $\boldsymbol{o}_t$ 的计算方法。

记 $\boldsymbol{M}_t$ 为 t 时间步的知识记忆，该知识记忆由图表示 $\boldsymbol{M}_t^0$ 和候选激活量 $\boldsymbol{\delta}_t$ 之间的线性插值计算得到：

$$\boldsymbol{M}_t = z_t \odot \boldsymbol{M}_t^0 + (\boldsymbol{1} - z_t) \odot \boldsymbol{\delta}_t \tag{9.7}$$

其中，$z_t \in [0, 1]$ 是平衡因子，计算公式为

$$z_t = \sigma(W_z\boldsymbol{w}_t + U_z\boldsymbol{M}_t^0) \tag{9.8}$$

式中 W_z 和 U_z 是可训练的参数。候选激活量 $\boldsymbol{\delta}_t$ 可由如下公式计算：

$$\boldsymbol{\delta}_t = \tanh(W_\delta \boldsymbol{w}_t + U_\delta(\boldsymbol{r}_t \odot \boldsymbol{M}_t^0)) \tag{9.9}$$

式中 W_δ 和 U_δ 是可训练的参数，$\boldsymbol{r}_t$ 是重置门。$\boldsymbol{r}_t$ 的设计目的是结合上下文与外部知识，计算公式为

$$\boldsymbol{r}_t = \sigma(W_r \boldsymbol{w}_t + U_r \boldsymbol{M}_t^0) \tag{9.10}$$

式中 W_r 和 U_r 是可训练的参数。

得到知识记忆之后，即可由如下公式计算出 t 时间步 KEBiLSTM 的输出门 $\boldsymbol{o}_t$ 和隐藏状态 $\boldsymbol{h}_t$：

$$\boldsymbol{o}_t = \sigma(W_o \boldsymbol{w}_t + U_o h_{t-1} + V_o \boldsymbol{M}_t + Q_o \boldsymbol{C}_t) \tag{9.11}$$

$$\boldsymbol{h}_t = \boldsymbol{o}_t \odot \tanh(\boldsymbol{C}_t + \boldsymbol{M}_t) \tag{9.12}$$

类比上述公式，可计算出 t 时间步后向网络隐状态的 $\boldsymbol{h}_t$，则词 $\boldsymbol{w}_t$ 的 KEBiLSTM 隐状态 $\boldsymbol{h}_t$ 可表示为 $[\boldsymbol{h}_t \oplus \boldsymbol{h}_t]$。

对于给定的长度为 n 的句子文本 x 和长度为 m 的目标 p，利用 KEBiLSTM 可学习到知识增强的句子表示 $\boldsymbol{H}^x = \{\boldsymbol{h}_1^x, \cdots, \boldsymbol{h}_n^x\}$ 和目标表示 $\boldsymbol{H}^p = \{\boldsymbol{h}_1^p, \cdots, \boldsymbol{h}_n^p\}$。

9.7　立场检测分类器

对于知识增强的表示，SEKT 模型的立场检测分类器应用了注意力机制，使模型更加关注上下文中重要的词。具体地，以目标表示 $\boldsymbol{H}^p$ 作为注意力源，文本 $\boldsymbol{x}$ 的第 t 个词的注意力权重计算公式如下：

$$\boldsymbol{\alpha}_t = \text{softmax}(\bar{\boldsymbol{h}}^{p\text{T}} \boldsymbol{h}_t^x) \tag{9.13}$$

式中的 $\bar{\boldsymbol{h}}^p$ 是目标表示 $\boldsymbol{H}^p$ 的平均向量。经过注意力加权后的句子文本表示 emb 计算如下：

$$\text{emb} = \sum_{t=1}^{n} \boldsymbol{\alpha}_t \boldsymbol{h}_t^x \tag{9.14}$$

最后，将句子文本表示输入到一层全连接层和 softmax 层中，得到输入句子 $\boldsymbol{x}$ 针对目标 p 的立场 $\hat{y}$：

$$\hat{y} = \text{softmax}(W_y \text{emb} + b_y) \tag{9.15}$$

式中 W_y 是可训练的参数，b_y 是偏置项。

9.8　模型应用

9.8.1　实验说明

对 SKET 模型在开源数据集 SemEval-2016[2] 上进行实验[3]。SemEval-2016 数据集涉

及 Donald Trump（DT）、Hillary Clinton（HC）、Legalization of Abortion（LA）、Feminist Movement（FM）4 个目标，每个目标下包含若干 Tweet 文本和对应的立场标签[⊖]，另外作者额外收集并标注了以“Trade Policy（TP）”为目标的数据。在这些目标中，FM 和 LA 被归为“Women's Right”类，HC、DT 和 TP 被归为“American Politics”类，在每一类内进行跨目标的立场检测，共构建了以下 8 种跨目标的任务：FM→LA、LA→FM、HC→DT、DT→HC、HC→TP、TP→HC、DT→TP、TP→DT。其中 A→B 代表在仅包括源目标 A 的数据上训练，在目的目标 B 的数据上测试。

SKET 模型采用交叉熵损失函数进行训练，采用标准梯度下降算法进行优化，实验中使用了 Adam 优化器。模型以两种方式进行评测，一种是多分类问题普遍采用的 F1 值，记为 $F1_{avg}$，另一种是宏平均 F1 值和微平均 F1 值的平均值[⊜]，记为 $F1_m$。

9.8.2 实验结果与分析

按照上面的描述进行跨目标立场检测实验，在 $F1_{avg}$ 和 $F1_m$ 评测指标下的实验结果分别如表 9-1 和表 9-2 所示。可以观察到，BiCond 模型因为利用了目标信息，比 BiLSTM 模型结果稍好一点；CrossNet 在某几个任务下与 BiLSTM 和 BiCond 相比提升显著，说明注意力机制可以学习到与立场相关的有用信息；BERT 模型的效果不稳定，仅在某几个任务上表现较好，原因是 BERT 没有显式地使用知识迁移策略；相比之下，作为概念级迁移模型的 VTN 在几种基线模型中表现较好。而 SEKT 在绝大多数任务上的表现都优于其他基线模型，可以表明 GCN 模型充分利用了语义和情绪方面的外部知识，且知识感知记忆单元更好地融合了外部知识。

表 9-1 使用 $F1_{avg}$ 评测的实验结果

模型\任务	FM→LA	LA→FM	HC→DT	DT→HC	HC→TP	TP→HC	DT→TP	TP→DT
BiLSTM	0.448	0.412	0.298	0.358	0.291	0.395	0.311	0.341
BiCond	0.450	0.416	0.297	0.358	0.292	0.402	0.317	0.347
CrossNet	0.454	0.433	0.431	0.362	0.298	0.417	0.314	0.374
VTN	0.473	0.478	**0.479**	0.364	—	—	—	—
BERT	0.479	0.339	0.436	0.365	0.261	0.231	0.241	**0.456**
CrossNet-C	0.449	0.439	0.442	0.369	0.297	0.413	0.324	0.355
CrossNet-CF	0.467	0.457	0.457	0.396	0.307	0.411	0.377	0.398
CrossNet-CA	0.473	0.475	0.455	0.407	0.301	0.442	0.409	0.396
TextCNN-E	0.469	0.458	0.380	0.404	0.309	0.450	0.356	0.396
SEKT	**0.536**	**0.513**	0.477	**0.420**	**0.335**	**0.460**	**0.444**	0.395

⊖ SemEval-2016 数据集的立场标签集合为 {favor，against，none}。

⊜ 宏平均 F1 值易受稀有类别的影响，微平均 F1 值易受常见类别的影响，因本实验的数据集存在不平衡问题，故取两者平均值。

表 9-2 使用 $F1_m$ 评测的实验结果

模型\任务	FM→LA	LA→FM	HC→DT	DT→HC	HC→TP	TP→HC	DT→TP	TP→DT
BiLSTM	0.401	0.379	0.433	0.401	0.236	0.418	0.207	0.389
BiCond	0.403	0.392	0.442	0.408	0.239	0.424	0.207	0.396
CrossNet	0.442	0.431	0.461	0.418	0.244	0.425	0.211	0.407
VTN	0.499	0.395	0.412	0.399	0.353	0.295	**0.391**	**0.478**
BERT	0.473	0.399	0.439	0.403	0.251	0.428	0.221	0.414
CrossNet-C	0.497	0.438	0.434	0.404	0.280	0.437	0.302	0.428
CrossNet-CF	0.507	0.434	0.452	0.401	0.283	0.453	0.375	0.440
CrossNet-CA	0.513	0.466	0.360	0.385	0.283	0.472	0.191	0.433
TextCNN-E	0.523	0.510	0.463	0.432	0.300	0.489	0.391	0.435
SEKT	**0.523**	**0.510**	**0.463**	**0.432**	0.300	**0.489**	**0.391**	0.435

CrossNet-C㊀、CrossNet-CF㊁、CrossNet-CA㊂和 TextCNN-E㊃方法都在基础模型上添加了语义-情绪图和 GCN。其中因为直接对外部知识表示和上下文表示进行拼接，外部知识在句子编码过程中有所损失，CrossNet-C 与其他添加语义-情绪知识的模型相比表现不佳。而 CrossNet-CF 和 CrossNet-CA 因为将外部知识融入 BiLSTM 编码中，取得了优于 CrossNet-C 的结果，这也侧面证明了 KAMU 结构的有效性。

9.9 本章小结

本章我们介绍了一种跨目标立场检测的方法 SEKT，使用了来自语义和情绪词典的语义-情绪知识，以填补不同目标之间的知识差距。SEKT 模型首先从语义和情绪词典中构建了 SE 图，然后使用 GCN 学习具有多跳语义连接的图表示，之后使用改进后融入知识的 KEBiLSTM 网络学习知识感知的句子表示，最后使用注意力机制关注输入文本中关于目标的重要的词，并进行立场分类。SEKT 在多个跨目标立场检测任务上的表现超过了现有模型，证明了方法的有效性。

参考文献

[1] KÜÇÜK D, CAN F. Stance detection: A survey [J/OL]. ACM Comput. Surv., 2020, 53 (1): 12: 1-12: 37. https://doi.org/10.1145/3369026.

㊀ 考虑注意力连接的 CrossNet 模型。
㊁ 使用基于特征的门控机制的 CrossNet 模型。
㊂ 采用注意力仿射变换的 CrossNet 模型。
㊃ 跨目标设定下的 TextCNN 模型。

[2] MOHAMMAD S, KIRITCHENKO S, SOBHANI P, et al. SemEval-2016 task 6: Detecting stance in tweets [C/OL]//BETHARD S, CER D M, CARPUAT M, et al. Proceedings of the 10th International Workshop on Semantic Evaluation, SemEval@NAACL-HLT 2016, San Diego, CA, USA, June 16-17, 2016. The Association for Computer Linguistics, 2016: 31-41. https://doi.org/10.18653/v1/s16-1003.

[3] ZHANG B, YANG M, LI X, et al. Enhancing cross-target stance detection with transferable semanticemotion knowledge [C/OL]//JURAFSKY D, CHAI J, SCHLUTER N, et al. Proceedings of the 58th Annual Meeting of the Association for Computational Linguistics, ACL 2020, Online, July 5 - 10, 2020. Association for Computational Linguistics, 2020: 3188-3197. https://doi.org/10.18653/v1/2020.acl-main.291.

[4] DU J, XU R, HE Y, et al. Stance classification with target-specific neural attention [C/OL]//SIERRA C. Proceedings of the Twenty-Sixth International Joint Conference on Artificial Intelligence, IJCAI 2017, Melbourne, Australia, August 19-25, 2017. ijcai.org, 2017: 3988-3994. https://doi.org/10.24963/ijcai.2017/557.

[5] XU C, PARIS C, NEPAL S, et al. Cross-target stance classification with self-attention networks [C/OL]// GUREVYCH I, MIYAO Y. Proceedings of the 56th Annual Meeting of the Association for Computational Linguistics, ACL 2018, Melbourne, Australia, July 15-20, 2018, Volume 2: Short Papers. Association for Computational Linguistics, 2018: 778-783. https://aclanthology.org/P18-2123/. DOI: 10.18653/v1/P18-2123.

[6] WEI P, MAO W. Modeling transferable topics for cross-target stance detection [C/OL]//PIWOWARSKI B, CHEVALIER M, GAUSSIER É, et al. Proceedings of the 42nd International ACM SIGIR Conference on Research and Development in Information Retrieval, SIGIR 2019, Paris, France, July 21-25, 2019. ACM, 2019: 1173-1176. https://doi.org/10.1145/ 3331184.3331367.

[7] DEVLIN J, CHANG M, LEE K, et al. BERT: pre-training of deep bidirectional transformers for language understanding [C]//Proceedings of the 2019 Conference of the North American Chapter of the Association for Computational Linguistics: Human Language Technologies, NAACL-HLT 2019. [S.l.]:[s.n.], 2019: 4171-4186.

[8] CAMBRIA E, PORIA S, HAZARIKA D, et al. SenticNet 5: Discovering conceptual primitives for sentiment analysis by means of context embeddings [C/OL]//MCILRAITH S A, WEINBERGER K Q. Proceedings of the Thirty-Second AAAI Conference on Artificial Intelligence, (AAAI - 18), the 30th innovative Applications of Artificial Intelligence (IAAI-18), and the 8th AAAI Symposium on Educational Advances in Artificial Intelligence (EAAI-18), New Orleans, Louisiana, USA, February 2-7, 2018. AAAI Press, 2018: 1795-1802. https://www.aaai.org/ocs/index.php/AAAI/AAAI18/paper/view/16839.

[9] MOHAMMAD S, TURNEY P D. Crowdsourcing a word-emotion association lexicon [J/OL]. Comput. Intell., 2013, 29 (3): 436-465. https://doi.org/10.1111/j.1467-8640.2012.00460.x.

CHAPTER10

第10章

基于元学习的跨领域立场检测

本章将对元学习方法及其在跨领域小样本立场检测上的应用进行介绍，并给出实例。

10.1 元学习概念

跨领域立场检测的相关任务已在上一章中进行介绍，本章将介绍该任务的另一种思路——元学习。

元学习（meta-learning）也被称为“学会学习”，即“learning to learn”。最先明确提出元学习概念的是澳大利亚教育家约翰·比格斯（John Biggs），他在1985年出版的教育类书籍[1] 中将元学习简明地定义为“了解并控制自身学习”。当然，对于深度学习而言，这样的描述过于宽泛，且缺乏指导实践的能力。而随着越来越多的学者对元学习的研究，可行的元学习方法得到不断拓展。

而现在所说的元学习旨在通过已有知识来增强学习能力。常见流程是先对样本进行采样，得出多个任务，在每个任务上进行训练、更新。这样的训练流程可以增强模型的泛化能力，在新任务上凭借少量样本即可迅速训练。因此，元学习也常用来解决小样本学习问题。

此外，需要指出的是，元学习并不是一种特定的模型，而是一种思想和训练策略，可以与多种模型相结合，下文将具体介绍。

10.2 有监督元学习

目前常见的与自然语言处理领域相关的有监督元学习方法可以大致分为三类：基于度量的（metric-based）元学习方法、基于模型（model-based）的元学习方法和基于优化（optimization-based）的元学习方法。接下来将逐一介绍这三种方法。

10.2.1 基于度量的元学习方法

该类元学习方法的思想是通过刻画样本在某个向量空间中的距离来衡量它们之间的相似性，并相应地缩短或增加相同/不同标签样本之间的距离来实现。注意，虽然度量学习与对比学习类似，但后者多用在无监督场景，通过样本自身来构造正反例，而前者则是有监督学习。且将其运用于元学习时，训练是以任务为单位进行，如上节所述。

而无论是度量学习还是对比学习，一个前提就是所选取的特征表示是否适合用距离来衡量相关性，比如向量空间中的特征是否能有效反映实际情况，所使用的模型是否能将上下文信息纳入考虑（若不能，则存在相近的样本也可能因上下文不同而实际意义不同的情况）等。如果合适，那么就要考虑用何种方式计算向量空间中样本之间的距离。下面将介绍几种距离计算方法。

常用的距离包括 P 范数距离 $\|\boldsymbol{X}\|_P$ 和余弦距离 $\cos\theta$，计算方式如下：

$$\|\boldsymbol{X}\|_P=\left(\sum_{i=1}^{N}|\Delta\boldsymbol{x}_i|^p\right)^{1/p}$$

$$\cos\theta=\frac{\boldsymbol{x}\cdot\boldsymbol{y}}{\|\boldsymbol{x}\|_2\cdot\|\boldsymbol{y}\|_2}$$

图 10-1 中给出了这两种距离的示例，其中 $d1$ 和 $d2$ 分别是 2 范数距离（即欧氏距离）和基于角度的距离的示意，可以发现 2 范数距离更符合两个样本点“直观上”的距离，但对于未标准化的向量，这样的计算有时也会导致非预期的情况。如图 10-1 中，若用 2 范数距离来衡量，则向量 **V**2 和 **V**1 更近，但这二者在横轴上的投影却“背道而驰”，反而 **V**2 和 **V**3 的夹角更小。当然，不能笼统地说角度比长度更能衡量相关性，但在范数距离和余弦距离中如何选取是这类元学习方法中值得考虑的。

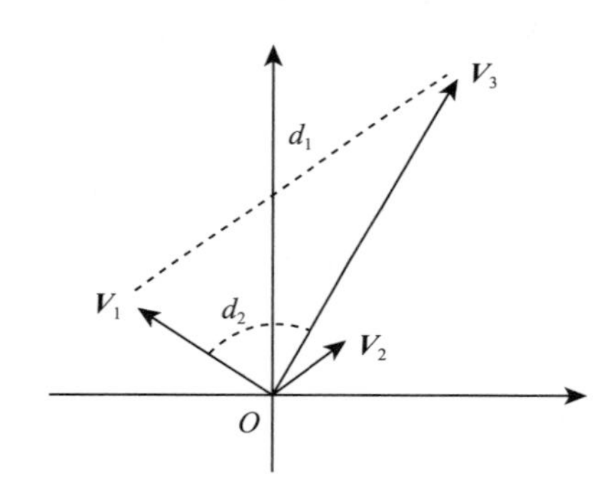

图 10-1　两种距离计算的示例

除了范数距离和余弦距离，也可以使用其他自定义的距离，比如对比损失引入弹性势能概念[2]，认为不同标签样本间的距离如果小于阈值 m，则其样本距离随着欧氏距离的减小而平方增长，就像一个被压缩的弹簧，从而增加距离因素在区分不同标签样本时的重要性。也可以不直接使用公式显式地计算，而是通过神经网络来得出距离，后文中将给出例子。

总而言之，距离函数的选择没有绝对的对错，使用时应根据当前问题灵活适配。

典型的该类模型包括下面几种：

- **匹配网络**（Matching Network[3]）：这是一个经典的基于度量的元学习模型，其思想是将样本进行特征提取后，在特征空间中通过余弦距离来刻画样本间的相似度，并通过每个任务进行参数更新㊀，减小（增加）相同标签（不同标签）样本间距，从而实现样本分类。虽然该方法提出于视觉领域，但其思想通用，在自然语言处理上依然可以借鉴。

- **原型网络**（Prototypical Network[3]）：在向量空间的处理上，该模型比匹配网络更进一步，使用聚类来使相似样本靠近，而不是仅改变不同标签样本间距。前者为每类标签显式地学习一个聚类中心，并使用最近邻分类的思想来预测标签。该模型采用欧氏距离来度量样本间相似度。
- **关系网络**（Relation Network[4]）：与前两者不同，关系网络并没有显式地给出距离计算的公式，而是通过一个神经网络来计算向量空间中样本之间的距离，因此其表达能力无疑是高于 P 范数距离和余弦距离的（因为多层神经网络具备拟合上述距离的能力）。

10.2.2 基于模型的元学习方法

该类元学习方法的思想是通过元学习器，来学习另一个用于当前任务的基学习器，并在训练过程中更新。而为了在不同任务上增强泛化能力，元学习器需要有记忆功能，可以通过简单地将以往提取的特征储存在一个 bank 中，或在模型内部增加记忆单元等。

1. 元网络

元网络（Meta Network[5]）主要由元学习器和基学习器组成。模型的整体结构如图 10-2 中所示。整个算法分为三步：元信息的获取、快速权重的产生和慢权重的优化。可以概括性地㊁描述为：输入一个任务后，首先由基础学习器分析该任务，向元学习器反馈该任务的特征，即元信息；接着，元学习器产生基学习器中用于当前任务的模型（比如一个分类模型）的初始参数，并进行梯度下降快速更新并解决当前任务，给出输出；最后，通过梯度下降对元学习器和基学习器中的慢权重进行优化。需要注意的是，这里有两组权重，慢权重是任务级的权重，即在不同任务之间共享并更新；快权重则是样本级的权重，在每个任务内部进行迭代更新，它们分别对应不同的损失函数。

该模型是一个典型的基于模型的元学习模型，即由元学习器生成基学习器的参数，基学习器在任务内更新，并在任务结束后反馈到元学习器，更新元学习器参数。

2. 记忆增强网络

记忆增强网络（Memory-Augmented Neural Network[5]）顾名思义，它更加重视“记忆”的作用。该模型引入了神经图灵机（Neural Turing Machine，NTM）[6] 作为外部记忆模块（将在下文中简要介绍），与类似于 LSTM 的循环神经网络相结合，其结构如图 10-3 所示。

㊀ 这里在每个任务上的操作如下：每个任务分为支持集和测验集，分别包含一定样本。支持集的所有图片通过 CNN 编码后，将它们的特征编码存放在一个 bank 中，将测验集每个图像通过同样的 CNN 编码后与之前 bank 中存放的所有图片的编码进行相似度计算，选取最大相似度的图片所对应的标签为该测试样本的标签，并进行梯度更新。

㊁ 该部分省略了与本章内容关联较小的部分模型细节，仅概括介绍整体思想。感兴趣的读者可以参考引用中的论文原文。

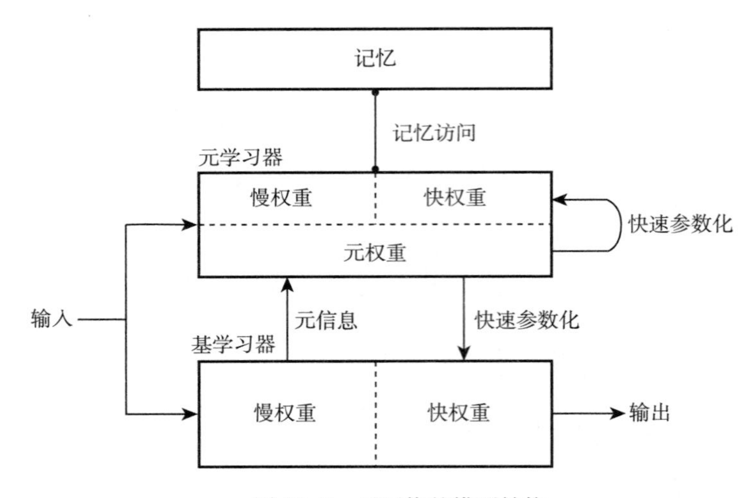

图 10-2　元网络的模型结构

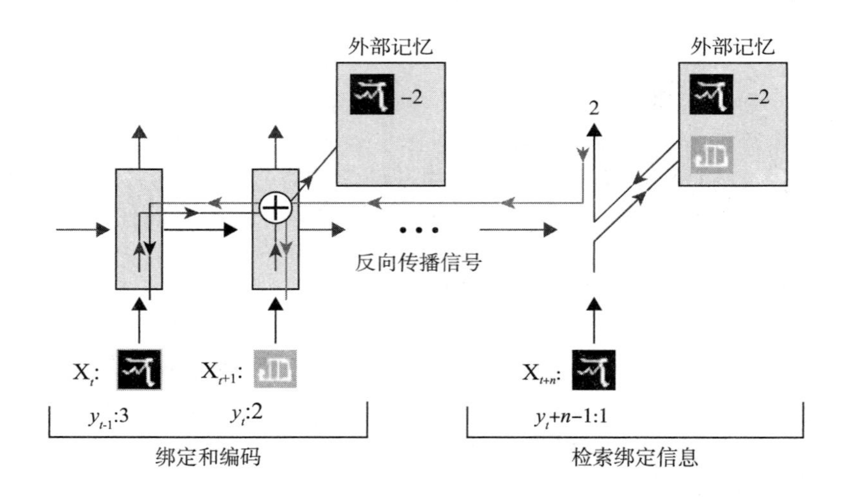

图 10-3　记忆增强网络的模型结构

该网络的输入同样是多个任务，每个任务包含多个样本。图 10-3 中所示意的过程就是写入和查询的过程。样本输入后，模型先对其进行编码，再将其标签与特征紧密结合地记忆在外部记忆中。下次通过相似度计算发现类似特征后，从外部记忆中提取特征并将其用于帮助判断当前样本的标签。此处所用的外部记忆模块是神经图灵机，其结构如图 10-4 所示。

它主要由两部分组成：控制器（Controller）和记忆（Memory）。将外部输入经由 Controller 编码后，分别输入到读磁头和写磁头中（先读后写）。前者负责将当前样本的特征与 Memory 中已经记忆的特征进行匹配㊀，并将得到的结果输出；后者负责将当前特征写入 Memory 中㊁。这样一来就构建了一个记忆库，可以将当前样本与已有记忆进行比对。

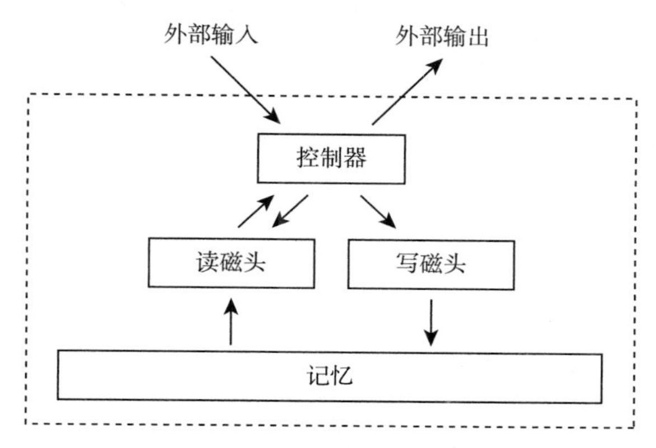

图 10-4　神经图灵机的结构

特别地，该模型有一个针对元学习的改进：每个任务都会将不同类样本的标签随机交换，从而避免模型记住先前任务中的样本-标签对，而是迫使模型不断记忆当前任务下新的样本-标签对，值得借鉴。

10.2.3　基于优化的元学习方法

该类元学习方法的思想是在每一个任务上训练并更新模型本身的初始参数，从而在新任务上可以快速训练。

- MAML（Model-Agnostic Meta Learning[7]）采用的是支持集和测验集的设定，即将每个任务分为支持集和测验集，分别包含一定数量的标签。模型由初始参数初始化，在每个任务的支持集上更新若干次后，再在测验集上计算梯度，此时的梯度并不用于更新当前模型的参数，而是更新模型的初始参数。
- Reptile[8]：MAML 虽然取得了不错的成果，但是其两次梯度更新无疑是耗时的，尤其是需要在每个任务上的测验集都进行计算梯度。而 Reptile 则对其进行了改善，该方法同样是更新模型的初始参数，并在每个任务上初始化，然而它直接通过每一个样本来更新初始参数——在每个任务上更新若干次后，将更新后的参数直接按一个系数累加到初始参数上，因此也无须划分支持集和测验集。

此外，预训练语言模型（如 BERT）和 Word2vec 的思想一定程度上也可以归于基于

㊀ “匹配”的过程如下：该模型中记忆模块是一个矩阵，每一行代表一个特征。输入外部特征后，与每一行已有的特征计算余弦距离并将所有行加权求和，得到新的特征，距离越大权重越低。

㊁ “写入”的过程如下：将当前样本的特征与 Memory 中某一行的特征相融合。选取哪一行由最小最近原则决定。融合的过程是按相似度保留一部分原有特征再加上新写入的特征。感兴趣的读者可以参考引用中的原文了解具体细节。

优化的元学习方法——它们都是在多个任务（比如多个数据集或数据片段）上不断优化一个初始参数（尽管该参数服务于下游任务）。

至此，已经介绍完三种常见的元学习方法。细心的读者已经发现，基于度量的方法匹配网络和基于模型的方法记忆增强网络都通过外部记忆来计算当前样本与已训练样本的相似度，只不过前者更强调改变距离来实现分类，而后者则更注重对记忆矩阵的操作来实现。这也印证了这两种元学习方法不是互斥对立的关系，而是可以相互融合。

10.3 MAML 算法

在前文中已经就基于优化的元学习方法——MAML，进行了简要介绍，接下来将详细介绍该方法，并介绍一个将其与 BERT 模型结合后用于立场检测的实例。如前文所述，该算法的思想是通过在多个任务上训练，寻找更优的初始参数，从而在新的任务上用更新后的初始参数快速训练。具体的训练过程如算法 10.1 所示。

算法 10.1 MAML 训练过程

Require：$p(T)$：任务间的分布

Require：α,β：步长参数

1：随机初始化 θ

2：**while** 未完成 **do**

3：　多任务批数据采样 $T_i \sim p(T)$

4：　**for** 所有 T_i **do**

5：　　从 T_i 中采样 K 个数据点 $D_i=\{x^{(j)},y^{(j)}\}$

6：　　使用 D_i 和 L_{T_i} 通过多类别交叉熵损失评估 $\nabla_\theta L_{T_i}(f_\theta)$

7：　　采用梯度下降法计算自适应模型参数：

　　$\theta'_i=\theta-\alpha\nabla_\theta L_{T_i}(f_\theta)$

8：　　从 T_i 中抽样数据点 $D'_i=\{x^{(j)},y^{(j)}\}$ 以进行元更新

9：　**end for**

10：　使用 D'_i 更新 $\theta\leftarrow\theta-\beta\nabla_\theta\sum_{T_i\sim p(T)}L_{T_i}(f_{\theta'_i})$

11：**end while**

其中，$p(T)$ 是采样模式，可根据需求进行调整（比如样本不平衡时，可以减少对多数标签所属样本的采样，增加少数标签所属样本的采样），文中选择随机采样。α 和 β 分别是两个超参数，为内层循环和外层循环的学习率。θ 和 θ' 分别代表模型的初始参数和模型的当前参数。T_i 为采样出的第 i 个任务，D_i 和 D'_i 分别是第 i 个任务中的支持集和测验集，其中 $x(j)$ 和 $y(j)$ 分别为样本的文本和标签。当用于立场检测任务时，文本包含一个话题和一个观点。考虑到所采用的数据集（SemEval-2016 task6，将在后文中介绍），这里的损失函数 L 选取的是多分类情况下的交叉熵损失函数。

训练时，首先在当前话题下按照采样模式采样出 N 个任务，输入模型（以 batch 为单

位输入)；接着在每个任务的支持集 D_i 上用该集中所有样本训练模型（根据作者在后文中补充，此处的训练可以是多轮）；然后在测验集 D'_i 上评估训练后的模型，计算梯度；最后将计算出的梯度用于更新模型的初始参数 θ。

10.4　基于元学习的立场检测模型

为了将元学习应用于立场检测问题，本书选取了常用的 BERT 模型[9] 作为元学习的基学习器，在此基础上使用 MAML 算法。BERT 是谷歌于 2018 年发布的预训练语言模型，旨在通过大规模语料库对模型进行预训练，之后在下游任务上进行微调即可，与上文中介绍的基于优化的元学习思路相近。该模型发布时刷新了多项 NLP 任务的记录。本书中仅对 BERT 的使用进行简要介绍，对其结构和原理感兴趣的读者可以参考引用中的论文。

图 10-5 是用于句子对分类的 BERT 结构。在用于立场检测时，输入的两个句子 Sentence 1 和 Sentence 2 分别是话题和观点。这两者通过连接符［SEP］相连，并且在开头处加上［CLS］标志位，该标志位用于标签预测。输出取其标志位的特征，即可认为是 BERT 模型对该句子对的表示。放入一层前馈神经网络和 softmax 层即可实现分类。

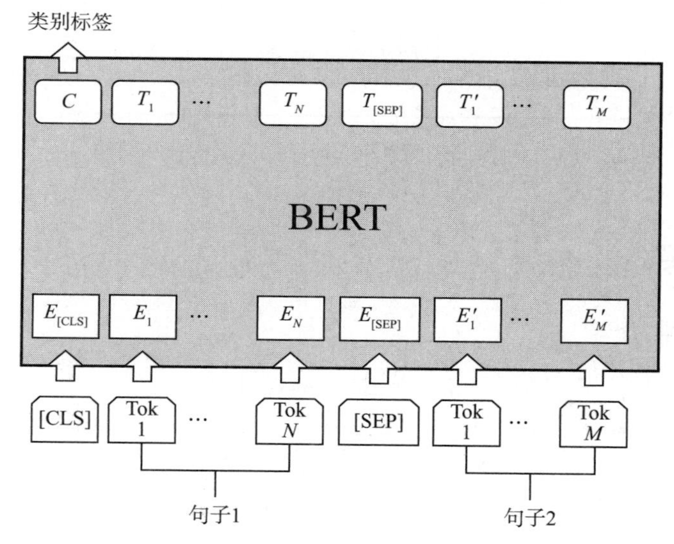

图 10-5　用于句子对分类的 BERT 模型结构

将 MAML 与 BERT 结合后，一种可行的模型结构如图 10-6 所示。

图 10-6 中，BERT 模型和复制模型的结构完全相同，都是先前介绍的用于句子对分类的 BERT 模型结构，但 BERT 模型仅用作“暂存”模型的初始参数，不参与预测、梯度计算，仅由外层循环传来的梯度进行梯度更新，并在每个任务开始时将当前的初始参数传递（copy）给复制模型；复制模型在每个任务开始时，由 BERT 模型中的参数初始化，并在该任务中的支持集进行训练，在测验集上计算损失和梯度（但不更新梯度），并保存

测验集上算得的梯度，在 batch 结束后用保存的梯度更新模型初始参数。与 Algorithm 1 中对应，共有两层循环：内层循环负责当前模型（复制模型）参数的更新，而外层循环则是用于更新 BERT 模型的参数（即更新初始参数）。

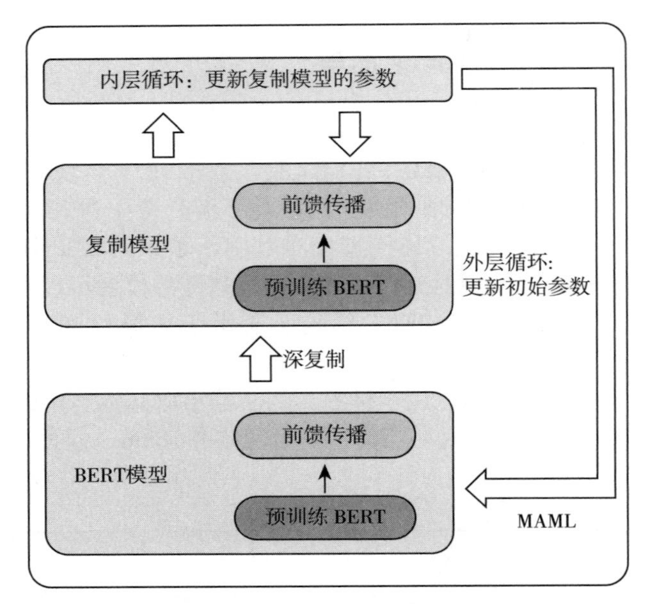

图 10-6　MAML 算法与 BERT 结合后的模型结构

10.5　应用实践

10.5.1　数据集介绍

将上述模型实现后，在数据集 SemEval-2016 task6 上进行训练和测试，本章选取了该数据集中的五个话题：Hillary Clinton（HC）、Legalization of Abortion（LA）、Atheism（A）、Climate Change is a Real Concern（CC）和 Feminist Movement（FM）。它们的样本分布情况如表 10-1 所示。从中可以看出，样本存在很大的不平衡情况，即同一话题下不同标签的数量相差较大。

表 10-1　样本标签分布

目标	反对	支持	无	总计
HC	565	163	256	984
LA	545	167	222	934
A	465	124	145	734
CC	27	335	203	565
FM	512	268	170	950
总计	2114	1057	996	4167

对此，可以使用重平衡策略，包括下采样（Sub-sampling）和 Focal Loss。前者通过增大少数标签所属样本的采样频率来实现平衡，后者则是在交叉熵损失函数的基础上进行修改㊀，使其更易于关注难分类的样本。

此外，对于这样的一个包含多个话题的数据集，本章介绍的实例采用了多任务学习的思想，即在多个源话题上训练模型，随后在目标话题上进行训练。接下来，将介绍本章实现的模型细节、对比模型和在数据集上的实验结果。

10.5.2 实验细节

最大句子长度设定为 70，这能覆盖所有句子。BERT 模型使用的是 BERT-base-uncased[10]。算法 10-1 中，所选的支持集和测验集的大小分别为 40 和 20，学习率 α 和 β 分别设定为 2×10^{-5} 和 3×10^{-5}。外层循环和内层循环的 batch size 分别为 16 和 8。内层循环的迭代次数为 7。所用的评估方法是宏平均 F1 值，该分数将每个标签都视为同等权重，不受标签所含样本数量的干扰。

10.5.3 对比模型

为了验证本章模型的有效性，这里引入了多个相关模型作为对比，包括三个经典模型 Bicond、TextCNN-E 和 BERT，以及达到最高水准的模型 SEKT 和 TPDG。下面将对它们进行简要介绍，感兴趣的读者可以参考引用中的论文。

Bicond[11]：使用双向状态编码来学习话题和观点的表示。

TextCNN-E[12]：TextCNN 的变种，针对立场检测任务进行了改进，通过增加词的维度将语义和情感信息融合到每个词中。

BERT[9]：该模型已在前文进行介绍。此处使用的是未与 MAML 算法融合的 BERT，作为对比。

SEKT[13]：引入外部语义和情感字典，扩展了 LSTM 的内部结构，增加了一个记忆单元，用来构建语义-情感异构图，使用 GCN 来学习表示。

TPDG[14]：该方法关注语用学知识，通过 GCN 提取每个词在当前话题和目标话题之间的语义知识，学习每个词在不同话题上所表示的不同含义。

10.5.4 实验结果

表 10-2 中展示了本节所用模型和其他对比模型的实验结果。其中可以看出，在话题 Climate Change is a Real Concern（CC）上的 F1 值显著低于其他话题，这是由其标签内样本分布极不平衡所导致的㊁。

㊀ 将原本的用于多分类任务的交叉熵损失函数修改为 $L_f=-(1-y'y)^{\gamma}\log y'y$，其中 γ 是超参数，用于减小易分类样本在更新时的权重，从而使模型关注难分类样本。

㊁ 为了验证这一点，将话题 Hillary Clinton（HC）下的标签中的 Favor 标签数量大幅减少后，相比于随机减少所有标签下样本数量（以保证这两个实验减少的样本数量一致），前者有着更为明显的 F1 值下降。

表 10-2　CTSD 实验的宏平均 F1 值

	HC	LA	A	CC	FM
TextCNN-E[3]	52.6	51.2	52.7	53.6	49.3
Bicond[2]	53.4	63.3	58.2	59.1	55.0
BERT[4]	62.5	64.1	71.3	56.8	61.1
SEKT[7]	72.3	70.0	74.8	60.1	64.9
TPDG[8]	**75.4**	76.7	76.9	63.0	70.0
MAML on BERT	75.0	**77.1**	**83.4**	**65.2**	**72.3**

为了验证 MAML 在其中起到的作用，本章使用了 T-SNE 算法对测试集样本在特征空间中的表示进行了降维以方便观察（Atheism（*A*）作为目标话题），其结果如图 10-7 所示。从中可以发现，MAML 对 BERT 的提升较大，且使用下采样可以进一步帮助区分样本。

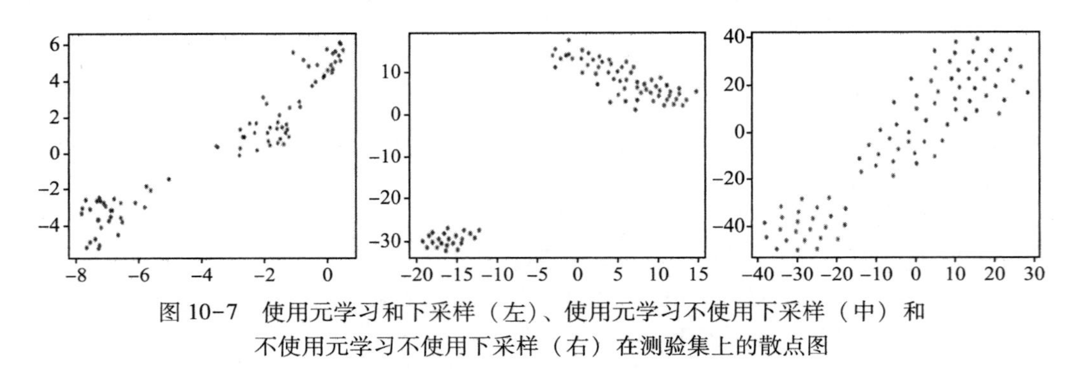

图 10-7　使用元学习和下采样（左）、使用元学习不使用下采样（中）和不使用元学习不使用下采样（右）在测验集上的散点图

因此，可以认为将 MAML 算法与 BERT 融合后较大地改善模型在该问题下的性能。

10.5.5　核心代码

列表 10.1 将分别对 MAML 算法的内层循环和外层循环的实现代码进行介绍。

列表 10.1　MAML 算法实验代码

```
1   #代码 1:内层循环在支持集上更新过程
2
3   for task_ id,task in enumerate(batch_ tasks):
4       support=task[0]
5       query=task[1]
6       fast_ model=deepcopy(self.model).to(self.device)
7       #此处 deepcopy 是复制而非引用.复制出的模型即为在内层循环中更新的模型,
8       ## self.model 对应初始参数下的模型,fast_ model 以 self.model 的参数初始化.
9       # fast_ model.train()
10      #首先在当前任务中的支持集上训练
11      support_ dataloader=DataLoader(support,sampler=RandomSampler(support),
12      batch_ size=self.inner_ batch_ size)
```

```
13        inner_ optimizer=Adam(fast_ model.parameters(),lr=self.inner_ update_ lr)
14        #inner_ optimizer 即为内层循环的优化器,使用 $alpha$ 学习率
15        for i in range(num_ inner_ update_ step): #内层循环更新数次
16            for inner_ step,batch in enumerate(support_ dataloader):
17                batch=tuple(t.to(self.device)for t in batch)
18                input_ ids,attention_ mask,segment_ ids,label_ id=batch
19                out=fast_ model(input_ ids,token_ type_ ids=segment_ ids,
20                attention_ mask=attention_ mask,labels=label_ id)
21                clsToken=out[1] #取得模型输出
22                #这里使用 Transformer 库的 BertForSequenceClassification,
23                #自带全连接层.
24                if use_ fl: #使用 focal loss 与否
25                   loss=self.fl(clsToken,label_ id)
26                else:
27                   loss=F.cross_ entropy(clsToken,label_ id)
28                loss.backward()
29                inner_ optimizer.step()
30                inner_ optimizer.zero_ grad()
31
32   #代码 2:内层循环在测验集上更新过程
33
34     #(接代码 1)
35     #接下来是将当前任务中在测验集上计算损失和梯度
36     query_ dataloader=DataLoader(query,sampler=None,batch_ size=len(query))
37     query_ batch=iter(query_ dataloader).next()
38     query_ batch=tuple(t.to(self.device)for t in query_ batch)
39     q_ input_ ids,q_ attention_ mask,q_ segment_ ids,
40     q_ label_ id=query_ batch
41     out=fast_ model(q_ input_ ids,token_ type_ ids=q_ segment_ ids,
42     attention_ mask=q_ attention_ mask,labels=q_ label_ id)
43     clsToken=out[1]
44     if use_ fl:
45        q_ loss=self.fl(clsToken,q_ label_ id)
46     else:
47        q_ loss=F.cross_ entropy(clsToken,q_ label_ id)
48     q_ loss.backward()
49     # query loss 反向传播后,将此时 fast_ model 的参数的梯度保存下来,
50     #在当前 batch(包含 16 个任务)结束后,更新模型的初始参数.
51     fast_ model.to(torch.device('cpu'))
52     for i,params in enumerate(fast_ model.parameters()):
53     if task_ id==0:
54        sum_ gradients.append(deepcopy(params.grad))
55     else:
56        sum_ gradients[i]+=deepcopy(params.grad)
57   #一组(batch)任务结束后,对累存的梯度进行处理.
58   for i in range(0,len(sum_ gradients)):
59   sum_ gradients[i]=sum_ gradients[i] /float(num_ task)#减少不同 batch size 的影响
60   for i,params in enumerate(self.model.parameters()):
61   params.grad=sum_ gradients[i] #将保存的梯度赋给模型的初始参数的梯度
```

```
62  self.outer_ optimizer.step()#更新初始参数
63  self.outer_ optimizer.zero_ grad()
```

10.6 本章小结

本章介绍了元学习相关概念和三个典型的元学习方法及其实例，并介绍了一个将元学习中 MAML 算法与 BERT 模型相结合用于立场检测的实例。

相信读者已经体会到了，各类元学习方法的边界并不是那么清晰，且可以结合使用。更重要的是关注它们的思想和实现方法，比如运用元学习来增强模型对当前任务下的样本间距进行调整的能力、运用元学习来增强外部记忆的读写性能等。正如本章开篇所述，元学习更是一种思想——通过多任务来增强泛化能力，以及与之对应的训练策略，并不是某种固定的模型，在实际使用中可以灵活运用。

参考文献

[1] 比格斯．卓越的大学教学：建构教与学的一致性［M］．王颖，丁妍，高洁，译．上海复旦大学出版社，2015.

[2] HE K, FAN H, WU Y, et al. Momentum contrast for unsupervised visual representation learning [C/OL]//2020 IEEE/CVF Conference on Computer Vision and Pattern Recognition, CVPR 2020, Seattle, WA, USA, June 13-19, 2020. New York: Computer Vision Foundation / IEEE, 2020: 9726-9735. https://doi. org/10. 1109/CVPR42600. 2020. 00975.

[3] VINYALS O, BLUNDELL C, LILLICRAP T, et al. Matching networks for one shot learning [C/OL]//LEE D D, SUGIYAMA M, VON LUXBURG U, et al. Advances in Neural Information Processing Systems 29: Annual Conference on Neural Information Processing Systems 2016, December 5 - 10, 2016, Barcelona, Spain. 2016: 3630 - 3638. https://proceedings. neurips. cc/paper/2016/hash/90e135783365 4983612fb05e3ec9148c-Abstract. html.

[4] HU H, GU J, ZHANG Z, et al. Relation networks for object detection [C/OL]//2018 IEEE Conference on Computer Vision and Pattern Recognition, CVPR 2018, Salt Lake City, UT, USA, June 18 - 22, 2018. New York: Computer Vision Foundation / IEEE Computer Society, 2018: 3588 - 3597. http://openaccess. thecvf. com/content _ cvpr _ 2018/html/Hu _ Relation _ Networks _ for _ CVPR _ 2018 _ paper. html. DOI: 10. 1109/CVPR. 2018. 00378.

[5] MUNKHDALAI T, YU H. Meta networks [C/OL]//PRECUP D, TEH Y W. Proceedings of Machine Learning Research: volume 70 Proceedings of the 34th International Conference on Machine Learning, ICML 2017, Sydney, NSW, Australia, 6-11 August 2017. PMLR, 2017: 2554-2563. http://proceedings. mlr. press/v70/munkhdalai17a. html.

[6] GRAVES A, WAYNE G, DANIHELKA I. Neural Turing machines [J/OL]. CoRR, 2014, abs/1410. 5401. http://arxiv. org/abs/1410. 5401.

[7] FINN C, ABBEEL P, LEVINE S. Model-agnostic meta-learning for fast adaptation of deep networks [C/OL]//PRECUP D, TEH Y W. Proceedings of Machine Learning Research: volume 70 Proceedings of the

34th International Conference on Machine Learning, ICML 2017, Sydney, NSW, Australia, 6 - 11 August 2017. PMLR, 2017: 1126-1135. http://proceedings. mlr. press/v70/finn17a. html.

[8] NICHOL A, SCHULMAN J. Reptile: a scalable metalearning algorithm [J]. arXiv preprint arXiv: 1803. 02999, 2018.

[9] DEVLIN J, CHANG M, LEE K, et al. BERT: pre-training of deep bidirectional transformers for language understanding [C/OL]//BURSTEIN J, DORAN C, SOLORIO T. Proceedings of the 2019 Conference of the North American Chapter of the Association for Computational Linguistics: Human Language Technologies, NAACL-HLT 2019, Minneapolis, MN, USA, June 2-7, 2019, Volume 1 (Long and Short Papers). Stroudsburg, PA: Association for Computational Linguistics, 2019: 4171-4186. https://doi. org/10. 18653/v1/n19-1423.

[10] TURC I, CHANG M W, LEE K, et al. Well-read students learn better: on the importance of pretraining compact models [J]. arXiv preprint arXiv: 1908. 08962, 2019.

[11] AUGENSTEIN I, ROCKTÄSCHEL T, VLACHOS A, et al. Stance detection with bidirectional conditional encoding [C/OL]//SU J, CARRERAS X, DUH K. Proceedings of the 2016 Conference on Empirical Methods in Natural Language Processing, EMNLP 2016, Austin, Texas, USA, November 1 - 4, 2016. Stroudsburg, PA: The Association for Computational Linguistics, 2016: 876-885. https://doi. org/10. 18653/v1/d16-1084.

[12] KIM Y. Convolutional neural networks for sentence classification [C/OL]//MOSCHITTI A, PANG B, DAELEMANS W. Proceedings of the 2014 Conference on Empirical Methods in Natural Language Processing, EMNLP 2014, October 25 - 29, 2014, Doha, Qatar, A meeting of SIGDAT, a Special Interest Group of the ACL. Stroudsburg, PA: ACL, 2014: 1746 - 1751. https://doi. org/10. 3115/v1/d14-1181.

[13] ZHANG B, YANG M, LI X, et al. Enhancing cross-target stance detection with transferable semantic-emotion knowledge [C/OL]//JURAFSKY D, CHAI J, SCHLUTER N, et al. Proceedings of the 58th Annual Meeting of the Association for Computational Linguistics, ACL 2020, Online, July 5 - 10, 2020. Stroudsburg, PA: Association for Computational Linguistics, 2020: 3188 - 3197. https://doi. org/10. 18653/v1/2020. acl-main. 291.

[14] LIANG B, FU Y, GUI L, et al. Target-adaptive graph for cross-target stance detection [C/OL]//LESKOVEC J, GROBELNIK M, NAJORK M, et al. WWW' 21: The Web Conference 2021, Virtual Event / Ljubljana, Slovenia, April 19-23, 2021. New York: ACM/ IW3C2, 2021: 3453-3464. https://doi. org/10. 1145/3442381. 3449790.

CHAPTER11

第11章

知识增强的零样本和小样本立场检测

早期关于立场检测的工作多集中于极其有限的一些话题，例如第9章介绍的跨目标立场检测。该类任务需要人为选择相关的话题进行知识迁移，即需要结合人类的先验知识将不同的目标话题进行归类，例如“Hillary Clinton”与“Donald Trump”属于元类“American Politics”，“Feminist Movement”与“Legalization of Abortion ”属于元类“Women's Rights”。元类内的话题间数据具有很高的词汇重复性以及很强的语义相关性，所以跨目标立场检测模型一般在元类内不同话题之间的迁移效果尚可。虽然这一类方法不需要目标话题的训练数据，但其模型只考察在两个相关话题间的泛化性，这种话题间的依赖导致跨领域立场检测的模型仍然存在一定的局限性。众所周知，随着信息时代的到来，现实世界中的文字内容存在着爆炸数量的主题，而人工针对每个特定话题标注训练样本需要耗费大量的人力和物力，所以立场检测任务仍然受限。本章我们将对零样本（zero-shot）和小样本（few-shot）立场检测[1] 进行详细介绍，其任务更关注于模型在缺乏标注数据的众多主题间的泛化能力，减少模型对人工标注数据的依赖性。除此之外，在立场检测中，主题可能并不会明确出现在文章中，所以如何建立主题和文章之间的联系也是难点之一。为了解决以上问题，本章主要从引入外部关系性常识知识库的技术路线进行介绍。

11.1 任务与术语

下面给出任务的具体描述与符号定义：定义立场检测数据集 $D=\{(x_i, t_i, y_i)\}_{i=1}^{N}$，其中 N 为样本数量，每个样本包含内容 x_i、主题 t_i 以及立场标签 y_i，其中标签包含支持、反对以及中立三种。任务的目标为给定内容 x_i 和主题 t_i，预测对应的立场标签 $\hat{y}_i$。与跨领域立场检测任务不同的是，零样本和小样本立场检测数据集包含几千个不同的主题，且每个主题仅包含极有限的数据样本。结合相关数据集的独有特点，下面给出零样本和小样本立场检测的定义。

设训练集的主题集合为 Ω，测试集的主题集合为 Θ。

零样本立场检测：要求测试集样本的主题集合与训练集的主题集合没有交集，即 $\Theta \cap \Omega = \varnothing$。

小样本立场检测：要求测试集样本所属的主题虽包含于训练集的主题集合，即 $\Theta \subset \Omega$，但要求每个主题仅包含极有限的训练样本。

11.2　概念知识图

ConceptNet 是 NLP 任务中常用的常识知识库，通常被表现为以概念（concept）为节点，常识断言为边的有向图。其中，概念包含一系列密切相关的自然语言短语，可以是名词短语、动词短语、形容词短语或从句，而断言则通常表现为两个概念之间的关系，以三元组形式存在。如图 11-1 所示[⊖]，断言“ConceptNet is a semantic network”可以表示成以“ConceptNet”为起点，“IsA”为边，“semantic network”为终点的三元组“（ConceptNet，IsA，semantic network）”。ConceptNet 包含 36 种关系，其中核心的关系类型如下所示。

- **对称关系**：Antonym，DistinctFrom，EtymologicallyRelatedTo，LocatedNear，RelatedTo，SimilarTo，Synonym 等。
- **非对称关系**：AtLocation，CapableOf，Causes，CausesDesire，CreatedBy，DefinedAs，DerivedFrom，Desires，Entails，ExternalURL，FormOf，HasA，HasContext，HasFirst Su-bevent，HasLastSubevent，HasPrerequisite，HasProperty，InstanceOf，IsA，MadeOf，MannerOf，MotivatedByGoal，ObstructedBy，PartOf，ReceivesAction，SenseOf，SymbolOf，UsedFor 等。

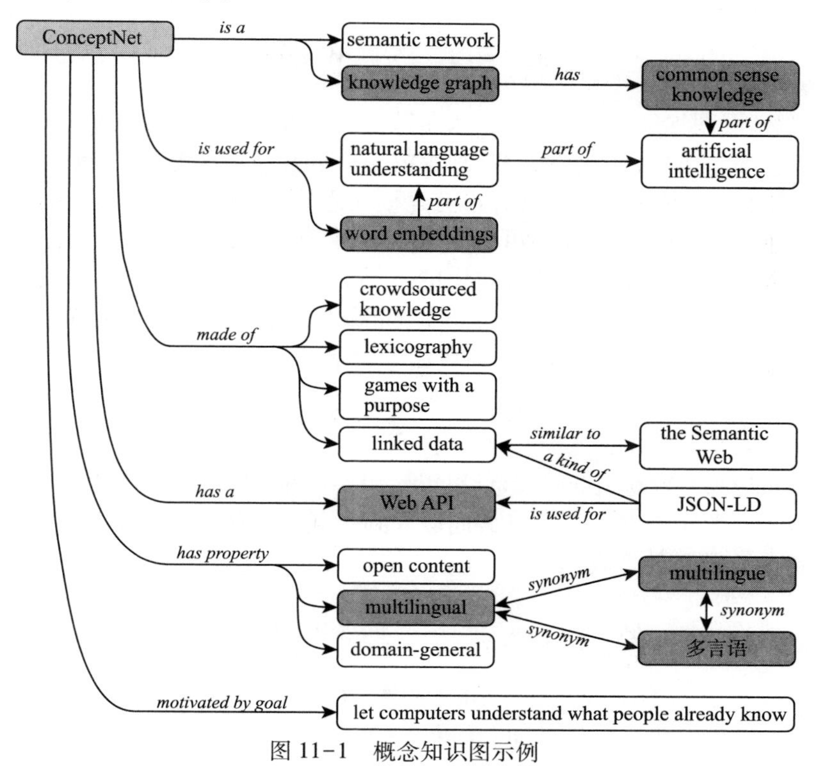

图 11-1　概念知识图示例

⊖ 该图截取自 ConceptNet 官网：http://www.conceptnet.io/

11.3 多关系图神经网络

传统深度学习方法被广泛应用在欧式空间数据中，例如图、文本等。但许多实际应用场景下的数据都是在非欧氏空间中的生成的，例如用户与产品之间的关系图，传统深度学习方法在处理非欧式空间数据上的表现仍难以让人满意。图数据的不规则性使得迫切需要一种可以用来建模图上节点与节点、节点与边，甚至节点间关系的神经网络模型，即图神经网络（Graph Neural Network，GNN），目前图神经网络大致可以分为图卷积网络（Graph Convolution Network，GCN）、图注意力网络（Graph Attention Network，GAN）、图自编码器（Graph Autoencoder）、图生成网络（Graph Generative Network）和图时空网络（Graph Spatial-temporal Network）。本小节主要讲解用于建模多关系图的神经网络模型 Relational GCN 以及 CompGCN。

对于多关系图$\mathcal{G}=(\mathcal{V},\mathcal{R},\mathcal{E})$，其中$\mathcal{V}$表示节点集合，$\mathcal{R}$表示关系集合，$\mathcal{E}$表示边的集合，每条边可以表示成以 u 为起点，以 v 为终点，关系为 r 的三元组（u，v，r）。传统的图神经网络，例如 GCN 以及 GAT 均不会考虑边上的关系信息，仅仅将图中点的信息进行聚合。其计算过程如下所示：

$$\boldsymbol{h}_v^{l+1}=f\Big(\sum_{(u,r)\in\mathcal{N}(v)}\boldsymbol{W}^l\boldsymbol{h}_u^l\Big) \tag{11.1}$$

式中，l 表示第 l 层图神经网络，$\mathcal{N}(v)$ 表示节点 v 的直接邻居节点集合，$\boldsymbol{h}_v$ 和 $\boldsymbol{h}_u$ 分别代表节点 v 和节点 u 的嵌入式表示，$\boldsymbol{W}$ 为参数矩阵，f 为一种非线性激活函数。从公式（11.1）可以看出，传统图神经网络并没有建模关系信息。

若想充分使用知识图谱，则不可忽略其中实体间的关系，多关系图神经网络希望填补传统图神经网络未对关系信息进行建模的不足。这里介绍两种 GCN 的变体：Relational GCN[2] 以及 CompGCN[3]。文献[2] 中，Schlichtkrull 等引入关系专用变换，即针对每个不同的关系都有其特定的参数矩阵 $\boldsymbol{W}_r$，公式如下所示：

$$\boldsymbol{h}_v^{l+1}=f\Big(\sum_{(u,r)\in\mathcal{N}(v)}\boldsymbol{W}_r^l\boldsymbol{h}_u^l\Big) \tag{11.2}$$

但 Relational GCN 容易引起过参数化问题。Vashishth 等希望通过利用知识图嵌入技术的各种合成操作，将节点和关系信息共同嵌入到一起，摆脱模型对关系专用变换的依赖，达到缓解过参数化的目的。具体如下：

$$\begin{gathered}\boldsymbol{h}_v^{l+1}=f\left(\frac{1}{|\mathcal{N}(v)|}\sum_{(u,r)\in\mathcal{N}(v)}\boldsymbol{W}^l\phi(\boldsymbol{h}_u^l,\boldsymbol{h}_r^l)\right)\\ \boldsymbol{h}_r^{l+1}=\boldsymbol{W}_{\text{rel}}^l\boldsymbol{h}_r^l\\ \phi(\boldsymbol{h}_u,\boldsymbol{h}_r)=\boldsymbol{h}_u-\boldsymbol{h}_r\end{gathered} \tag{11.3}$$

其中，$\boldsymbol{h}_r$ 为关系 r 的嵌入式表示，$\boldsymbol{W}_{\text{rel}}$ 为参数矩阵，ϕ 为节点与关系的组合运算，此处为减法运算[5]。

11.4　基于多关系图神经网络的知识图编码

定义 ConceptNet 的整体关系知识图为$\mathcal{G}=(\mathcal{V},\ \mathcal{R},\ \mathcal{E})$，边集合$\mathcal{E}$由成千上万的三元组 $R=(u,\ r,\ v)$ 组成，其中，u 为头概念，v 为尾概念，$r\in\mathcal{R}$为两者之间的关系。下面介绍根据内容和主题构造关系子图 $G=(V,\ E)$ 的过程。

①根据 ConceptNet，匹配文章和主题中包含的概念集合 C_d 和 C_t，其中概念匹配可以选择模糊匹配也可以选择精确匹配，模糊匹配即匹配前将待匹配的概念、文章以及主题进行词干还原等操作。

②接下来，以 C_d 中的元素为起点，C_t 中的元素为重点，选取存在于关系图 G 中的所有两跳路径，保留路径上的全部概念，这些概念组成关系子图的节点集合 V，路径上的关系组成关系子图的边集 E。

③最后，我们针对关系子图中的边都添加其对应的反向边，以达到增强信息交互的目的。

图 11-2 给出了立场检测的一个数据样例以及对应的关系子图示意。这里使用 CompGCN 模型对关系子图 G 进行建模，学习图中节点的嵌入式表示，便于将子图中的关系与语义知识引入下一步的立场检测。

话题： Stability　　　　立场： Pro

文本： Tenure does not mean a teacher cannot lose their job. It requires due process before termination. Before tenure is achieved, a teacher can be fired without due ... fearing that low test scores would cost them their jobs, instructed teachers to change student test responses.... fired if they didn't follow instructions.

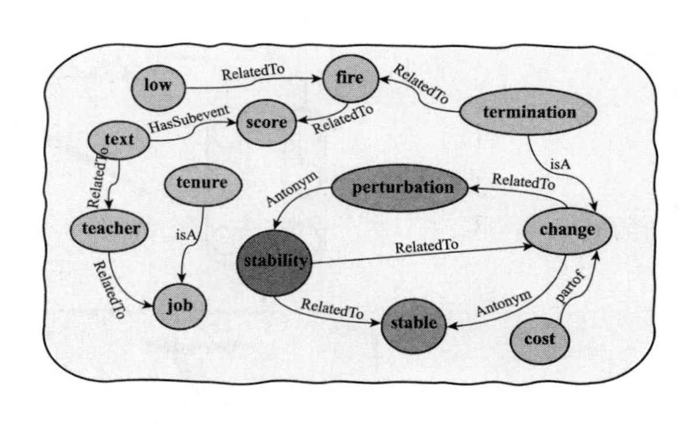

图 11-2　立场检测数据样例以及构造的关系子图

11.5　知识增强的立场检测模型

利用 11.4 节所描述基于多关系图神经网络的知识图编码，可以很有效地将常识知识库 Concept 引入立场检测任务。接着介绍基于知识增强的立场检测模型 CKE-Net，如图 11-3 所示，整体模型以预训练模型 BERT 作为编码器，将文档以及对应的主题以 BERT 的特殊分隔符联结，即“［CLS］ x ［SEP］ t ［SEP］”。将联结后的序列输入 BERT，分别得到文档的嵌入式表示 $\boldsymbol{X}=\boldsymbol{x}^1,\ \cdots,\ \boldsymbol{x}^m$，以及主题的嵌入式表示 $\boldsymbol{T}=\boldsymbol{t}^1,\ \cdots,\ \boldsymbol{t}^n$，这里 m

和 n 分别为文档和主题的序列长度。随后，通过平均池化操作得到文档与主题的平均表示 $\hat{\boldsymbol{x}}$ 和 $\hat{\boldsymbol{t}}$：

$$\hat{\boldsymbol{x}} = \text{MeanPooling}([\boldsymbol{x}^1; \cdots; \boldsymbol{x}^m])$$
$$\hat{\boldsymbol{t}} = \text{MeanPooling}([\boldsymbol{t}^1; \cdots; \boldsymbol{t}^n]) \tag{11.4}$$

经过 11.4 节介绍的多关系图神经网络，得到关系子图 G 中节点的嵌入式表示 $\boldsymbol{H}$，这里只保留文档概念集合 C_d 和主题概念集合 C_t 对应的节点表示，其中 $\boldsymbol{H}_d$ 为文档概念集合 C_d 对应的嵌入式表示，$\boldsymbol{H}_t$ 为主题概念集合 C_t 对应的嵌入式表示。为了进一步得到更有效的语义及关系信息，我们使用注意力机制以主题向量 $\hat{t}$ 作为 Query，分别对文档概念 $\boldsymbol{H}_d$ 和主题概念 $\boldsymbol{H}_t$ 进行聚合。按比例缩小的点积注意力机制（scaled dot-product attention）的公式如下：

$$\text{Attention}(\boldsymbol{Q}, \boldsymbol{K}, \boldsymbol{V}) = \text{softmax}\left(\frac{\boldsymbol{Q}\boldsymbol{K}^{\mathrm{T}}}{\sqrt{d_k}}\right)\boldsymbol{V} \tag{11.5}$$

其中，$\boldsymbol{Q} \in \mathbb{R}^{L_Q \times d_k}$，$\boldsymbol{K} \in \mathbb{R}^{L_K \times d_k}$，$\boldsymbol{V} \in \mathbb{R}^{L_K \times d_v}$分别为 Query，Key 和 Value 矩阵；L_Q 表示 Query 矩阵的序列长度，L_K 表示 Key 和 Value 矩阵的序列长度；d_k 为 Query 和 Key 矩阵的特征向量维度，d_v 为 Value 矩阵的特征向量纬度 .

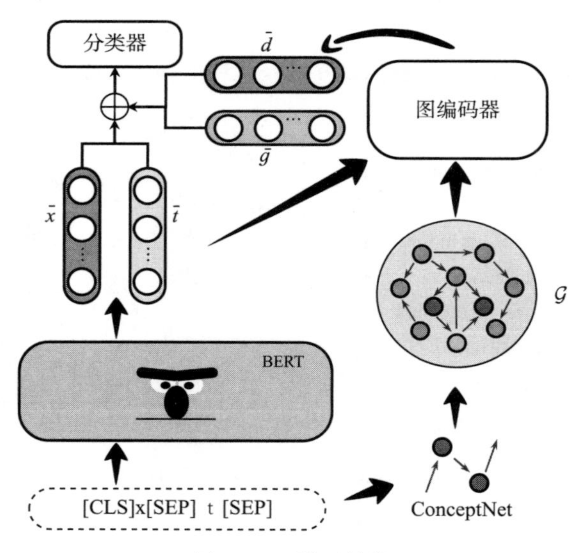

图 11-3 模型结构

文档和主题信息聚合过程如下所示：

$$\hat{\boldsymbol{d}} = \text{Attention}(\hat{\boldsymbol{t}}, \boldsymbol{H}_d, \boldsymbol{H}_d)$$
$$\hat{\boldsymbol{g}} = \text{Attention}(\hat{\boldsymbol{t}}, \boldsymbol{H}_t, \boldsymbol{H}_t) \tag{11.6}$$

最后，将最初的文档表示 $\hat{\boldsymbol{x}}$ 和主题表示 $\hat{\boldsymbol{t}}$，以及最终的文档概念聚合向量 $\hat{\boldsymbol{d}}$ 和主题概

念聚合向量 $\hat{\boldsymbol{g}}$ 联结在一起，然后经过一个多层感知机进行最终的整合，最终经过 softmax 函数得到文档 x 针对主题 t 的立场标签概率。

$$\boldsymbol{p}(\hat{y}) = \mathrm{softmax}(\mathrm{MLP}([\hat{\boldsymbol{x}};\hat{\boldsymbol{t}};\hat{\boldsymbol{d}};\hat{\boldsymbol{g}}])) \tag{11.7}$$

其中，[;] 是向量联结操作，$\boldsymbol{p}(\hat{y}) \in \mathbb{R}^3$。

整个模型使用交叉熵损失函数进行训练：

$$\mathrm{Loss} = -\sum_{i=1}^{N} \log \boldsymbol{p}(y_i \mid t_i, x_i) \tag{11.8}$$

11.6 应用实践

11.6.1 实验设置

目前该任务主要使用 VAried Stance Topics（VAST）数据集[1]。VAST 数据集的统计信息如表 11-1 所示，其中训练集中的零样本主题为只有一条训练样本的主题，小样本主题为训练样本数大于 1 的主题；测试集中的零样本主题为未在训练集主题集合中出现的，小样本主题为包含在训练集主题集合中的主题，验证集同理。

表 11-1　VAST 数据集的数据统计

	训练集	验证集	测试集
样本数量	13 477	2062	3006
文章数量	1845	682	786
零样本主题数量	4003	383	600
小样本主题数量	638	114	159

11.6.2 核心代码

整体模型是使用深度学习框架 PyTorch㊀进行编写，BERT 模型源自预训练模型库 Transformer㊁。整个关系图神经网络部分的核心代码如列表 11.1 所示。

列表 11.1　核心代码

```
1  import torch
2  from torch import nn
3  from torch_ scatter import scatter_ add
4
5  class MultiHopGCN(torch.nn.Module):
```

㊀ https://pytorch.org/

㊁ https://github.com/huggingface/transformers

```
6      def __init__(self,n_embed,aggregate_method="max",hop_number=2,concept_emb=None,
7                   relation_emb=None,cpt_dim=100,rel_dim=100,use_cuda=False):
8          super(MultiHopGCN,self).__init__()
9
10         self.hop_number=hop_number
11         self.aggregate_method=aggregate_method
12         self.use_cuda=use_cuda
13
14         self.triple_linear=nn.Linear(cpt_dim * 2 + rel_dim,n_embed,bias=False)
15         self.W_s=nn.ModuleList([nn.Linear(cpt_dim,n_embed,bias=False)
16                                 for _ in range(self.hop_number)])
17         self.W_n=nn.ModuleList([nn.Linear(cpt_dim,n_embed,bias=False)
18                                 for _ in range(self.hop_number)])
19         self.W_r=nn.ModuleList([nn.Linear(rel_dim,n_embed,bias=False)
20                                 for _ in range(self.hop_number)])
21
22         self.concept_embd=nn.Embedding.from_pretrained(concept_emb,freeze=False)
23         self.relation_embd = nn.Embedding.from_pretrained(relation_emb, freeze =
               False)
24
25     def multi_layer_comp_gcn(self,concept_hidden,relation_hidden,head,tail,
26                              triple_label,layer_number=2):
27         for i in range(layer_number):
28             concept_hidden,relation_hidden=self.comp_gcn(concept_hidden,relation_
       hidden,head,tail,triple_label,i)
29         return concept_hidden,relation_hidden
30
31     def comp_gcn(self,concept_hidden,relation_hidden,head,tail,triple_label,layer_
           idx):
32         ...
33         concept_hidden: bsz x mem x hidden
34         relation_hidden: bsz x mem_t x hidden
35         ...
36         bsz,mem_t=head.size(0),head.size(1)
37         mem,hidden_size=concept_hidden.size(1),concept_hidden.size(2)
38
39         # 初始化一些记录过程的变量,update_one是哪些node被更新过,count是每个点汇聚了几条边
40         update_node = torch.zeros_like(concept_hidden).to(concept_
               hidden.device).float()
41         count=torch.ones_like(head).to(head.device).masked_fill_(triple_label==
               0,0)
42         count=count.float()
43         count_out=torch.zeros(bsz,mem).to(head.device).float()
44
45         # 进行正向信息传递
46         # 选head_concepts的hidden状态
47         o=concept_hidden.gather(1,head.unsqueeze(2).expand(bsz,mem_t,hidden_size))
48         o=o.masked_fill(triple_label.unsqueeze(2)==-1,0)
49         # 然后看这些head_concept都指向哪些tail_id,按照tail_id把它们分组加在一起
```

```
50            scatter_ add(o,tail,dim=1,out=update_ node)
51            # relation,按照 tail_ id 把 rel 加在一起
52            scatter_ add(-relation_ hidden.masked_ fill(triple_ label.unsqueeze(2)==0,0),
                  tail,dim=1,out=update_ node)
53            # 记录一下 tail_ id 被指向了多少次
54            scatter_ add(count,tail,dim=1,out=count_ out)
55
56            # 进行反向信息传递
57            o=concept_ hidden.gather(1,tail.unsqueeze(2).expand(bsz,mem_ t,hidden_ size))
58            o=o.masked_ fill(triple_ label.unsqueeze(2)==0,0)
59            scatter_ add(o,head,dim=1,out=update_ node)
60            scatter_ add(-relation_ hidden.masked_ fill(triple_ label.unsqueeze(2)==0,0),
                  head,dim=1,out=update_ node)
61            scatter_ add(count,head,dim=1,out=count_ out)
62
63            act=nn.ReLU()
64            update_ node=self.W_ s[layer_ idx](concept_ hidden)
65            update_ node+=self.W_ n[layer_ idx](update_ node)/count_ out.clamp(min=1).
              unsqueeze(2)
66            update_ node=act(update_ node)
67
68            return update_ node,self.W_ r[layer_ idx](relation_ hidden)
69
70        @ staticmethod
71        def get_ concept_ doc_ top(mask):
72            # 提取文本和话题中包含的 concept
73            _ mask=mask.int()
74            nonzero_ index=_ mask.nonzero()
75            list_ length=_ mask.sum(-1) # 每个 example 要选多少个 concept
76            d=torch.split(nonzero_ index[:,1],list_ length.int().tolist())
77            select_ cpt=torch.nn.utils.rnn.pad_ sequence(d,batch_ first=True,padding_
              value=-1)
78            mask_ select=~(select_ cpt==-1)
79            select_ cpt[select_ cpt==-1]=0
80
81            return select_ cpt,mask_ select
82
83        def forward(self,concept_ ids,head,tail,relation,triple_ label,q_ mask,a_ mask):
84            node_ repr=self.concept_ embd(concept_ ids)
85            rel_ repr=self.relation_ embd(relation)
86
87            concept_ hidden,relation_ hidden=self.multi_ layer_ comp_ gcn(node_ repr,
              rel_ repr,head,tail,triple_ label,layer_ number=self.hop_ number)
88
89            batch_ size=concept_ hidden.size(0)
90
91            select_ q,mask_ select_ q=self.get_ concept_ doc_ top(q_ mask)
92            select_ a,mask_ select_ a=self.get_ concept_ doc_ top(a_ mask)
93            doc_ cpt_ hidden=concept_ hidden[torch.arange(batch_ size).unsqueeze(1),
```

```
         select_ q]
94       top_ cpt _ hidden = concept _ hidden [torch.arange (batch _ size ).unsqueeze (1),
               select_ a]
95
96       args = {'cpt_ hidden': concept_ hidden,'rel_ hidden': relation_ hidden,
               'top_ cpt_ hidden': top_ cpt_ hidden,'doc_ cpt_ hidden': doc_ cpt_ hidden,
98             'doc_ cpt_ mask': mask_ select_ q,'top_ cpt_ mask': mask_ select_ a}
99
100      return args
```

11.6.3 对比方法

为了验证 CKE-Net 模型的有效性，实验中将与以下代表性方法进行对比。

- Bicond[5]：一个使用双向编码的跨立场检测模型，该模型使用两个双向 LSTM 对文档和主题进行编码，且使用了预训练词向量 Glove。
- Cross-Net[6]：Bicond 的改进版本，在文档和主题的编码之后加入了主题特定的注意力机制。
- SEKT[7]：该模型引入文档和主题相关的情感词来提升模型的泛化能力，希望通过额外的知识来弥补不同领域之间数据分布的差异，设计了专门的 LSTM 结构来有效的聚合外部情感知识。
- BERT-joint[1]：与 Bicond 相似的机构，只是将编码器从 LSTM 变为预训练语言模型 BERT。
- TGA-Net[1]：在 BERT-joint 的基础上，加入了广义主题表示来隐式地捕获和编码不同主题间的关系。
- BERT-GCN：该模型与 CKE-Net 的区别在于，该模型采用的图神经网络为传统的 GCN 模型，未考虑图中的关系信息。

11.6.4 实验结果与分析

该任务主要使用宏平均 F1 值指标进行定量评估，其定义为

$$F1 = \frac{2 \cdot \text{Precision} \cdot \text{Recall}}{\text{Precision} + \text{Recall}} \tag{11.9}$$

由于采取的是宏平均的计算方式，所以需要针对每个类别分别计算 Precision 和 Recall，然后分别取其平均得到 $\overline{\text{Precision}}$ 和 $\overline{\text{Recall}}$，最终按照上式来计算 F1 值。其中，针对多分类的 Precision 与 Recall 定义如下。

- Precision：针对某一特定类别，被正确分类的样本数目占被分为该类别的样本总数的比例。
- Recall：针对某一特定类别，被正确分类的样本数目占该类别样本总数的比例。

下面给出在 VAST 测试全部数据、零样本以及小样本三种场景下的实验结果。

主实验结果如表 11-2 所示。为了评估 CKE-Net 在不同场景下的有效性，这里将实验

表 11-2　不同方法在三种场景下的性能比较

模型	F1 零样本				F1 小样本				F1 全部数据			
	pro	con	neu	all	pro	con	neu	all	pro	con	neu	all
BiCond	0.459	0.475	0.349	0.427	0.454	0.463	0.259	0.392	0.457	0.468	0.306	0.410
Cross-Net	0.462	0.434	0.404	0.434	0.508	0.505	0.410	0.474	0.486	0.471	0.408	0.455
SEKT	0.504	0.442	0.308	0.418	0.510	0.479	0.215	0.474	0.507	0.462	0.263	0.411
BERT-joint	0.546	0.584	0.853	0.660	0.543	0.597	0.796	0.646	0.545	0.591	0.823	0.653
TGA-Net	0.554	0.585	0.858	0.666	0.589	0.595	0.805	0.663	0.573	0.590	0.831	0.665
BERT-joint-ft	0.579	0.603	0.875	0.685	0.595	0.621	0.831	0.684	0.588	0.614	0.853	0.684
TGA-Net-ft	0.568	0.598	**0.885**	0.684	0.628	0.601	0.834	0.687	0.599	0.599	**0.859**	0.686
BERT-GCN	0.583	0.606	0.869	0.686	0.628	**0.634**	0.830	0.697	0.606	**0.620**	0.849	0.692
CKE-Net	**0.612**	**0.612**	0.880	**0.702**	**0.644**	0.622	**0.835**	**0.701**	**0.629**	0.617	0.857	**0.701**

结果分为三个子集：零样本、少样本和全部数据。从表 11-2 可以很明显地看出，模型 CKE-Net 的效果非常显著地优于所有基线模型，这可以证明以关系图的形式整合丰富的外部常识知识的重要性。此外，在零样本场景下，可以观察到所有基于 BERT 的基线模型在标签为 pro 的数据上的表现都比 con 数据上要差。一种可能的解释是标签为 con 的数据中的否定词更多，这让模型在语义层面上更容易识别出文档的立场。相反，模型 CKE-Net 在零样本和少样本主题上普遍带来了显著的改进，这表明来自外部知识库的关系信息可以提高模型整体的泛化和推理能力。与仅对节点信息聚合过程进行建模的 BERT-GCN 相比，模型 CKE-Net 充分利用了关系图中的关系信息，对模型的整体性能提升很大。此外，所有基于 BERT 的模型都比其他基线方法表现更好，这也显示出预训练模型具有更强的泛化能力，其根本原因为预训练模型从大规模无监督语料库中学习得到了更强的语义表达能力。值得关注的是，SEKT 并没有在 VAST 上实现有效的提升，可能是因为该方法只是在词语级引入了外部情感知识，而没有明确考虑主题和文档之间的整体关系，并且该模型使用的方法也很难直接移植到 BERT 模型上。

为了进一步验证 CKE-Net 模型的有效性，这里针对 VAST 中五个富有挑战性的场景进行测试。

①Imp：主题未出现在文档中且具有非中立标签的样本。

②mlT：一篇文档对应于多个属于不同主题的样本。

③mlS：一个文档对应于多个不同的非中性标签的样本。

④Qte：文档中包含引言的样本。

⑤Sarc：文档中带有讽刺的样本。如表 11-3 所示，模型 CKE-Net 在所有具有挑战性的场景下都取得了最佳性能。特别是对 Imp 的改进表明，引入外部关系知识可以帮助模型更好地理解主题和文章之间的关系。此外，来自关系子图的外部语义级信息使 CKE-Net 模型在特殊的修辞场景（Qte 和 Sarc）下表现更好。

表 11-3 不同方法在五种困难情况下的准确率

模型	Imp	mIT	mIS	Qte	Sarc
BERT-joint	0.571	0.590	0.524	0.634	0.601
TGA-Net	0.594	0.605	0.532	0.661	0.637
BERT-joint-ft	0.617	0.621	0.547	0.647	0.668
TGA-Net-ft	0.615	0.625	0.546	0.664	0.675
BERT-GCN	0.619	0.627	0.547	0.668	0.673
CKE-Net	**0.625**	**0.634**	**0.553**	**0.695**	**0.682**

11.7 本章小结

本章对传统立场检测任务进行了补充，介绍了零样本和小样本立场检测任务，并介绍了一种基于知识增强的零样本和小样本立场检测模型。该模型基于 ConceptNet 知识图谱，使用多关系图神经网络对知识图进行编码，提升了检测模型在内容和话题间的推理能力。最后，在相关数据集上的大量实验验证了引入知识对提升模型泛化能力的有效性。

参考文献

[1] ALLAWAY E, MCKEOWN K R. Zero-shot stance detection: a dataset and model using generalized topic representations [C/OL]//WEBBER B, COHN T, HE Y, et al. Proceedings of the 2020 Conference on Empirical Methods in Natural Language Processing, EMNLP 2020, Online, November 16-20, 2020. Association for Computational Linguistics, 2020: 8913-8931. https://doi.org/10.18653/v1/2020.emnlp-main.717.

[2] SCHLICHTKRULL M S, KIPF T N, BLOEM P, et al. Modeling relational data with graph convolutional networks [C/OL]//GANGEMI A, NAVIGLI R, VIDAL M, et al. Lecture Notes in Computer Science: volume 10843 The Semantic Web-15th International Conference, ESWC 2018, Heraklion, Crete, Greece, June 3-7, 2018, Proceedings. Springer, 2018: 593-607. https://doi.org/10.1007/978-3-319-93417-4_38.

[3] VASHISHTH S, SANYAL S, NITIN V, et al. Composition-based multi-relational graph convolutional networks [C/OL]//8th International Conference on Learning Representations, ICLR 2020, Addis Ababa, Ethiopia, April 26-30, 2020. OpenReview.net, 2020. https://openreview.net/forum?id=BylA_C4tPr.

[4] BORDES A, USUNIER N, GARCÍA-DURÁN A, et al. Translating embeddings for modeling multirelational data [C/OL]//BURGES C J C, BOTTOU L, GHAHRAMANI Z, et al. Advances in Neural Information Processing Systems 26: 27th Annual Conference on Neural Information Processing Systems 2013. Proceedings of a meeting held December 5-8, 2013, Lake Tahoe, Nevada, United States. 2013: 2787-2795. https://proceedings.neurips.cc/paper/2013/hash/1cecc7a77928ca8133fa24680a88d2f9-Abstract.html.

[5] AUGENSTEIN I, ROCKTÄSCHEL T, VLACHOS A, et al. Stance detection with bidirectional conditional encoding [C/OL]//SU J, CARRERAS X, DUH K. Proceedings of the 2016 Conference on Empirical Methods in Natural Language Processing, EMNLP 2016, Austin, Texas, USA, November 1-4, 2016. The

Association for Computational Linguistics, 2016: 876-885. https://doi.org/10.18653/v1/d16-1084.

[6] XU C, PARIS C, NEPAL S, et al. Cross-target stance classification with self-attention networks [C/OL]// GUREVYCH I, MIYAO Y. Proceedings of the 56th Annual Meeting of the Association for Computational Linguistics, ACL 2018, Melbourne, Australia, July 15-20, 2018, Volume 2: Short Papers. Association for Computational Linguistics, 2018: 778-783. https://aclanthology.org/P18-2123/. DOI: 10.18653/v1/P18-2123.

[7] ZHANG B, YANG M, LI X, et al. Enhancing cross-target stance detection with transferable semanticemotion knowledge [C/OL]//JURAFSKY D, CHAI J, SCHLUTER N, et al. Proceedings of the 58th Annual Meeting of the Association for Computational Linguistics, ACL 2020, Online, July 5-10, 2020. Association for Computational Linguistics, 2020: 3188-3197. https://doi.org/10.18653/v1/2020.acl-main.291.

第五部分

CHAPTER 12

第12章 面向情感分类的对抗攻击

近年来，深度神经网络广泛应用于文本分类任务中，大幅提升了模型的情感分析能力。然而，基于深度神经网络的分类器是脆弱的，作用于文本上的微小改变会造成完全不同的分类结果。在文本中加入拼写错误、进行同义词替换等操作都足以改变文本分类器的决策，极大地影响模型的情感分析能力。

表12-1中的两个例子分别使用拼写错误和同义词替换进行了攻击。

表12-1 常见文本对抗样本

状态	影评	情感分析结果
原样本	This film has a special **place** in my **heart**.	积极
被攻击	This film has a special **plcae** in my **herat**.	消极
原样本	A sprawling, overambitious, plotless **comedy** that has no dramatic center. It was probably intended to have an epic vision and a surrealistic flair (at least in some episodes), but the separate stories are never elevated into a **meaningful** whole, and the laughs are **few** and far between. Amusing ending though.	消极
被攻击	A sprawling, overambitious, plotless **funny** that has no dramatic center. It was probably intended to have an epic vision and a surrealistic flair (at least in some episodes), but the separate stories are never elevated into a **greatly** whole, and the laughs are **little** and far between. Amusing ending though.	积极

表12-1中上方的例子通过交换单词place和heart中间两个字符的顺序展开攻击，成功将模型对于影评的情感判别由积极变为消极。下方的例子对comedy、meaningful和few这些单词进行了同义词替换，成功将模型对于影评的情感判别由消极变为积极。

12.1 对抗样本的概念

对抗攻击是通过生成对抗样本实现的，本节对对抗样本进行简单的介绍。

12.1.1 对抗样本的提出

对抗样本在图像领域中被首次提出[1]，通过在图像中插入一些经过挑选的、人眼不可见的扰动后，基于深度神经网络的图像分类器做出了完全不同的决策。这些加入特定扰动的样本被称为“对抗样本”。

图 12-1 为一个图像对抗样本的例子。在一张分类标签为“大熊猫”的图像中，加入被分类为“线虫”的噪声，会令合成的图像被分类为“长臂猿”。被合成的图像与原图像并无明显的视觉差异。

+0.007 ×

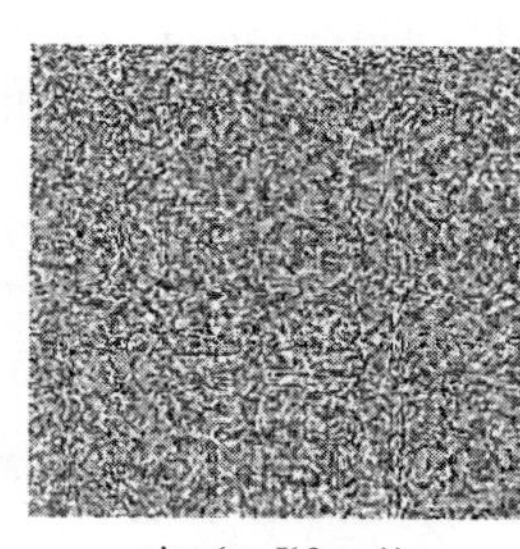

=

$\boldsymbol{x}$
“熊猫”
57.7%置信度

$\mathrm{sign}(\nabla_x J(\boldsymbol{\theta},\boldsymbol{x},\boldsymbol{y}))$
“线虫”
8.2%置信度

$\boldsymbol{x}+\epsilon\mathrm{sign}(\nabla_x J(\boldsymbol{\theta},\boldsymbol{x},y))$
“长臂猿”
99.3%置信度

图 12-1　图像对抗样本实例

12.1.2　对抗样本的定义

1. 对抗样本的通俗理解

对抗样本是与正常样本极为相似，但是会让深度学习分类器做出完全不同分类决策的样本。常用于对抗攻击中，可大幅降低分类器的分类准确率。

对抗样本定义的关键点有两个：

①其与原样本的区别应尽量不可察觉。在图像领域中，样本数据是连续的，常常使用闵可夫斯基距离来衡量对抗样本与原图像样本的距离。在文本领域中，样本数据是离散的，根据对抗样本形式的不同，可使用编辑距离、语义相似度来衡量对抗样本与原图像样本的距离。一般来说，对抗样本与原样本的距离越小，对抗样本的质量越好。

②对抗样本能够导致基于深度神经网络的分类器出现误分类现象。一般使用分类器的分类准确率或者失误率来衡量对抗样本的质量，分类器的准确率越低或失误率越高，表明对抗样本的质量越好。

2. 对抗样本的形式化定义

一个深度神经网络可以表示为一个函数 F：$X\rightarrow Y$，该函数将输入集合 X 映射到集合 Y，Y 是包含 k 个类别的标签集合，如 $\{1,2,\cdots,k\}$。对于一个样本 $\boldsymbol{x}\in X$，深度神经网络的目标是对其进行正确分类，也就是令 $F(\boldsymbol{x})=y$。

在对抗攻击中，攻击者的目标是通过将微小扰动 $\boldsymbol{\epsilon}$ 添加到 $\boldsymbol{x}$ 中以生成对抗样本 $\boldsymbol{x}'$，令 $F(\boldsymbol{x}')=y'(y\neq y')$，且 $\|\boldsymbol{\epsilon}\|<\delta$。$\delta$ 是一个用于限制扰动程度大小的阈值。同时，一个好的 x' 不应仅仅能迷惑 F，还应该对人眼不可见、对于变换具有鲁棒性，以及免疫于现存的防御机制[2]。因此，一般会附加一些约束条件（如语义相似度）来保证 $\boldsymbol{x}'$ 与 $\boldsymbol{x}$ 不可区分。

3. 对抗样本的生成

在图像领域中，快速梯度符号法（Fast Gradient Sign Method，FGSM）是较为高效的对抗样本生成方法[3]，主要利用的是深度学习分类模型的梯度信息。

在深度学习模型中，损失函数刻画了模型预测结果与实际结果的距离。深度学习模型训练的目的是最小化损失，于是可以将损失函数梯度的相反方向作为模型参数修改的方向，以达到对模型进行优化的目的。对抗攻击的目的是让分类出错，也就是最大化损失，可以将损失函数梯度的方向作为数据样本修改的方向。当损失大到足以让深度学习模型误分类，对抗攻击也就成功了。

快速梯度符号法形式化结果如下所示：

$$\boldsymbol{\eta} = \epsilon \operatorname{sign}(\nabla_x J(\boldsymbol{\theta}, \boldsymbol{x}, y)) \tag{12.1}$$

其中，$\boldsymbol{\theta}$ 是深度学习模型中的参数，$\boldsymbol{x}$ 是模型的输入，y 是与输入 $\boldsymbol{x}$ 相对应的标签，$J(\theta, x, y)$ 是用于训练该神经网络的损失函数。在获取到损失函数梯度的方向后，即可使用 ϵ 参数来控制对抗样本扰动的大小。因为本式可以使用反向传播的方法计算，所以效率较高。

在文本领域中，由于数据的离散特性，难以直接利用图像领域中的对抗样本生成方法，要进行相应的修改。具体不同层次的攻击方式将在下文进行介绍。

12.2 扰动控制

在对抗攻击中，一个基本假设是对抗样本的扰动应该对人眼不可见，所以在对抗样本的生成过程中，应该利用扰动度量指标进行扰动控制。

图像领域中有大量的指标可以度量对抗样本和原始样本之间的相似性，如 L_0 距离、L_2 距离和 L_∞ 距离。但由于图像数据是连续的，文本数据是离散的，这些指标不能直接被用于文本领域。而且在文本领域，一个好的对抗样本还应该与原始样本传达同样的语义信息，这对文本领域的扰动度量指标提出了更高的要求。以下是文本领域中常用的几个度量指标。

12.2.1 编辑距离

从视觉上来说，可以用拼写相似度来衡量两个英语单词的距离。编辑距离就是一个用于衡量两个单词拼写相似度的指标。

编辑距离可通过计算一个字符串转化为另一个字符串所需的最少修改次数得到，修改操作包括插入、删除、替换。该值越小，两个字符串就越相似。该指标被广泛应用于自然语言处理领域。

12.2.2 欧氏距离

与拼写相似度不同，两个单词之间的语义距离无法直接衡量。可以将单词映射到单词嵌入空间中，每个单词对应一个嵌入空间中的向量，并通过衡量两个向量之间的距离来确定两个单词之间的语义距离。

对于两个给定的单词向量 $\boldsymbol{m}=(m_1, m_2, \cdots, m_k)$ 和 $\boldsymbol{n}=(n_1, n_2, \cdots, n_k)$，它们之间的欧氏距离如下所示：

$$D(\boldsymbol{m},\boldsymbol{n})=\sqrt{(m_1-n_1)^2+\cdots+(m_k-n_k)^2} \tag{12.2}$$

其中 m_i 和 n_i 分别是 k 维向量中的第 i 个因子。这个距离越小，两者就越相似。

12.2.3 余弦距离

与欧氏距离相同，余弦距离也是一种在单词的嵌入空间中计算单词语义相似度的方法。与欧氏距离相比，余弦距离将注意力更多地放在两个向量方向的差距上。两个向量的方向越一致，它们的相似度越大。对于两个给定的单词向量 $\boldsymbol{m}=(m_1, m_2, \cdots, m_k)$ 和 $\boldsymbol{n}=(n_1, n_2, \cdots, n_k)$，它们之间的余弦距离如下所示：

$$D(\boldsymbol{m},\boldsymbol{n})=\frac{\boldsymbol{m}\cdot\boldsymbol{n}}{\|\boldsymbol{m}\|\cdot\|\boldsymbol{n}\|}=\frac{\sum_{i=1}^{k}m_i\times n_i}{\sqrt{\sum_{i=1}^{k}(m_i)^2}\times\sqrt{\sum_{i=1}^{k}(n_i)^2}} \tag{12.3}$$

12.2.4 Jaccard 相似系数

Jaccard 相似系数可从句子和文档的角度对文本间距离进行衡量，具体来说就是将句子和文档视为集合，并将句子和文档中的单词视为集合中的元素。根据集合之间的关系衡量两个句子或两个文档之间的距离。

对于两个给定的集合 A 和 B，它们的 Jaccard 相似系数 $J(A,B)$ 如下所示：

$$J(A,B)=|A\cap B|/|A\cup B| \tag{12.4}$$

式中 $0\leqslant J(A,B)\leqslant 1$。$J(A,B)$ 的值越接近 1，两个集合越相似。在文本领域，交集 $A\cup B$ 为两个样本中同时出现的单词，并集 $A\cup B$ 为两个样本中所有出现过的单词。

12.2.5 单词移动距离

单词移动距离（Word Mover's Distance，WMD）[4] 是搬土距离（Earth Mover's Distance，EMD）[5] 的一种变体。该指标用于衡量两个文档的不相似程度，根据从一个文档的单词向量到另一个文档的单词向量所需的移动距离求得。单词移动距离越小，两个文档越相似。

12.2.6 各种指标的应用

这些指标分别应用于不同的目标。在它们当中，欧氏距离、余弦距离和单词移动距离是应用于单词向量的，可将文本领域中的对抗样本和原始样本转化为单词向量形式，然后用这三种方法计算向量之间的距离。Jaccard 相似系数和编辑距离则可直接应用于文本输入，而不需要将文本转化为向量。

12.3 白盒攻击与黑盒攻击

根据攻击场景中攻击者对于情感分类模型的了解情况，文本对抗攻击可分为黑盒攻击和白盒攻击两种。

1. 白盒攻击

在白盒攻击场景中，攻击者拥有情感分类模型的全部信息。具体来说，攻击者对于基于深度神经网络的情感分类模型的架构、参数和权重都是已知的，并可以利用这些信息进行攻击。

2. 黑盒攻击

在黑盒攻击场景中，攻击者没有任何情感分类模型的信息，或者对情感分类模型的架构和参数未知，只能查询到情感分类模型对于样本的分类结果。攻击者一般会训练一个情感分类模型的替身模型，并利用对抗样本的传递性，依据替身模型生成的对抗样本展开攻击。或者，当攻击者可以查询到文本分类模型的分类结果时，攻击者会重复修改样本和查询文本分类器的操作，直到找到合适的对抗样本为止。

一般来说，攻击者在白盒场景下的攻击比黑盒场景下更为有效。因为攻击者了解更多关于模型的信息，可快速生成大量的有效样本。

12.4 目标攻击与非目标攻击

根据文本对抗攻击发起者的攻击目的，文本对抗攻击可以分为目标攻击和非目标攻击。

1. 目标攻击

其目的是让文本分类器将生成的对抗样本 x' 误分类到特定的类别 t，攻击过程主要依赖于增加样本在目标类别 t 的置信度。

2. 非目标攻击

其目的是让文本分类器将生成的对抗样本 x' 分类到与原样本标签不同的类别即可。与有目标攻击相反，无目标攻击主要依靠降低正确类别 y 的置信度来实现。

以情感分析任务为例来具体说明目标攻击与非目标攻击。对于二分类任务（将文本的情感分为“积极”和“消极”两类）来说，目标攻击和非目标攻击并没有区别。因为降低情感分类模型对于正确标签的置信度就意味着增高情感分类模型对于错误标签的置信度。对于多分类任务（将文本的情感分为“积极”“中性”和“消极”三类）而言，目标攻击难于非目标攻击。因为对于一段情感为“积极”标签的文本来说，只要令情感分类模型的分类结果变为“中性”或“消极”即可完成非目标攻击；目标攻击则要求攻击者将情感分类模型的结果定向改变为“中性”或“消极”。

12.5 字符级对抗攻击方法

字符级对抗攻击方法是攻击者利用拼写近似单词在视觉上相似性展开攻击的方法。

这类攻击方式一般分两步展开。首先，为了提升攻击效率，要确定文本中对于情感分析最重要单词的位置，这样就可以通过改变最少的文本内容，达到最好的攻击效果。然后可以利用与样本中重要单词拼写相近的单词对原单词进行替换，直到情感分析模型分析失误为止。

下面将详细介绍字符级对抗攻击的几种攻击方法。

12.5.1　白盒攻击场景下的字符级对抗攻击方法

1. 基于重要性的白盒字符级攻击方法

在白盒场景下，TextBugger 方法[6] 可利用分类器的梯度信息对样本中的重要单词进行定位，再主要通过字符级的修改破坏原单词，在保证文本可读性的条件下误导文本分类器。

首先，TextBugger 方法对文本分类器 F 求了 Jacobian 矩阵，也就是使用文本分类器的所有输出对输入的每个单词求偏导，如下所示：

$$J_{\mathcal{F}}(\boldsymbol{x})=\frac{\partial F(\boldsymbol{x})}{\partial \boldsymbol{x}}=\left[\frac{\partial F_j(\boldsymbol{x})}{\partial \boldsymbol{x}_i}\right]_{i\in 1,\cdots,N;j\in 1,\cdots,K} \tag{12.5}$$

式中 $\boldsymbol{x}_i$ 表示句子中第 i 个单词的表示向量，$F_j(x)$ 是将样本 x 输入分类器后在 j 个分类标签上输出的置信度值。样本的句长为 N，分类标签一共有 K 个。

上式中的偏导表征了单个单词对于分类结果的影响程度大小，因此，单个单词的重要性如下所示：

$$C_{\boldsymbol{x}_i}=J_{F(i,y)}=\frac{\partial F_y(\boldsymbol{x})}{\partial \boldsymbol{x}_i} \tag{12.6}$$

式中 $F_y(\cdot)$ 表示的是类别 $\boldsymbol{y}$ 的置信度，$C_{\boldsymbol{x}_i}$ 是输入 $\boldsymbol{x}$ 中第 i 个单词的重要性评分。

接下来，TextBugger 可根据重要性评分对句子中的重要性单词进行攻击。攻击的方式共分为下面五种。

- 插入攻击：在单词中随机插入一个空格。
- 删除攻击：随机删除单词中的一个字符（单词的首尾字符除外）。
- 交换攻击：交换单词中除了首尾字符的两个相邻字符。
- 替换字符攻击：使用在视觉上近似的字符替换相应字符，如使用“0”替换“o”、“1”替换“l”、“@”替换“a”等。
- 替换单词攻击：使用语义空间中与单词表示最接近的 k 个单词对单词进行替换。

分别使用上述方式对样本中的重要单词进行攻击，选用让标签类别置信度最低的攻击操作。依据单词重要性重复执行，直到文本分类器分错为止。

经测试，TextBugger 方法在 IMDb 和 Rotten Tomatoes Movie Revie 影评数据集上攻击长短期记忆网络的成功率可达 80% 以上。

2. 基于优化的白盒字符级攻击方法

研究者发现，只要一些字符级的轻微改变，就能让情感分析模型的准确率大幅下降，根据模型的梯度信息，可快速生成大量对抗样本。文献［7］据此提出了 HotFlip 攻击方法，对字符级文本对抗攻击进行了定义和优化。该方法可根据模型的梯度信息，将文本中的一个字符转化为另一个字符，以达到攻击的效果。

令 $\boldsymbol{x}$ 表示要进行情感分析的文本，$\boldsymbol{y}$ 表示情感分析标签，使用 $J(\boldsymbol{x},\boldsymbol{y})$ 表示情感分析模型对于样本（$\boldsymbol{x}$，$\boldsymbol{y}$）的损失函数。

一个具体的文本的字符序列可表示为

$$\boldsymbol{x}=[(x_{11},\cdots,x_{1n});\cdots;(x_{m1},\cdots,x_{mn})] \tag{12.7}$$

由于字符级的对抗样本是依靠字符的修改来实现攻击效果的，所以 HotFlip 方法定义了将文本中一个字符转化为另一个字符的原子翻转操作，如下所示：

$$\boldsymbol{v}_{ijb}=(\boldsymbol{0},\cdots;(\boldsymbol{0},\cdots(0,0,\cdots,0,-1,0,\cdots,1,0)_j,\cdots,\boldsymbol{0})_i;\boldsymbol{0},\cdots) \tag{12.8}$$

该公式表示样本中第 i 个单词的第 j 个字符从单词表中的第 a 个变为了单词表中的第 b 个，公式中-1 和 1 在向量中的位置即为修改前后的字符在向量中的位置。

该翻转操作为模型带来损失变化的一阶近似如下所示：

$$\nabla_{\boldsymbol{v}_{ijb}}J(\boldsymbol{x},\boldsymbol{y})=\nabla_{\boldsymbol{x}}J(\boldsymbol{x},\boldsymbol{y})^{\mathrm{T}}\cdot\boldsymbol{v}_{ijb} \tag{12.9}$$

选择让模型损失增加最多的翻转操作向量，最有可能让情感分析模型做出错误判断：

$$\max\nabla_{\boldsymbol{x}}J(\boldsymbol{x},\boldsymbol{y})^{\mathrm{T}}\cdot\boldsymbol{v}_{ijb}=\max_{ijb}\frac{\partial J^{(b)}}{\partial\boldsymbol{x}_{ij}}-\frac{\partial J^{(a)}}{\partial\boldsymbol{x}_{ij}} \tag{12.10}$$

公式中的 $\boldsymbol{x}_{ij}$ 表示第 i 个单词的第 j 个字符，$\boldsymbol{y}$ 表示的是当前样本 $\boldsymbol{x}$ 所对应的标签。

这样近似的好处是不需要为每次翻转操作查询模型损失，而只需要进行一次反向传播即可得到最佳的原子翻转操作结果。

元素的插入可以用从左到右的多个原子翻转操作来表示，如下所示：

$$\max\nabla_{\boldsymbol{x}}J(\boldsymbol{x},\boldsymbol{y})^{\mathrm{T}}\cdot\boldsymbol{v}_{ijb}=\max_{ijb}\frac{\partial J^{(b)}}{\partial\boldsymbol{x}_{ij}}-\frac{\partial J^{(a)}}{\partial\boldsymbol{x}_{ij}}+\sum_{j'=j+1}^{n}\left(\frac{\partial J^{(b')}}{\partial\boldsymbol{x}_{ij'}}-\frac{\partial J^{(a')}}{\partial\boldsymbol{x}_{ij'}}\right) \tag{12.11}$$

式中 $\boldsymbol{x}_{ij'}^{(a')}=1$，$\boldsymbol{x}_{ij'-1}^{(b')}=1$。类似地，字符的删除操作也可以这样表示。

经测试，使用 HotFlip 方法在 AG'news 数据集㊀上攻击 CharCNN-LSTM 模型[8]，攻击成功率可达 90% 以上。

12.5.2 黑盒攻击场景下的字符级对抗攻击方法

在现实生活中，模型的架构和参数往往是未知的。因此，黑盒攻击更适合现实场景，但黑盒攻击的难点在于模型信息的缺乏导致样本的生成没有指导信息。为克服这一困难，研究者们从多个角度获得了对抗样本生成的指导信息。

1. 基于蒸馏的黑盒字符级攻击方法

基于知识蒸馏的字符级攻击方法 DISTFLIP[9] 通过蒸馏其他模型生成的对抗样本的知

㊀ http://groups.di.unipi.it/gulli/AG_corpus_of_news_articles.html

识，将白盒攻击转化为黑盒攻击。

首先使用 HopFlip 方法生成字符级别的对抗样本，控制每个对抗样本只修改 1 个字符，并保证对抗样本在正确类别标签上的置信度小于 0.15。每个样本的形式如下所示：

$$(\boldsymbol{x},(j,c)) \tag{12.12}$$

式中 $\boldsymbol{x}$ 为原样本，j 为要改变的字符位置，c 为要使用的替代字符。比如只有一个单词的句子“Assnole”，可能生成的样本为（“Assnole”，(4，“n”)）。

然后使用 300 维字符嵌入向量对样本进行表示，并传入双向长短期记忆网络。再使用两个双层前馈神经网络对每个位置的隐藏层向量分类，一个用于预测修改字符的位置，另一个用于预测将目标位置的字符修改为哪个字符。模型的损失函数为两个交叉熵损失项：一个用于校正修改位置，另一个用于校正使用的替代字符。

经测试，使用 DISTFLIP 方法攻击现实生活中的 Google Perspective API（谷歌公司用于侮辱性评论检测的 API 接口）可达到 42% 的成功率；经人工测试，其生成的对抗样本不影响人类的正常阅读。

12.5.3　基于重要性的黑盒字符级攻击方法

名为 DeepWordBug 的黑盒字符级攻击方法[10] 通过对文本分类器预测结果的多次查询得到句子中单词的重要性信息，并对句子中重要的单词做出字符级的微小改动，以影响文本分类器的判断。

DeepWordBug 将攻击分为两个阶段，第一阶段是定位句子中最重要的单词。在黑盒攻击场景下，模型的梯度信息未知，可通过多次查询的方式寻找单词重要性信息。重要性打分公式如下所示：

$$\begin{aligned}\mathrm{CS}(\boldsymbol{x}_i) = {} & [F(\boldsymbol{x}_1,\cdots,\boldsymbol{x}_{i-1},\boldsymbol{x}_i) - F(\boldsymbol{x}_1,\boldsymbol{x}_2,\cdots,\boldsymbol{x}_{i-1})] + \\ & \lambda[F(\boldsymbol{x}_i,\boldsymbol{x}_{i+1},\cdots,\boldsymbol{x}_n) - F(\boldsymbol{x}_{i+1},\cdots,\boldsymbol{x}_n)]\end{aligned} \tag{12.13}$$

式中 $\mathrm{CS}(\boldsymbol{x}_i)$ 表示句子（$\boldsymbol{x}_1$，$\boldsymbol{x}_2$，…，$\boldsymbol{x}_n$）中第 i 个单词的重要性评分。F 表示要攻击的文本分类器，若 F 的预测结果在某单词 x_i 被移除后发生了变化，说明该单词重要性较高。式中的 λ 是一个超参数，用于均衡单词 x_i 前后半段句子的重要程度。

值得注意的是，该公式分别从目标单词的前半句和后半句话对单词重要性进行了两次评价，得到了更全面的结果。

在攻击的第二阶段，DeepWordBug 方法对选定的重要单词进行字符级的修改。为了保证对抗样本的可读性，DeepWordBug 方法使用了四种类似的方法：随机替换掉单词中的一个字符、随机删除字符中的一个字符、在单词中随机插入一个字符、交换单词中的两个相邻字符。前三种方法可保证对抗样本和原样本的编辑距离为 1，后一种方法可保证对抗样本和原样本的编辑距离为 2。

经测试，DeepWordBug 方法可在 IMDb 数据集上将单向长短期记忆网络和双向长短期记忆网络的分类准确率降低到 50% 以下。

也可以使用类似的方法攻击中文文本分类器[11]，同样可以取得不错的效果，证明该方法在多种语言环境下的有效性。

TextBugger 方法[6] 也设计了黑盒场景下的攻击方法，与此非常类似，只是单词重要性评估函数不同。

TextBugger 在黑盒攻击场景下的单词重要性评估函数如下所示：

$$C_{\boldsymbol{x}i}=F_y(\boldsymbol{x}_1,\cdots,\boldsymbol{x}_{i-1},\boldsymbol{x}_i,\boldsymbol{x}_{i+1},\cdots,\boldsymbol{x}_n)-F_y(\boldsymbol{x}_1,\cdots,\boldsymbol{x}_{i-1},\boldsymbol{x}_{i+1},\cdots,\boldsymbol{x}_n) \tag{12.14}$$

式中 $F_y(\cdot)$ 表示类别 y 的置信度，$C_{\boldsymbol{x}_i}$ 是输入 $\boldsymbol{x}$ 中第 i 个单词的重要性评分。

经测试，TextBugger 方法在 IMDb 和 Rotten Tomatoes Movie Review 影评数据集上攻击 Google Cloud NLP、IBM Waston 等线上模型的成功率可达 80% 以上。

12.6 词语级对抗攻击方法

词语级对抗攻击方法是攻击者利用单词语义相似性展开攻击的方法。词语级文本对抗攻击涉及两方面的决策，首先是对于攻击位置的选择，要选择句子中对于分类重要性最高的单词。其次是替换词的选择，要在保证对抗样本与原样本语义一致性的前提下，造成文本分类器的误分类。

下面将详细介绍词语级对抗攻击的几种攻击方法。

12.6.1 白盒攻击场景下的词语级对抗攻击方法

1. 基于梯度的白盒词语级攻击方法

受到图像领域对抗样本生成工作快速梯度符号法（Fast Gradient Sign Method，FGSM）的启发，提出了基于梯度的词语级对抗攻击方法[12]。

快速梯度符号法中相应的梯度信息是作用在输入序列的单词向量上的，扰动结果向量并不一定有单词相对应。所以该方法不能直接应用于文本领域，要经过一定的修改。

与 TextBugger 方法类似，首先计算模型的 Jacobian 矩阵，以确定进行同义词替换的位置：

$$\boldsymbol{J}_f[i,j]=\frac{\partial \boldsymbol{f}_j}{\partial \boldsymbol{x}_i} \tag{12.15}$$

式中的 $\boldsymbol{x}_i$ 为输入序列中的第 i 个单词，$\boldsymbol{f}_j$ 是分类器输出的第 j 类结果。针对正确标签类别，选取绝对值最大的一项所对应的单词进行攻击。

针对文本领域数据不连续的特征，取 Jacobian 矩阵中对应项的符号 $\mathrm{sgn}(\boldsymbol{J}_f[i,j])$，又计算了对应单词与字典中其他单词的距离向量，并找到方向与 $\mathrm{sgn}(\boldsymbol{J}_f[i,j])$ 最为接近的单词进行同义词替换，直到文本分类器分类错误为止。

经测试，该方法在平均长度为 71 个单词的影评数据集中，单条影评最多修改 9 个单词就可以让文本分类器做出 100% 的错误预测。虽然这种方法生成的样本能够让长短期记忆网络模型判断失误，但因为替换词词典中的词是随机选择的，所以生成的对抗样本大概率有语法上的错误。

同样使用梯度信息定位样本中的重要单词[13]，并设计了多种对抗样本生成方法来生成语法错误较少的对抗样本。

为语料库中的各个单词建立了替代词库 P[13]，其中包括单词的同义词、拼写相近的合法词，以及多个类别共享的关键词。词库 P 即为进行单词替换的素材库。

在使用 Jacobian 矩阵定位到样本中的关键词后，使用以下四种方法来修改样本关键词。

- 删除单词：如果重要单词是一个副词，那么直接删除该单词。该攻击方式背后的动机为副词一般只在句子中起到加强的作用，所以删掉一个副词对于句子的原意不会有太大的影响，同时可以保证生成的句子不包含语法错误。
- 添加单词：如果重要单词是一个形容词，且其替代词库中包括副词，就直接将该副词插入重要单词前边。
- 替换单词：如果前两种方法都不奏效，就直接使用替代词库中的单词对重要单词进行替换；在进行类别关键词替换时，注意保证目标词与替换词的词性保持一致。

该方法在 IMDb 数据集上成功让 CNN 文本分类器的情感分类准确率从 74.53% 下降到 32.55%。因为关键词只占到整个输入序列的一小部分，所以这种方法可以最大限度地保留输入句子的语义。

2. 基于优化的白盒词语级攻击方法

基于优化的方法是将文本对抗攻击问题转化为优化问题处理，文献 [14] 提出了 iAdv-Text 方法，将文本对抗攻击问题转化为扰动方向和数值的优化问题。

iAdv-Text 攻击是在单词的语义嵌入空间展开的，该方法对模型的优化可形式化为

$$\boldsymbol{J}_{\mathrm{iAdvT}}(D,W)=\frac{1}{|D|}\arg\min_{W}\left\{\sum_{(\hat{\boldsymbol{X}},\hat{\boldsymbol{Y}})\in D}\ell(\hat{\boldsymbol{X}},\hat{\boldsymbol{Y}},W)+\lambda\sum_{(\hat{\boldsymbol{X}},\hat{\boldsymbol{Y}})\in D}\boldsymbol{\alpha}_{\mathrm{iAdvT}}\right\}\tag{12.16}$$

式中 D 为训练数据集，W 为文本分类器的参数。λ 是一个超参数，用于平衡两个损失函数的权重。$\ell(\hat{\boldsymbol{X}},\hat{\boldsymbol{Y}},W)$ 是训练数据集 D 中样本 $(\hat{\boldsymbol{X}},\hat{\boldsymbol{Y}})$ 的损失函数。$\boldsymbol{\alpha}_{\mathrm{iAdvT}}$ 是一个需要优化的项，寻找令文本分类器表现最差的扰动，如下所示：

$$\boldsymbol{\alpha}_{\mathrm{iAdvT}}=\arg\max_{\boldsymbol{\alpha},\|\boldsymbol{\alpha}\|\leqslant\epsilon}\left\{\ell\left(\boldsymbol{w}+\sum_{k=1}^{|V|}a_k\boldsymbol{d}_k,\hat{\boldsymbol{Y}},W\right)\right\}\tag{12.17}$$

式中 $\sum_{k=1}^{|V|}a_k\boldsymbol{d}_k$ 是针对每个单词向量生成的扰动。ϵ 是用于控制扰动大小的超参数。单词表为 $\boldsymbol{V}$，$\boldsymbol{d}_k$ 是该单词向量到单词表第 k 个单词的方向向量，a_k 是该向量对应的权重。因为该式很难计算出来，所以使用下式替代：

$$\boldsymbol{\alpha}_{\mathrm{iAdvT}}=\frac{\epsilon\boldsymbol{g}}{\|\boldsymbol{g}\|_2},\boldsymbol{g}=\nabla_{\boldsymbol{\alpha}}\ell\left(\boldsymbol{w}+\sum_{k=1}^{|V|}a_k\boldsymbol{d}_k,\hat{\boldsymbol{Y}},W\right)\tag{12.18}$$

因为单词表的规模太大，不利于高效计算，所以 iAdv-Text 使用了一个由距离单词向量较近的单词集合来代替该单词表。也可以利用该式生成对应可解释对抗样本，只要根据 a_k 的大小对样本中的单词进行替换即可。

12.6.2 黑盒攻击场景下的词语级对抗攻击方法

在黑盒攻击场景下，模型的架构和参数信息未知，攻击者一般通过多次查询的方式得到目标攻击模型的相关信息。

如文献［15］使用了遗传算法，通过多次查询的方式以获得最佳的对抗样本。

文献［15］中的攻击方法由两部分组成，分别是扰动子程序和优化过程。扰动子程序负责小幅度替换样本中的单词，为对抗样本生成工作提供小的“变异”。优化过程负责对变异出的新样本进行筛选，直至找到最佳的对抗样本为止。

首先介绍扰动子程序，对于一个输入样本，该程序首先在句子中随机选择一个单词，再使用以下几步生成新的候选样本：

- 使用欧氏距离计算出在 GloVe 单词嵌入空间中距该单词最近的 N 个单词，并筛选掉距离超过 δ 的单词。并使用 counter-fitting 方法[16] 排除掉反义词的影响。
- 使用谷歌的十亿单词语言模型[17] 筛选不符合语境的单词。具体来说，对候选词替换后的句子进行打分，选择分数最高的 K 个单词。
- 在剩下的单词中，选择让情感分析模型在正确标签上置信度最低的单词。
- 使用该单词替换目标单词。

然后介绍优化过程，对于某样本 x，优化过程分为以下几步：

- 以样本 x 为输入，调用扰动子程序 S 次，以生成初代样本 P^0。
- 查询要攻击的情感分析模型，根据样本降低模型在正确标签上置信度的能力给当代样本打分。
- 如果表现最佳的样本成功让情感分析模型误分类，就完成了目标对抗样本的生成工作。
- 从当代样本中随机抽取两个样本（抽取的概率与样本成功让情感分析模型误分类的能力成正比），将两个样本的内容交叉，并调用扰动子程序，重复 $S-1$ 次以生成新样本。
- 将新生成的 $S-1$ 个样本与一个表现最佳的样本组成新一代样本，继续进行选择。

在 IMDb 数据集上使用该方法攻击长短期记忆网络的成功率可达 97%。

12.7 句子级对抗攻击方法

句子级对抗攻击方法是攻击者通过在文档中插入与分类语义无关的句子实现文本对抗攻击的方法。

与词语级文本对抗攻击相同，句子级文本对抗攻击方法同样涉及两方面的决策。首先是对句子插入位置的选择，要选择文档中对分类结果影响最大的句子。其次是插入内容的选择，要在保证文档语义不变的前提下，造成情感分析模型的误分类。

下面将详细介绍不同场景下的句子级对抗攻击方法。

12.7.1 白盒攻击场景下的句子级对抗攻击方法

句子级的对抗攻击方法[18] 主要是通过识别和插入对于各个类别最为重要的句子实现的。

在白盒场景下，可以通过梯度信息找到对于一个文档而言的关键短语和关键位置。具体来说，可以计算情感分析模型的损失函数对输入文本各个位置的梯度信息 $\Delta_x J(F, x, c)$，选取令该值最大的输入文本位置，该位置即为此文档的关键位置，该位置的单词和短语即为该类别的关键词。

单纯插入单词和短语可能会影响文档语义的完整性，所以设法根据类别关键词生成一些解释说明性句子以扩充文档[18]，或者一些伪造的、对分类结果没有影响的事实。

通过将生成的解释性句子或伪造事实插入文档的关键位置，该方法成功生成了句子级对抗样本。

12.7.2 黑盒攻击场景下的句子级对抗攻击方法

在黑盒场景下，情感分析模型的信息难以获取。黑盒场景下的句子级对抗样本攻击方法[18] 使用大量畸形输入查询攻击目标模型，以获取对于不同类别的关键单词信息。

畸形输入的具体生成方式就是将样本中的各个单词逐一替换为空格，并查询要攻击的情感分析模型在替换前后输出的差异。比如说，将一个单词“television”替换成空格，造成情感分析模型在正确标签置信度上的大幅下降。那么“television”一词就是对于情感分析模型在这一类别上的关键词，“television”一词所在位置就是该文档的关键位置。

剩余攻击步骤与白盒攻击场景下相同。随机抽取 26 个样本[18]，发现 5 次以内的攻击足够让分类器将这些样本误分类到预期类别。

12.8 本章小结

本章对文本对抗攻击的概念、方法进行了介绍，通过总结发现，白盒攻击方法主要和文本分类模型的梯度信息较为相关。基于梯度的方法是图像领域中的常用方法，具有高效的特点。但基于梯度的方法也有着梯度消失和梯度爆炸的问题，且如果模型的架构和参数未知，梯度信息也就难以获得。

可对各种攻击方法产生的对抗样本的攻击效果进行比较。总的来说，白盒攻击的效果一般要好于黑盒攻击，这可能是由于黑盒场景下模型信息的匮乏。另外，非目标攻击的效果一般好于有目标攻击，由于有更加严格的约束条件，基于优化的方法也要优于其他方法。

此外，好的文本对抗样本不仅应该在欺骗深度神经网络模型时有一个较高的成功率，还应该有好的可读性、语义相似性和不可察觉性。因此，可根据此标准对多种级别的对抗样本进行评价，词语级和句子级的对抗样本在不可察觉性方面要优于字符级的对抗样本，因为攻击过程中使用的是同义词和近义词的替换以及无意义句子的插入，无论是拼写检查还是人工识别，都难以分辨出对抗样本与原样本的区别。字符级的对抗样本则主要在攻击效率方面表现较好。

参考文献

[1] SZEGEDY C, ZAREMBA W, SUTSKEVER I, et al. Intriguing properties of neural networks [C]//2nd International Conference on Learning Representations, ICLR 2014. [S. l.]: [s. n.], 2014.

[2] LING X, JI S, ZOU J, et al. Deepsec: a uniform platform for security analysis of deep learning model [C]//2019 IEEE Symposium on Security and Privacy (SP). [S. l.]: IEEE, 2019: 673-690.

[3] GOODFELLOW I J, SHLENS J, SZEGEDY C. Explaining and harnessing adversarial examples [J]. arXiv preprint arXiv: 1412. 6572, 2014.

[4] KUSNER M, SUN Y, KOLKIN N, et al. From word embeddings to document distances [C]// International conference on machine learning. [S. l.]: PMLR, 2015: 957-966.

[5] RUBNER Y, TOMASI C, GUIBAS L J. A metric for distributions with applications to image databases [C]//Sixth International Conference on Computer Vision (IEEE Cat. No. 98CH36271). [S. l.]: IEEE, 1998: 59-66.

[6] LI J, JI S, DU T, et al. TextBugger: generating adversarial text against real-world applications [C]// 26th Annual Network and Distributed System Security Symposium. [S. l.]: [s. n.], 2019.

[7] EBRAHIMI J, RAO A, LOWD D, et al. HotFlip: white-box adversarial examples for text classification [C]//Proceedings of the 56th Annual Meeting of the Association for Computational Linguistics (Volume 2: Short Papers). [S. l.]: [s. n.], 2018: 31-36.

[8] KIM Y, JERNITE Y, SONTAG D, et al. Character-aware neural language models [C]//Thirtieth AAAI conference on artificial intelligence. [S. l.]: [s. n.], 2016.

[9] GIL Y, CHAI Y, GORODISSKY O, et al. White-to-black: Efficient distillation of black-box adversarial attacks [C]//Proceedings of the 2019 Conference of the North American Chapter of the Association for Computational Linguistics: Human Language Technologies, Volume 1 (Long and Short Papers). [S. l.]: [s. n.], 2019: 1373-1379.

[10] GAO J, LANCHANTIN J, SOFFA M L, et al. Black-box generation of adversarial text sequences to evade deep learning classifiers [C]//2018 IEEE Security and Privacy Workshops (SPW). [S. l.]: IEEE, 2018: 50-56.

[11] WANG W, WANG R, WANG L, et al. Adversarial examples generation approach for tendency classification on chinese texts [J]. Journal of Software, 2019, 30 (8): 2415-2427.

[12] PAPERNOT N, MCDANIEL P, SWAMI A, et al. Crafting adversarial input sequences for recurrent neural networks [C]//MILCOM 2016 IEEE Military Communications Conference. [S. l.]: IEEE, 2016: 49-54.

[13] SAMANTA S, MEHTA S. Towards crafting text adversarial samples [J]. arXiv: Learning, 2017.

[14] SATO M, SUZUKI J, SHINDO H, et al. Interpretable adversarial perturbation in input embedding space for text [C]//Proceedings of the 27th International Joint Conference on Artificial Intelligence. [S. l.]: [s. n.], 2018: 4323-4330.

[15] ALZANTOT M, SHARMA Y, ELGOHARY A, et al. Generating natural language adversarial examples [C]//Proceedings of the 2018 Conference on Empirical Methods in Natural Language Processing. [S. l.]: [s. n.], 2018: 2890-2896.

[16] MRKSIC N, SéAGHDHA D, THOMSON B, et al. Counter-fitting word vectors to linguistic constraints [J]. HLT-NAACL, 2016: 142-148.

[17] CHELBA C, MIKOLOV T, SCHUSTER M, et al. One billion word benchmark for measuring progress in statistical language modeling [J]. INTERSPEECH, 2014: 2635-2639.

[18] LIANG B, LI H, SU M, et al. Deep text classification can be fooled [C]//IJCAI. [S. l.]: [s. n.], 2018.

CHAPTER13

第13章

基于前置检测的情感分类防御

13.1 任务与术语

13.1.1 任务描述

基于前置检测的情感分类防御方法最主要的目标是在不改变情感分析模型架构和参数的情况下，对字符级文本对抗攻击进行防御。

首先对文本分类任务进行定义，文本分类任务是将文本形式的输入 $\boldsymbol{x} \in \mathcal{X}$ 映射到对应的类别 $y \in \mathcal{Y}$。每一个 $\boldsymbol{x}$ 都是一个单词序列，由单词 $\boldsymbol{w}_1$，$\boldsymbol{w}_2$，…，$\boldsymbol{w}_n$ 组成。使用 p_{task} 来表示特定任务文本输入和标签之间的分布情况。文本分类模型的目标就是在给定训练数据 $(\boldsymbol{x}, y) \sim p_{\text{task}}$ 后，学习到这样一种映射：$f: \mathcal{X} \rightarrow \mathcal{Y}$。

字符级文本对抗攻击的目标为在改变样本 $\boldsymbol{x}$ 中最少数目单词的条件下，造成文本分类器的分类失误。具体来说，一个对抗样本可能会通过将某样本中的一个单词 $\boldsymbol{w}_i$ 扰动为另一个单词 $\tilde{\boldsymbol{w}}_i \in A(\boldsymbol{w}_i)$ 来生成，这里的 $A(\boldsymbol{w}_i)$ 是单词 $\boldsymbol{w}_i$ 对应的所有错误拼写单词的集合。这样的话，对抗样本可以被表示为 $\tilde{\boldsymbol{x}} = \{\boldsymbol{w}_1, \cdots, \tilde{\boldsymbol{w}}_i, \cdots, \boldsymbol{w}_n\}$。

因为误拼写单词的影响，对抗样本会误导文本分类器，造成 $f(\tilde{\boldsymbol{x}}) \neq f(\boldsymbol{x})$。

基于前置检测的情感分类防御的目标是设计拼写校正模型 D，用于校正对抗样本中的误拼写单词，或消除误拼写单词对于文本分类的影响，使得 $f(\boldsymbol{x}) = f(D(\tilde{\boldsymbol{x}}))$。

13.1.2 相关术语

- **修改失误率**：修改失误率（Modified Error Rate，MER）指在拼写校正模型对对抗样本进行校正时，对抗样本中正确拼写单词被误修改的比例。具体来说，就是比较校正前后的样本，统计误修改的正确拼写单词占所有正确拼写单词的比例。
- **单词失误率**：单词失误率（Word Error Rate，WER）指在拼写校正模型对对抗样本进行校正时，校正失败单词所占的比例。具体来说，就是比较校正前后的样本，统计未成功校正的误拼写单词占所有误拼写单词的比例。

13.2　鲁棒单词识别模型

鲁棒单词识别模型[1] 在文本分类器的上游对对抗样本中的误拼写单词进行检测和校正，进而实现对于字符级对抗样本的防御。

该模型首先利用了 ScRNN 模型[2] 对误拼写单词进行校正，通过长短期记忆网络将句子中的每个单词映射到单词表中的合法单词，以达到纠正拼写错误的目的。ScRNN 模型架构如图 13-1 所示。该工作是基于拼写校正方式进行的，通过对对抗样本进行复原工作，保证文本分类器的鲁棒性。

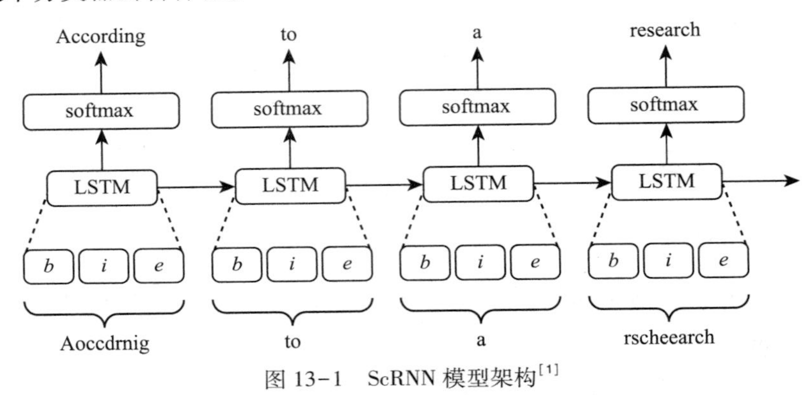

图 13-1　ScRNN 模型架构[1]

使用 $s=\{\boldsymbol{w}_1,\ \boldsymbol{w}_2,\ \cdots,\ \boldsymbol{w}_n\}$ 表示一个样本，$\boldsymbol{w}_i$ 表示该样本中的各个单词。每个单词由以下三部分的连接来表示。

- $\boldsymbol{w}_{i1}$：该单词首字母的独热向量。
- $\boldsymbol{w}_{il}$（l 为该单词的长度）：该单词尾字母的独热向量。
- $\sum_{j=2}^{l-1}\boldsymbol{w}_{ij}$：该单词中间字母的袋式表示向量。

因为采用这样的单词表示形式，ScRNN 模型对于单词的首尾字符敏感，对单词中间字符的顺序不敏感。将转换为此表示形式的样本输入长短期记忆网络后，再由长短期记忆网络将样本映射到相应的正确拼写单词序列。

由于受到训练集单词表规模的限制，一些不常见的单词难以被 ScRNN 模型识别。在文本对抗场景中，如何处理无法被拼写校正模型识别的单词更加重要，因为攻击者更有可能会选择这些词作为攻击目标。所以鲁棒单词识别模型在 ScRNN 模型后添加了回退策略，用于不常见单词的处理。三种回退策略如下所述[1]。

- 直接通过：不对该单词进行处理。
- 回退为中性词：将该单词修改为对分类结果影响不大的中性单词，如“a”。
- 回退到背景模型：将该单词输入到一个使用更大规模训练集训练出的 ScRNN 模型进行处理。

其中，回退为中性词的策略取得了更好的对抗样本防御效果。

13.3　两步拼写校正模型

鲁棒单词识别模型对基于拼写错误生成的对抗样本有着一定的防御效果，但也存在一些问题。首先，鲁棒单词识别模型会在单词识别过程中引入新的错误。根据实验统计，在该单词识别模型校正过的样本中，7.97%的正确拼写单词被识别成了其他单词，影响了下游分类器的准确率。造成这种现象的主要原因是为保证单词识别的效率，该单词识别模型只保留了训练集中出现最频繁的 10 000 个单词。这导致了很多低频词汇被单词识别器修改成了对分类结果影响不大的词汇，类似于冠词“a”。

另外，单词被表示为一种特殊的编码形式[1]，这种编码形式主要依赖于单词的首尾字符信息。而且在单词中间部分的字符遭受交换攻击后，该单词的编码不会发生改变。这种编码结构带来的影响有两点：首先是单词识别模型主要依靠单词的首尾字符信息来对单词进行识别，导致模型对于攻击场景的设定被限制为单词的首尾字符不会受到攻击，这意味着该模型无法应对更恶劣的文本对抗攻击场景；其次是该单词识别模型具有防御偏好，对字符交换攻击有着更好的防御性能，而一个性能良好的文本对抗防御模型应该能够同时较好地应对多种攻击形式。

下面将要介绍的两步拼写校正模型对这些问题进行了解决。

13.3.1　模型简介

两步拼写校正（Detector-Corrector，DE-CO）模型结构如图 13-2 所示。DE-CO 模型由一个误拼写单词识别器和一个误拼写单词校正器组成。误拼写单词识别器的功能是识别出对抗样本中的误拼写单词，并将这些误拼写单词提供给误拼写单词校正器做校正工作，同时保证对抗样本中的正确拼写单词不被修改。误拼写单词校正器的功能是根据误拼写单词的拼写信息和上下文信息，对误拼写单词进行校正。算法 13.1 描述了 DE-CO 模型的工作流程。

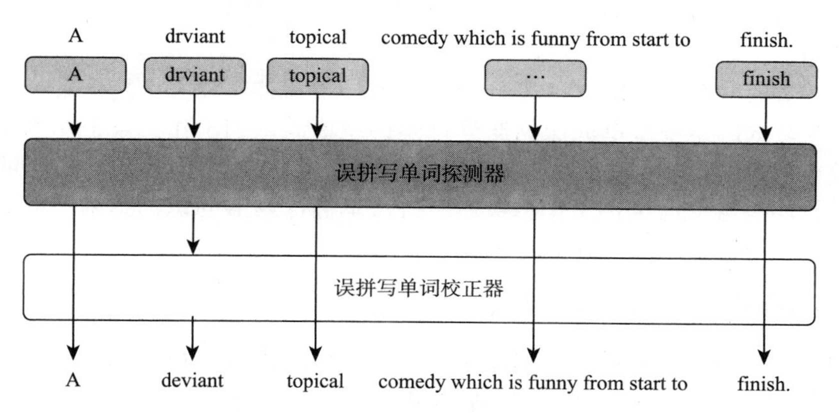

图 13-2　两步拼写校正模型

算法 13.1　通过 DE-CO 模型防御对抗样本

Input：对抗样本 $\boldsymbol{x}$，误拼写单词探测器 D，误拼写单词校正器 C，文本分类器 f
Output：标签 y
1：$\text{output}_D \leftarrow D(\boldsymbol{x})$
2：$\text{output}_C \leftarrow C(\boldsymbol{x})$
3：$\text{len}_x \leftarrow \text{len}(x)$
4：$\tilde{x} \leftarrow x$
5：**for** $i=1$ to len_x **do**
6：　**if** $\text{output}_D[i]==1$ **then**
7：　　$\tilde{\boldsymbol{x}}[i] \leftarrow \text{output}_C[i]$
8：　**end if**
9：**end for**
10：$y \leftarrow f(\tilde{\boldsymbol{x}})$
11：Return y

13.3.2　两步拼写校正模式

在鲁棒单词识别器[1]中，无论样本中是否存在误拼写单词，都会将样本中的所有单词分别映射到正确拼写单词集合。也就是说，在鲁棒单词识别器中，对于误拼写单词的识别和校正被合并到了同一个步骤中。这样就会带来一个问题：误拼写单词识别器会将样本中的部分正确拼写单词识别为单词表中的其他单词。造成这一现象的主要原因为鲁棒单词识别模型使用了一个规模为一万词的词表，而实际训练集的词表大小超过了一万六千词。为减少多分类任务的复杂程度并保证多分类任务的准确率，部分低频词的信息被鲁棒单词识别器舍弃。当这些词出现在样本中时，会被直接映射到对文本分类结果影响很小的冠词“a”上。保证误拼写单词校正能力的同时，词表规模的减小也牺牲了鲁棒单词识别器保持正确拼写单词不被误修改的能力，而两者都是字符级对抗样本校正工作所需要的能力。

基于上述观察与分析，DE-CO 模型使用了两步拼写校正模式。具体来说，就是使用一个词表规模较大的误拼写单词探测器进行误拼写单词识别工作，对于样本中的每个单词进行二分类，识别该单词是否为误拼写单词；同时使用一个词表规模较小的误拼写单词校正器进行误拼写单词校正工作。根据误拼写单词探测器的识别结果，将有拼写错误的单词替换为误拼写单词校正器的校正结果，剩余词保持不变。

13.3.3　误拼写单词探测器

DE-CO 模型通过误拼写单词探测器来检测样本中的误拼写单词。误拼写单词探测从本质上来说是一个序列标注问题。对于序列中的每一个单词，都存在着一个二分类问题，即该单词是否为一个误拼写单词。

DE-CO 模型使用了双向的长短期记忆网络[3] 来解决这个问题。使用训练集的所有单词建立一个可供查询的单词表，所有输入文本中的单词都将使用该单词表进行编码。在每个时间步中，长短期记忆网络隐藏层向量的连接会被全连接神经网络处理，进而得到一个二分类结果。误拼写单词探测器的模型架构如图 13-3 所示。一般来说，二分类任务的评价指标为准确率，可以直接使用交叉熵损失来优化模型参数。然而，对抗样本中的误拼写单词识别任务是一个不均衡二分类问题。根据文本对抗样本[4] 的定义，对抗样本与原文本的差异应该足够小，因此误拼写单词在对抗样本中所占的比例非常小。在实际实验中，每个对抗样本所包含的误拼写单词数为 1 到 2 个。

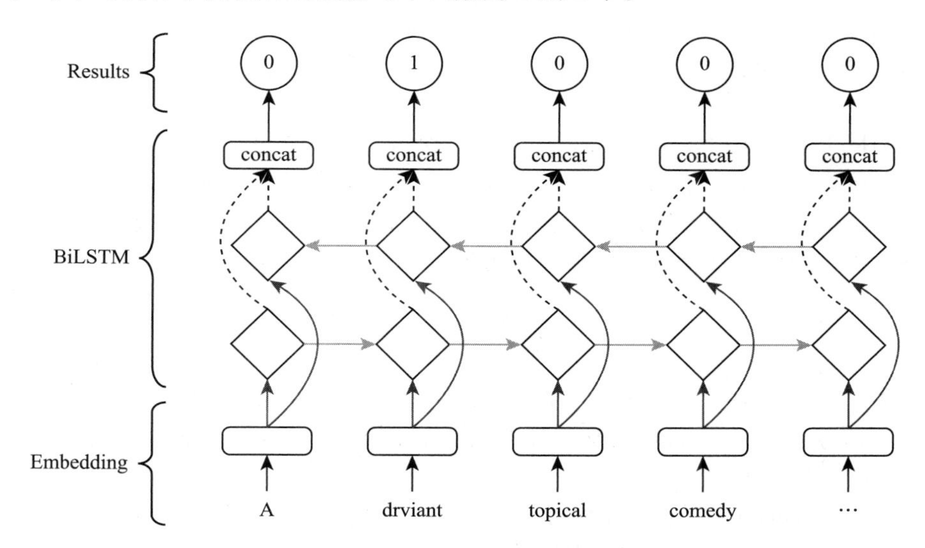

图 13-3　误拼写单词探测器模型架构

为了防止不均衡分类带来的过拟合问题，DE-CO 模型使用了代价敏感学习方法，使用加权的交叉熵损失来训练误拼写单词探测器。具体来说，就是为“误拼写单词”这一类别的损失添加了更大的权重。误拼写单词探测器的损失函数如下：

$$L = -\frac{1}{W}\sum_{i=1}^{W}\left[(1-\alpha)\cdot y_i\cdot\log(p_i)+\alpha\cdot(1-y_i)\cdot\log(1-p_i)\right] \tag{13.1}$$

其中，W 为误拼写单词探测器要识别的单词总数，y_i 表示样本 i 的标签，正标签为 1，负标签为 0，p_i 表示模型预测样本 y_i 标签为正的概率，α 为调整两种类别样本损失重要程度的超参数。

为“误拼写单词”这一类别的样本损失赋予更大的权重，也意味着在误拼写单词探测这一二分类任务中，召回率是更被看重的指标。因为在对抗样本的防御任务中，是在对抗样本中占少数的误拼写单词直接导致了下游文本分类器的分类失误。而且，即使一个拼写正确的单词被分类为误拼写单词，其校正结果也很有可能是它本身。因此，“误拼写单词”的识别在这个二分类问题中更加重要。

13.3.4 误拼写单词校正器

DE-CO 模型通过误拼写单词校正器来对检测出的误拼写单词进行校正。从本质上来说，这是一个多分类问题，目的是将误拼写单词映射到单词表中的合法单词上。有两方面的信息可以被利用，一是误拼写单词的拼写信息，二是合法单词的上下文信息。

为了利用误拼写单词中更丰富的拼写信息，误拼写单词校正器使用单词中各个字符独热编码的连接作为单词的表示，这样的做法可以保留单词中每个字符的信息。具体来说，要统计出单词表中所有单词的最大词长，并将所有单词都填充到该最大长度。然后可以得到等长的单词表示向量。这样的单词表示形式增强了模型抵御多种攻击的能力，且不依赖于单词的首尾字符信息，能够让模型在更恶劣的攻击环境下保持良好的鲁棒性。

为了利用上下文中合法单词的语义信息，误拼写单词校正器使用了长短期记忆网络模型处理对抗样本中所有单词的相应单词向量，并在每个时间步通过 softmax 函数将单词表示映射到单词表中的合法单词。该模型的架构与图 13-3 类似，区别为最上方的二分类变成了多分类。该模型使用交叉熵损失作为损失函数，公式如下：

$$L = -\frac{1}{W}\sum_{i=1}^{W}\sum_{c=1}^{V} y_{ic}\log(p_{ic}) \tag{13.2}$$

其中，W 为误拼写单词校正器要校正的单词总数，V 为单词表中合法单词总数，y_{ic} 为指示变量（取值为 0 或 1），若该类别和样本 i 的标签相同就为 1，否则为 0，p_{ic} 表示模型预测样本 y_i 标签为 c 的概率。

对于误拼写单词探测器识别出的误拼写单词，使用误拼写单词校正器输出的结果进行校正。如果误拼写单词校正器映射出的结果是未知单词（UNKnown word，UNK），就直接删掉该词。对于被误拼写单词识别器识别为正确的词，忽略误拼写单词校正器的校正结果，直接保留原文本中的单词形式。

13.4 应用实践

本小节将给出误拼写单词探测器、误拼写单词校正器、字符级对抗攻击的 Python 代码，并对两步拼写校正模型进行实验分析。

13.4.1 核心代码

本小节中部分代码借鉴自[1] 的工作⊖。

误拼写单词探测器的构造代码如列表 13.1 所示，训练出的模型可检测出样本中的误拼写单词。

⊖ https://github.com/danishpruthi/adversarial-misspellings

列表 13.1　误拼写单词探测器代码

```
1  # -*- coding: utf-8 -*-#
2  # Name:         word_recognition
3  # Description: 误拼写单词检测器
4
5  import torch.nn as nn
6  from torch.nn.utils.rnn import pack_padded_sequence,pad_packed_sequence
7
8
9  class RNNWordDetector(nn.Module):
10     def __init__(self,word_vocab_size,embedding_dim,hidden_dim,output_dim):
11         super(RNNWordDetector,self).__init__()
12
13         self.embedding_dim = embedding_dim
14         self.hidden_dim = hidden_dim
15
16         self.embedding = nn.Embedding(word_vocab_size,embedding_dim,padding_idx=0)
17         self.lstm = nn.LSTM(embedding_dim,hidden_dim,1,batch_first=True,bidirectional=
           True)
18         self.linear = nn.Linear(2 * hidden_dim,output_dim)
19
20     def forward(self,input_data,seq_lens):
21     # input_data batch_size,ax_seq_len
22     # seq_lens batch_size
23     input_emb = self.embedding(input_data)
24     packed_seqs = pack_padded_sequence(input_emb,seq_lens,batch_first=True)
25     # output batch_size,max_seq_len,2 * hidden_dim
26     packed_output,_ = self.lstm(packed_seqs)
27     h,_ = pad_packed_sequence(packed_output,batch_first=True)
28     # out (batch_size,max_seq_Len,output_dim)
29     out = self.linear(h)
30     # out (batch_size,output_dims,max_seq_Len)
31     out = out.transpose(dim0=1,dim1=2)
32     # print(out.shape)
33     return out
```

误拼写单词校正器的构造代码如列表 13.2 所示，训练出的模型可校正样本中的误拼写单词。

列表 13.2　误拼写单词校正器代码

```
1  # -*- coding: utf-8 -*-#
2  # Name:          word_corrector
3  # Description:  误拼写单词校正器
4
5  from torch import nn
6
7
```

```
 8  class CharCorrector(nn.Module):
 9      def __init__(self,char_vocab_size,embed_size,hdim,output_dim):
10          super(CharCorrector,self).__init__()
11          self.embedding = nn.Embedding(char_vocab_size,embed_size,padding_idx=0)
12          self.lstm = nn.LSTM(embed_size,hdim,1,batch_first=True,bidirectional=True)
13          self.linear = nn.Linear(2*hdim,output_dim)
14
15      def forward(self,inp):
16          #inp (batch_size x max_seq_len)
17          char_embed = self.embedding(inp)
18          output,_ = self.lstm(char_embed)
19          #output (batch_size,hdim*2)
20          output = output[:,0,:]
21          out = self.linear(output) #out is batch_size x class_size
22          return out #out is batch_size x class_size
```

字符级文本对抗攻击代码如列表 13.3 所示，可生成字符级的文本对抗样本（以字符的删除和交换为例）。

列表 13.3 字符级文本对抗攻击

```
 1  #-*- coding:utf-8 -*-#
 2  #Name:          attacks
 3  #Description:  字符级文本对抗攻击
 4
 5  import string
 6  from nltk.corpus import stopwords as SW
 7  from collections import defaultdict
 8  import random
 9  import numpy as np
10
11  np.random.seed(42)
12  random.seed(42)
13
14  stopwords = set(SW.words("english")) | set(string.punctuation)
15  keyboard_mappings = None
16
17  MIN_LEN = 5
18
19  def drop_one_attack(line,ignore_indices = set(),include_ends=False,random_one=False):
20      words = line.split()
21      for idx,word in enumerate(words):
22          if len(word) < 3: continue
23          if word in stopwords: continue
24          if idx in ignore_indices: continue
25          if random_one:
26              if include_ends:
27                  i = random.randint(0,len(word)-1)
28              else:
```

```
29                  i = random.randint(1,len(word) - 2)
30              adversary_word = word[:i] + word[i + 1:]
31              yield idx," ".join(words[:idx]+[adversary_word]+words[idx+1:])
32          else:
33              if include_ends:
34                  adversary_words = [word[:i] + word[i+1:] for i in range(0,len(word))]
35              else:
36                  adversary_words = [word[:i] + word[i+1:] for i in range(1,len(word)-1)]
37              for adv in adversary_words:
38                  yield idx," ".join(words[:idx] + [adv] + words[idx+1:])
39
40
41  def swap_one_attack(line,ignore_indices = set(),include_ends=False,random_one=False):
42      words = line.split()
43      for idx,word in enumerate(words):
44          if len(word) < MIN_LEN: continue
45          if word in stopwords: continue
46          if idx in ignore_indices: continue
47          if random_one:
48              if include_ends:
49                  i = random.randint(0,len(word)-2)
50              else:
51                  i = random.randint(1,len(word) - 3)
52              adv = word[:i] + word[i + 1] + word[i] + word[i + 2:]
53              yield idx," ".join(words[:idx] + [adv] + words[idx + 1:])
54          else:
55              if include_ends:
56                  adversary_words = [word[:i] + word[i + 1] + word[i] + word[i + 2:] for i in
                    range(0,len(word)-1)]
57              else:
58                  adversary_words = [word[:i] + word[i + 1] + word[i] + word[i + 2:] for i in
        range(1,len(word)-2)]
59
60              for adv in adversary_words:
61                  yield idx," ".join(words[:idx] + [adv] + words[idx+1:])
```

13.4.2 实验设置

1. 对抗样本生成

首先介绍对抗样本的生成策略：共使用四种可能的字符修改方式来攻击一个单词。

- 添加字符：向单词中添加一个字符。例如，将 “apple” 变为 “appole”。
- 删除字符：删除单词中的一个字符。例如，将 “apple” 变为 “aple”。
- 交换字符：交换单词中两个相邻的字符。例如，将 “apple” 变为 “aplpe”。
- 替换字符：将单词中的一个字符替换为 QWERTY 键盘上的一个相邻字符。例如，将 “apple” 变为 “appke”。

为了保证对抗样本的语义完整性，停用词以及少于 4 个字符的单词不会被攻击。

然后介绍实验中采用的攻击策略：遍历扰动样本。具体来说，就是针对样本中的每个单词，依次尝试所有的字符级攻击手段。根据句子中被攻击的单词数量，攻击可以被分为单字符攻击和双字符攻击两种。对于单字符攻击而言，攻击策略会对句子中的每个单词分别尝试上述四种攻击手段，直到策略发现一个能够让文本分类器分类失误的对抗样本为止。对于双字符攻击而言，攻击策略会首先固定住单字符攻击的结果，该单字符攻击使得文本分类模型在正确标签上的置信度最低。然后攻击策略会在样本的剩余单词中依次尝试上述四种攻击手段，直到发现一个能够让文本分类器分类失误的对抗样本为止。只要某样本存在让文本分类器分类失败的对抗样本，就判断文本分类器在该样本上分类错误。

2. 数据集

实验使用斯坦福情感分类数据集（Stanford Sentiment Treebank，SST）[5] 中的影评文本进行了对抗样本的生成，并使用相应对抗样本对 DE-CO 模型进行了测试。SST 数据集由 8544 条影评组成，其单词表中的单词数目超过 16 000。实验中的所有模型都是在 SST 数据集的二分类版本下进行训练和评估的。在该版本的数据集中，只有分类标签为积极和消极的影评。实验分别使用了单字符攻击和双字符攻击的攻击策略来攻击这些影评以生成对抗样本。SST 数据集中的文本内容来自影评网站，标签内容由人工标注而来。表 13-1 展示了 SST 数据集中部分数据样例。可以发现，这些影评长短不一，无论在积极情绪类别的影评中，还是在消极情绪类别的影评中，都有较长和较短的文本同时存在。表 13-2 展示了两个实验中的对抗样本示例。观察表中的对抗样本可以发现，错误拼写单词会阻碍情感分析模型对于文本中关键信息的识别，完全改变了模型对相应样本的分类决策。

表 13-1　数据集样本示例

影评	情绪倾向
The gorgeously elaborate continuation of "The Lord of the Rings" trilogy is so huge that a column of words can not adequately describe co-writer director Peter Jackson's expanded vision of J. R. R. Tolkien's Middle-earth .	积极
a screenplay more ingeniously constructed than "Memento"	积极
Despite its Hawaiian setting, the science-fiction trimmings and some moments of rowdy slapstick , the basic plot of "Lilo" could have been pulled from a tear-stained vintage Shirley Temple script.	消极
You 'd think by now America would have had enough of plucky British eccentrics with hearts of gold.	消极

表 13-2　对抗样本示例

影评	情绪倾向分类
scores a few **points** for doing what it does with a dedicated and good-hearted professionalism.	积极
scores a few **poins** for doing what it does with a dedicated and good-hearted professionalism.	消极
not a movie but a live-action agitprop cartoon so shameless and **coarse**, it 's almost funny.	消极
not a movie but a live-action agitprop cartoon so shameless and **caorse**, it 's almost funny.	积极

3. 模型评估

DE-CO 模型为两种输入形式的下游文本分类器提供了防御：单词级文本分类器和字符级文本分类器。下游文本分类器使用长短期记忆网络架构来解决情感分类任务。输入形式为单词级的文本分类器根据训练集的所有单词建立单词查询表，并根据该表对单词进行编码。输入形式为字符级的文本分类器则使用一个独立的长短期记忆网络模型来处理单词中的所有字符，进而生成一个单词向量。因为 DE-CO 模型的目标是保护文本分类器免受对抗样本的干扰，所以主要使用下游分类器对对抗样本的分类准确率来评估 DE-CO 模型的性能。另外，实验还使用了修改失误率（MER）和单词失误率（WER）两个指标来对 DE-CO 模型进行综合评估。

实验分别使用了四种攻击策略来生成对抗样本，并统计下游分类器的分类准确率。实验也在两种不同的攻击场景下对 DE-CO 模型进行了评估，两种场景的区别为单词的首尾字符是否能够被攻击。然后可观察场景变化带来的下游分类器准确性的下降，以评估模型对每个单词的首、尾字符的依赖性，以及在恶劣攻击环境下的鲁棒性。

4. 基线方法

实验还使用了以下三种方法处理对抗样本，并将这三种方法作为基线方法。

- 对抗训练方法（Adv）：对抗训练方法属于训练数据优化方法[6]。具体方法为将造成文本分类器分类失误的对抗样本添加到训练集中，再对文本分类模型进行重新训练。一直在训练集上重复生成对抗样本和模型的重训练过程，直到文本分类器在基于验证集生成的对抗样本集上分类准确率不再提升为止。
- 开源拼写校正器方法（After the Deadline，AtD）：AtD 是一个开源拼写校正器㊀。AtD 是表现最佳的可免费获得的拼写校正器[1]。AtD 是一个基于规则的拼写校正系统，可将误拼写单词映射到正确拼写单词。
- 前人的拼写检测工作（ScRNN）：ScRNN 被用于鲁棒单词识别[2]。该模型通过特殊的单词编码方式对单词进行识别。具体来说，该模型的单词编码由三部分的连接组成，第一部分是单词首字符的独热编码，第二部分是单词中间字符的袋式编码，第三部分是单词尾字符的独热编码。在 ScRNN 模型遇到对抗样本中有单词无法识别的情况时，又提出了三种后备方法以处理这些单词[1]。在三种方法中，将未识别单词替换为对情感分类无影响的冠词“a”这种方法表现最好，所以在实验中也使用这种后备方法。

5. 模型配置

（1）被攻击模型的配置

在实验中攻击了两个架构一致、文本输入形式不同的影评情绪分类器。

两个文本分类器先将输入的句子编码为单词向量序列，再将单词向量序列按照顺序输入到双向长短期记忆网络模型中。双向长短期记忆网络将单词向量序列处理为两个隐藏层状态向量，再将这两个隐藏层状态向量的连接输入 softmax 层进行情绪分类。

㊀ http://www.afterthedeadline.com

两个文本分类器的输入形式描述如下所示。

- 单词级输入：根据训练集数据建立单词查询表，根据词表将单词映射到其对应的单词嵌入向量。
- 字符级输入：使用一个独立的单层双向长短期记忆网络模型，该模型负责将单词映射为字符嵌入向量序列，并将该序列处理为单词嵌入向量。

在上述模型中，单词嵌入向量的维度均为 64，字符嵌入向量的维度为 32，双向长短期记忆网络的隐藏层向量维度为 64。

（2）ScRNN 模型的配置

实验中的 ScRNN 模型是使用一个单词双向长短期记忆网络实现的，其隐藏层向量的维度为 50，输入单词向量的维度为 198 维，也就是字符表规模（66）的 3 倍。该模型输出时使用的单词表大小为 10 000，即选取了训练集中出现频率最高的 10 000 个词。

（3）DE-CO 模型的配置

DE-CO 模型由一个误拼写单词探测器和一个误拼写单词校正器组成。对于误拼写单词探测器，实验中使用了一个隐藏层向量维度为 64 的单层双向长短期记忆网络。所有出现在 SST 训练集中的单词都被用于建立单词查询表，单词向量的维度设置为 64。使用 SST 训练集中所有的样本对模型进行训练。训练样本中每个单词被攻击的概率是 0.5，四种攻击方式以等概率的方式出现。模型是根据交叉熵损失进行优化的。为了解决二分类问题样本不均衡的问题，在实验中使用超参数 α 来控制损失函数中两个类别损失的加权情况。具体来说，α 是由于将正确拼写单词误分类为误拼写单词所造成的损失的权重，$1-\alpha$ 是由于将误拼写单词误分类为正确拼写单词所造成的损失的权重。实验表明，当 α 的值为 0.04 时，下游分类器有最高的准确率。对于误拼写单词校正器，实验中同样使用了一个隐藏层向量维度为 64 的单层双向长短期记忆网络。所有的单词被表示为单词中所有字符独热编码的连接，然后被输入双向长短期记忆网络中。最长的单词由 13 个字符组成，字符独热编码的长度为 67。因此，每个单词被表示成长度为 871 维的向量。模型使用 SST 数据集中前 10 000 个出现最为频繁的单词作为双向长短期记忆网络每一时间步的候选词。实验中使用 SST 训练集中所有的样本对模型进行训练。句子中每个单词被攻击的概率为 0.5，四种攻击手法被选用的概率也是均等的。模型是通过交叉熵损失来进行优化的。

13.4.3　实验分析

1. 主实验结果

实验测试了情感分析模型在不同程度的攻击和多种防御方法下的鲁棒性，实验结果如表 13-3 所示。输入形式为单词级的分类器被表示为 BiLSTM-Word。输入形式为字符级的分类器被表示为 BiLSTM-Char。用于防御对抗性拼写错误的方法被标注在加号后面。实验分别使用四种攻击方法生成了四种类别的对抗样本，并分别使用不同类别的对抗样本以及四种对抗样本的混合形式来测试不同模型搭配下的分类准确率。表格中同样统计了模型的最低分类准确率，表明了该模型在不同攻击方式下的最差表现水平。表 13-3 中每一列表示一种攻击场景，第一列为无攻击场景，第二列到第五列分别表示字符级的交换、删除、插入、替换攻击，第六列为当前模型表现最差的攻击场景，最后一列为多种攻击方法共存的攻击环境。表 13-3 上半部分的攻击场景是单词的首尾字符不允许被攻击。表 13-3 下半部分的攻击场景是单词的首尾字符允许被攻击。从表 13-3 中的数据可以看出，即使句子中只有一个单词拼写出现错误，文本分类器的准确率也会出现大幅下降，而且字符级分类器的这一现象尤为明显。另外，较之其他方法，DE-CO 模型在多种攻击场景下都有着更高的稳定性。实验结果证明，DE-CO 增强了情感分析模型对多种攻击方式下产生的对抗样本的防御能力。

表 13-3 不同场景下下游分类器准确率

模型	准确率(单字符攻击/双字符攻击,单位为%)						
	无	交换	删除	插入	替换	最差	混合
每个单词的首尾字符不允许被攻击							
BiLSTM-Word	77.5	(62.5/53.5)	(57.5/45.5)	(59.5/46.5)	(59.0/46.0)	(57.5/45.5)	(57.0/44.0)
BiLSTM-Word+Adv	80.5	(58.5/46.0)	(55.0/40.5)	(55.0/37.5)	(56.0/40.5)	(55.0/37.5)	(53.0/36.0)
BiLSTM-Word+AtD	78.5	(76.0/74.5)	(63.5/55.5)	(**73.5/71.5**)	(65.0/61.5)	(63.5/55.5)	(57.5/48.0)
BiLSTM-Word+ScRNN	77.0	(**77.0/77.0**)	(**68.0/63.0**)	(71.0/67.0)	(59.0/49.0)	(59.0/49.0)	(58.0/45.0)
BiLSTM-Word+DE-CO	78.5	(75.0/75.0)	(66.0/61.5)	(69.0/64.5)	(**66.0/62.5**)	(**66.0/61.5**)	(**62.0/55.0**)
BiLSTM-Char	69.5	(51.0/41.5)	(42.0/32.0)	(46.0/31.5)	(34.5/18.5)	(34.5/18.5)	(33.0/15.0)
BiLSTM-Char+Adv	71.5	(54.0/43.5)	(48.5/36.0)	(31.5/15.0)	(38.0/20.0)	(31.5/43.5)	(30.0/10.0)
BiLSTM-Char+AtD	69.5	(64.5/63.5)	(55.5/46.0)	(**66.5/64.5**)	(**57.0**/48.5)	(**55.5**/46.0)	(**50.0**/39.0)
BiLSTM-Char+ScRNN	70.0	(**70.0/70.0**)	(**56.5/54.0**)	(60.5/56.0)	(47.5/42.5)	(47.5/42.5)	(46.0/39.5)
BiLSTM-Char+DE-CO	69.5	(66.5/66.0)	(53.5/48.0)	(58.0/53.5)	(54.5/**51.5**)	(53.5/**48.0**)	(49.0/**40.0**)
每个单词的首尾字符允许被攻击							
BiLSTM-Word	77.5	(62.5/53.5)	(56.5/43.0)	(55.0/38.5)	(56.5/43.5)	(55.0/38.5)	(52.0/33.0)
BiLSTM-Word+Adv	80.5	(58.5/46.0)	(52.5/38.0)	(51.5/32.5)	(55.0/37.5)	(51.5/32.5)	(48.0/29.5)
BiLSTM-Word+AtD	78.5	(72.5/70.5)	(57.0/44.5)	(**67.0/61.5**)	(54.0/44.5)	(54.0/44.5)	(49.5/36.0)
BiLSTM-Word+ScRNN	77.0	(65.5/59.0)	(**60.5**/50.0)	(63.0/52.0)	(53.5/43.0)	(53.5/43.0)	(48.5/31.0)
BiLSTM-Word+DE-CO	78.5	(**74.5/74.5**)	(**60.5/51.5**)	(63.5/56.5)	(**58.0/52.0**)	(**58.0/52.0**)	(**54.5/42.5**)
BiLSTM-Char	69.5	(44.5/31.0)	(36.5/21.0)	(39.5/21.5)	(27.0/8.5)	(27.0/8.5)	(24.0/7.5)
BiLSTM-Char+Adv	71.5	(46.5/34.0)	(38.0/23.0)	(24.5/5.5)	(29.0/9.0)	(24.5/5.5)	(19.5/4.0)
BiLSTM-Char+AtD	69.5	(62.5/60.0)	(44.5/28.0)	(**57.5/46.5**)	(40.0/26.0)	(40.0/26.0)	(35.0/18.0)
BiLSTM-Char+ScRNN	70.0	(53.5/46.5)	(48.0/**40.5**)	(51.5/39.5)	(44.5/36.5)	(44.5/36.5)	(39.0/24.5)
BiLSTM-Char+DE-CO	69.5	(**65.0/64.5**)	(**49.0**/37.5)	(52.5/**46.5**)	(**49.0/44.0**)	(**49.0/37.5**)	(**42.5/28.5**)

实验还分别计算了 DE-CO 模型与 ScRNN 模型的 MER 指标，该指标的值是使用被误修改的正确拼写单词数量比所有正确拼写单词数量得到的，实验结果如表 13-4 所示。从表 13-4 中的数据可以看出，无论单词的首尾字符是否可以被攻击，DE-CO 模型的 MER 指标都要低于 ScRNN。这表明 DE-CO 能够更好地保留对抗样本中正确拼写单词的信息。这也表明防止拼写校正器在校正过程中引入新的错误对下游文本分类器准确率的提升是有帮助的。

表 13-4　MER 指标的提升

防御方法	MER[㊀]	防御方法	MER
每个单词的首尾字符不允许被攻击		每个单词的首尾字符允许被攻击	
ScRNN	7.9723%	ScRNN	7.9668%
DE-CO	7.4187%	DE-CO	7.3941%

2. 误拼写单词探测器相关实验结果

误拼写单词探测器的测试结果如图 13-4 所示。图中显示的是使用不同权重的交叉熵损失训练出的模型效果情况。横轴 α 是“正确拼写单词”这一类别的损失权重，相应地，$1-\alpha$ 是“错误拼写单词”这一类别的损失权重。图中的-●-线是当权重选取不同的 α 值时，下游分类器的准确率，-☆-线则是误拼写单词探测器的分类准确率。从图中可以看出，下游分类器的准确率与误拼写单词探测器的准确率并非线性关系，误拼写单词探测器的召回率对文本分类模型的鲁棒性而言是一个更加重要的参数。因此，找到误拼写单词探测器召回率与查准率之间的平衡对文本分类模型的鲁棒性十分重要。

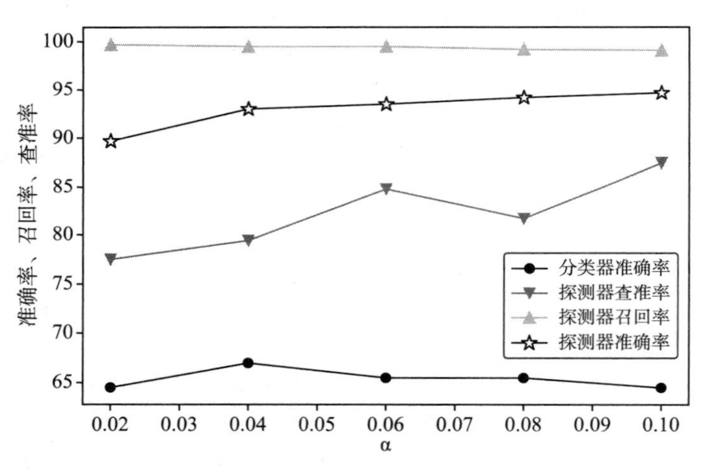

图 13-4　误拼写单词探测器相关实验结果

表 13-5 展示了一个误拼写单词探测器的测试实例。在该实例中，句子中多个单词都出现了被扰动的现象，其中大部分都被扰动成单词表中不存在的单词（如单词“have”被扰动到“hae”），也出现了少部分单词被扰动到其他正确拼写单词的现象（如单词“like”被扰动到“lie”）。标签“0”代表正确拼写单词，标签“1”代表误拼写单词，从表 13-5 中的结果可以看出，误拼写单词探测器对于这两种情况都能做出较为正确的判断。

㊀　句子中 15% 的单词遭到攻击。攻击方式是从四种攻击方法中随机选择一个。

表 13-5　误拼写单词探测器测试实例

影评状态	
原影评	if you sometimes like to go to the movies to have fun, wasabi is a good place to start.
扰动后影评	if you sometimes **lie tfo gho** to the **moveis** to **hae** fun, wasabi **irs** a good place to **sart**.
误拼写单词探测器测试实例	
预测结果	0,0,0,1,1,1,0,0,1,0,1,0,0,0,1,0,1,0,0,1,0
真实标签	0,0,0,1,1,1,0,0,1,0,1,0,0,0,1,0,0,0,0,1,0

3. 误拼写单词校正器相关实验结果

为了测试误拼写单词校正器的拼写校正能力，实验计算了 DE-CO 模型的 WER 指标，并将其与 ScRNN 模型比较，如表 13-6 所示。从表中的数据可以看出，即使在单词首尾字符不能被攻击的场景下，DE-CO 模型的误拼写单词校正器在该指标上也优于 ScRNN 模型，这意味着 DE-CO 模型的误拼写单词校正器对于单词的拼写信息有着更加有效的利用。当单词的首尾字符允许被攻击后，ScRNN 模型的 WER 指标有大幅上升，这表现出 ScRNN 模型对于单词的首尾字符有着强烈的依赖性。然而 DE-CO 模型的 WER 指标并未受到相应改变的影响，这意味着 DE-CO 模型在不同的攻击场景下都能有稳定的表现。

表 13-6　WER 指标的提升

防御方法	WER[㊀]	防御方法	WER
每个单词的首尾字符不允许被攻击		每个单词的首尾字符允许被攻击	
ScRNN	10. 0493%	ScRNN	18. 4854%
the misspelled word corrector of DE-CO	8. 3630%	the misspelled word corrector of DE-CO	8. 3630%

4. 消融实验结果

为了验证 DE-CO 模型各个部分的有效性，消融实验从两个方面展开，实验结果如表 13-7 所示。

首先，实验验证了误拼写单词探测器能够缓解正确拼写单词被误修改的问题。从表 13-7 中可以观察到，在移除 DE-CO 模型的误拼写单词探测器前后，下游分类器的准确率变化和 MER 这一指标的变化。MER 指标的上升表明移除误拼写单词探测器后，DE-CO 模型会将更多的正确拼写单词修改为其他单词，误拼写单词探测器能够起到防止正确拼写单词被误修改的作用。随着 MER 指标的上升，下游文本分类器的准确率也有一定的下降，这说明对正确拼写单词的保留有助于下游文本分类器的分类决策。

另外，实验验证了误拼写单词校正器中双向长短期记忆网络结构在上下文信息提取方面的有效性。从表 13-7 可以看出，移除了双向长短期记忆网络结构后，下游分类器的

㊀ 句子中所有的单词都遭到攻击。攻击方式是从四种攻击方法中随机选择一个。

分类准确率大幅下降，这说明双向长短期记忆网络结构的确提取了文本的上下文信息以辅助校正误拼写单词。

表 13-7　消融实验结果

模型	准确率㊀	MER㊁
DE-CO	60.6%/48.5%	7.5%
DE-CO without misspelled word detector	60.6%/44.4%	8.0%
DE-CO without BiLSTM	55.6%/36.3%	—

5. 模型关键参数影响实验

如图 13-5 所示为当对抗样本中被攻击单词占比不同时，误拼写单词探测器训练中不同的二分类交叉熵损失权重对下游文本分类器准确率的影响。被攻击单词在对抗样本中的占比包括 10%、15%、25%、35%。在误拼写单词探测器的二分类任务中，各个单词的标签有“正确拼写单词”和“错误拼写单词”两种。图 13-5 的横轴 α 是“正确拼写单词”这一类别损失的权重，与此相对应，$1-\alpha$ 是“错误拼写单词”这一类别损失的权重。图 13-5 的纵轴是下游文本分类器的准确率。不同的曲线表明句子中被攻击单词的比例不同。

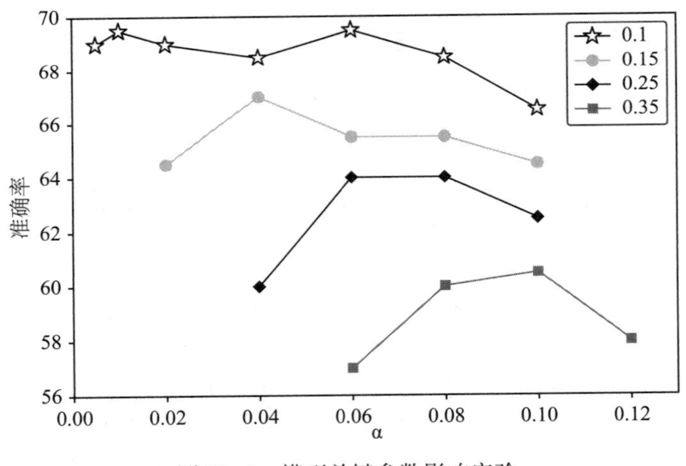

图 13-5　模型关键参数影响实验

从图 13-5 中可以发现，以最大化下游文本分类器的准确率为目标，随着句子中误拼写单词的数目增加，类别“正确拼写单词”相应损失的权重也应该随之增加。这也和处理不均衡二分类问题的经验相一致。

㊀ 在 1/2 个字符级的攻击下字符级输入分类器的准确性（每个单词的首尾字符允许被攻击）。

㊁ 句子中 15% 的单词遭受攻击。攻击方式为从四种攻击方法中随机选择一个。

6. 案例分析

表 13-8 展示了分别使用 ScRNN 模型和 DE-CO 模型进行防御后对几个对抗样本的校正情况。从表 13-8 可以发现，DE-CO 模型在一些场景下比 ScRNN 模型有着更好的效果。

表 13-8　案例分析

状态	影评
原影评	Rather quickly ,the film falls into a soothing formula of brotherly conflict and reconciliation.
+ScRNN	Rather quickly ,the film falls into a **shooting** formula of brotherly conflict and **a**.
+DE-CO	Rather quickly ,the film falls into a **shooting** formula of brotherly conflict and **reconciliation**.
原影评	-lrb- anderson -rrb- uses a hit-or-miss aesthetic that hits often enough to keep the film entertaining even if none of it makes a lick of sense .
被攻击	-lrb- anderson -rrb- **ulses** a hit-or-miss aesthetic that hits often enough to keep the film entertaining even if none of it makes a lick of sense .
+ScRNN	-lrb- anderson -rrb- **unless** a hit-or-miss aesthetic that hits often enough to keep the film entertaining even if none of it makes a lick of sense .
+DE-CO	-lrb- anderson -rrb- **uses** a hit-or-miss aesthetic that hits often enough to keep the film entertaining even if none of it makes a lick of sense .
原影评	Hands down the year 's most thought-provoking film.
被攻击	Hands down the **gyear** 's most thought-provoking film.
+ScRNN	Hands down the **a** 's most thought-provoking film.
+DE-CO	Hands down the **year** 's most thought-provoking film.

表 13-8 中的第一个例子是 DE-CO 模型和 ScRNN 模型分别对一条未经受攻击影评的处理结果。单词“reconciliation”在文本分类器的训练集中出现较少，所以 ScRNN 模型在构建单词表的过程中舍弃了这个词，导致该单词在实际处理时未被成功识别，直接被修改为对情感分类影响较小的冠词“a”。而 DE-CO 模型因为有误拼写单词探测器的存在，成功保留了单词“reconciliation”。另外，单词“soothing”同时被两个模型修正成了“shooting”。这是因为该词未出现在训练集的单词表中，两个拼写校正模型均未遇见过此单词，这造成了两个模型识别上的困难。因此，两个模型都将该单词映射成了拼写相似的另外一个已知单词。这也反映出误拼写单词校正模型的一个主要挑战——如何区分误拼写单词和正确拼写的未知单词。扩大误拼写单词探测器的单词表可能在一定程度上可以缓解这个问题。

表 13-8 中的第二个例子是使用字符插入攻击生成的对抗样本。从下游分类器准确率的表现来看，ScRNN 模型在字符插入的文本对抗攻击场景下表现最差。在这个例子中，ScRNN 模型将单词“ulses”识别成了“unless”，DE-CO 模型则成功地将单词还原成了“uses”。这说明 DE-CO 在多种攻击场景下都能提升下游文本分类器的鲁棒性。

表 13-8 中的第三个例子是在每个单词首尾字符允许被攻击的场景下生成的。ScRNN 模型对于首尾字符有着很强的依赖性，因此无法正常识别出单词“gyear”。DE-CO 模型则

没有这样的问题，成功将单词“gyear”校正为“year”。这说明 DE-CO 能够在更恶劣的攻击环境下保持稳定性。

13.5 本章小结

本章介绍了两种基于前置检测的情感分类防御模型，分别为鲁棒单词识别模型和 DE-CO 模型。两种模型均可在情感分析模型上游校正对抗样本中的拼写错误，以防御文本对抗攻击。

鲁棒单词识别模型主要依靠单词的首尾字符信息进行合法单词映射。DE-CO 模型则由一个误拼写单词探测器和一个误拼写单词校正器组成，分别实现了误拼写单词探测和校正的功能，能够在更恶劣的攻击环境下保持稳定性。

目前，基于前置检测的情感分类防御模型只能对字符级文本对抗攻击进行防御，对于词语级和句子级文本对抗攻击没有效果。而且，在实际的攻击场景中，攻击者可能会以多种形式展开攻击，寻找让防御模型表现最差的攻击方式。

参考文献

[1] PRUTHI D, DHINGRA B, LIPTON Z C. Combating adversarial misspellings with robust word recognition [C]//Proceedings of the 57th Annual Meeting of the Association for Computational Linguistics. [S. l.]: [s. n.], 2019: 5582-5591.

[2] SAKAGUCHI K, DUH K, POST M, et al. Robsut wrod reocginiton via semi-character recurrent neural network [C]//Thirty-first AAAI conference on artificial intelligence. [S. l.]: [s. n.], 2017.

[3] MA X, HOVY E. End-to-end sequence labeling via bi-directional lstm-cnns-crf [C]//Proceedings of the 54th Annual Meeting of the Association for Computational Linguistics (Volume1: Long Papers). [S. l.]: [s. n.], 2016: 1064-1074.

[4] PAPERNOT N, MCDANIEL P, SWAMI A, et al. Crafting adversarial input sequences for recurrent neural networks [C]//MILCOM 2016-2016 IEEE Military Communications Conference. [S. l.]: IEEE, 2016: 49-54.

[5] SOCHER R, PERELYGIN A, WU J, et al. Recursive deep models for semantic compositionality over a sentiment treebank [C]//Proceedings of the 2013 conference on empirical methods in natural language processing. [S. l.]: [s. n.], 2013: 1631-1642.

[6] GOODFELLOW I J, SHLENS J, SZEGEDY C. Explaining and harnessing adversarial examples [J]. arXiv preprint arXiv: 1412. 6572, 2014.

CHAPTER14

第14章

基于数据优化的情感分类防御

14.1 任务与术语

基于数据优化的情感分类防御方法主要是通过调整文本分类器训练数据的结构来增强文本分类器对于对抗样本的防御能力。面对文本对抗样本，基于数据优化的防御方法主要分为两种，一种是增大训练数据的复杂程度对情感分析模型进行再次训练；另一种是降低测试数据的复杂程度，以降低对抗样本对情感分析模型的影响。

- **情感分析任务**：给定文本样本 x，对应着感情类别标签 $y \in \dagger$，其中 $\boldsymbol{x}=\boldsymbol{x}_1$，$\boldsymbol{x}_2$，$\cdots$，$\boldsymbol{x}_L$ 是由 L 个单词组成的句子。文本 $\boldsymbol{x}$ 来自数据分布 p_{data}。设 $f \in F$ 为文本分类器，可映射 $\boldsymbol{x} \in \mathcal{X}$ 到 $\mathcal{Y}$，θ 为该文本分类器参数。
- **对抗样本**：若 $\hat{\boldsymbol{x}}=\hat{\boldsymbol{x}}_1$，$\hat{\boldsymbol{x}}_2$，$\cdots$，$\hat{\boldsymbol{x}}_L$ 由样本 $\boldsymbol{x}$ 经过字符级修改或同义词替换而来，且保证 $f(\hat{\boldsymbol{x}}) \neq f(\boldsymbol{x})$，则称 $\hat{\boldsymbol{x}}$ 为一个对抗样本。

14.2 数据增强方法

数据增强方法最早提出于图像领域[1]，使用启发式方法生成更具多样性的训练样本以缓解分类器的过拟合现象，也被用于文本对抗样本的防御。

可以在保证标签不变的情况下对图像样本进行两种变换[1]。第一种变换是图像的平移和镜像翻转，具体来说，就是从原本大小为 256 Π 256 的图像中随机截取大小为 224 Π 224 的子图，并将这些子图和它们的镜像翻转图像作为模型的训练集；第二种变换是改变训练集图像 RGB 通道的强度，具体来说，是在训练集图像的 RGB 像素值上进行主成分分析，再在主成分上添加噪声，以生成新的图像。两种方法有效地增大了图像训练集的复杂度，缓解了模型过拟合问题。

同样可将数据增强的方法应用到文本对抗防御，提升训练集文本的复杂程度，以应对测试场景中的对抗样本。具体来说，可以通过同义词替换、误拼写单词替换、增加单词、删除单词等操作处理训练集文本，以生成大量样本填充到训练集中。数据扩容方法可提升情感分析模型对于复杂样本的处理能力，在一定程度上缓解对抗样本带来的影响。

14.3 对抗训练方法

对抗训练方法是一种特殊的数据增强方法[1]。具体来说，就是用对抗攻击的方式生成对抗样本，并将对抗样本添加到训练集中，迭代训练分类模型直至模型收敛。

从模型训练的角度来说，对抗训练方法操作如下：固定一个训练完毕的深度神经网络分类模型的所有参数，为数据样本添加一个可训练的扰动变量，并根据数据样本的真实标签与模型的损失函数对该扰动变量进行调节，使得模型的损失最大。利用添加扰动变量后的数据再次对分类器模型进行训练，直到模型收敛。从损失函数的角度来说，相当于在损失函数中添加此项：

$$-\log p(y \mid \boldsymbol{x}+\boldsymbol{r}_{\text{adv}};\boldsymbol{\theta}) \tag{14.1}$$

$$\boldsymbol{r}_{\text{adv}}=\underset{\boldsymbol{r},\,\|\boldsymbol{r}\|\leqslant\epsilon}{\arg\min} \log p(y \mid \boldsymbol{x}+\boldsymbol{r};\hat{\boldsymbol{\theta}}) \tag{14.2}$$

其中，$\boldsymbol{x}$ 和 y 是训练数据样本，$\boldsymbol{r}$ 是扰动，$\boldsymbol{\theta}$ 是分类器模型参数，$\hat{\boldsymbol{\theta}}$ 是被固定的上一轮分类器模型参数。为了确保扰动的不可察觉性，令 $\|\boldsymbol{r}\| \leqslant \epsilon$。

然而，对于基于神经网络的分类器模型来说，我们难以找到令损失值最大的 $\boldsymbol{r}$ 的精确值。有一种方法可以高效找到 $\boldsymbol{r}_{\text{adv}}$ 的近似解[2]。具体来说，就是使用下式进行线性近似并施加 L_2 范数约束：

$$\boldsymbol{r}_{\text{adv}}=-\epsilon\boldsymbol{g}/\|\boldsymbol{g}\|_2,\boldsymbol{g}=\nabla_x \log p(y \mid \boldsymbol{x};\hat{\boldsymbol{\theta}}) \tag{14.3}$$

式中 ϵ 是一个超参数，可控制对抗样本的扰动大小。该式的本质是希望利用模型的梯度信息指导对抗样本的生成，扰动的近似值可通过神经网络的反向传播得到。

虚拟对抗训练则是对抗训练的一个变种[3]。虚拟对抗训练同样能够增强情感分析模型的鲁棒性，且是一种半监督的增强方法，只需要无标签数据即可完成。该方法与对抗训练的区别是损失函数添加项不同，虚拟对抗训练利用分类器对原样本预测的概率分布和分类器对于添加扰动后的样本预测的概率分布的 KL 散度作为损失项：

$$\text{KL}[p(\cdot \mid \boldsymbol{x};\boldsymbol{\theta}) \,\|\, p(\cdot \mid \boldsymbol{x}+\boldsymbol{r}_{v\text{-adv}};\boldsymbol{\theta})] \tag{14.4}$$

$$\boldsymbol{r}_{v\text{-adv}}=\underset{\boldsymbol{r},\,\|\boldsymbol{r}\|\leqslant\epsilon}{\arg\max} \text{KL}[p(\cdot \mid \boldsymbol{x};\hat{\boldsymbol{\theta}}) \,\|\, p(\cdot \mid \boldsymbol{x}+\boldsymbol{r},\hat{\boldsymbol{\theta}})] \tag{14.5}$$

公式中的参数情况与对抗训练方法一致。

由于图像领域中的数据为连续数据，而文本领域中的数据为离散数据，这就为对抗训练方法在文本领域中的应用带来了困难。可将对抗训练方法从图像领域引入了文本领域[4] 的具体方法是在情感分析模型的语义嵌入空间展开对抗攻击，避免了文本数据不连续这一问题的影响。

对于文本样本 $\boldsymbol{x}$，将其文本序列单词嵌入向量的连接 $[\bar{\boldsymbol{v}}^{(1)}, \bar{\boldsymbol{v}}^{(2)}, \cdots, \bar{\boldsymbol{v}}^{(T)}]$ 定义为 $\boldsymbol{s}$，将给定向量 $\boldsymbol{s}$ 后模型预测结果为 y 的条件概率定义为 $p(y \mid \boldsymbol{s};\boldsymbol{\theta})$，$\boldsymbol{\theta}$ 为模型参数。然后即可定义 $\boldsymbol{s}$ 上的对抗扰动 r_{adv} 为

$$\boldsymbol{r}_{\text{adv}}=-\epsilon\boldsymbol{g}/\|\boldsymbol{g}\|_2,\boldsymbol{g}=\nabla_s\log p(y\mid\boldsymbol{s};\hat{\boldsymbol{\theta}}) \tag{14.6}$$

为了保证情感分析模型对上式的扰动具备足够的鲁棒性，可定义对抗损失如下：

$$L_{\text{adv}}(\boldsymbol{\theta})=-\frac{1}{N}\sum_{n=1}^{N}\log p(y_n\mid\boldsymbol{s}_n+\boldsymbol{r}_{\text{adv},n};\boldsymbol{\theta}) \tag{14.7}$$

式中 N 为训练集中有标签样本的数目。对抗训练方法指的就是在训练时使用随机梯度下降方法最小化负的最大似然损失和对抗损失。

不过，对抗训练更多的是作为一种正则化方法提升文本分类模型在原始数据上的表现[4]。为了能够应对多种形式的文本对抗攻击，可使用多种文本对抗方法进行对抗样本的生成，再使用相应对抗样本对文本分类模型进行重训练。越来越多的研究都使用了对抗训练的方式作为文本对抗防御手段[5-8]。对抗训练能够较为有效地提升情感分析模型的鲁棒性。

14.4　错别字鲁棒编码

错别字鲁棒编码模型 RobEn[9] 主要通过降低测试数据的复杂程度来防御字符级对抗样本。RobEn 模型的主要思路是设计并实现一个“可复用”的鲁棒模块，该鲁棒模块的本质是一个可放置在任意模型上游的编码器，可将包含拼写错误的输入文本序列映射到一个更小、更稳定的离散编码空间。具体来说，就是将有拼写错误的单词映射到拼写正确的合法单词编码上，再利用映射后的编码重新训练情感分析模型以防御对抗样本。

下面介绍鲁棒编码模型 RobEn 构建的详细过程。首先选定一个较小的单词集合 V，该集合包含在训练集中出现最为频繁的 N 个单词。根据编辑距离，可将样本中的误拼写单词映射到单词集合 V。然而在映射的过程中，会遇到多个正确拼写单词共享同一个错误拼写单词的问题，可将拼写近似的单词聚类到同一个编码以解决这个问题。即将单词集合 V 中的单词聚类到 k 的编码上，再将单词表中的剩余单词和无法对应到合法单词的误拼写单词映射到特定的编码 $\boldsymbol{\pi}_{\text{OOV}}$。

如何将合法单词恰当地聚类成为一个问题，如图 14-1 所示。聚类方法既要保证对抗样本原本的语义信息留存，即对保真性的保证；又要保证同一单词的多个误拼写单词都能映射到该单词上，即稳定性的保证。图中的加重实线最大化地保证了稳定性，而忽视了保真性；虚线则最大化地保证了保真性，而忽视了稳定性；实线显然是一个均衡二者的更好选择。该编码器的设计过程主要考虑了保真性和稳定性之间的均衡。

为保证聚类后编码的稳定性，定义了需要最小化的稳定性指标 Stab[9]，该指标形式化后为

$$\text{Stab}(\boldsymbol{C})=-\sum_{i=1}^{N}\rho(\boldsymbol{w}_i)\mid B_{\pi}(\boldsymbol{w}_i)\mid \tag{14.8}$$

$$B_{\pi}(\boldsymbol{w})=\{\boldsymbol{\pi}(\tilde{\boldsymbol{w}});\tilde{\boldsymbol{w}}\in B(\boldsymbol{w})\} \tag{14.9}$$

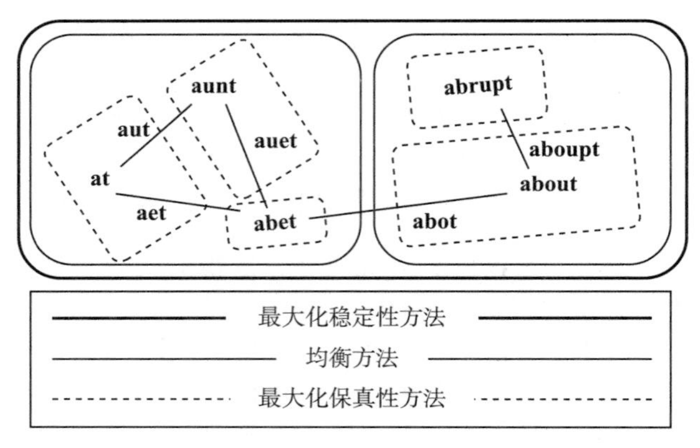

图 14-1 不同编码方法[9]

式中 N 为单词表中所有单词的数量，$\rho(\boldsymbol{w})$ 为单词表中某单词 $\boldsymbol{w}$ 出现的频率，$B_\pi(\boldsymbol{w})$ 为某单词 $\boldsymbol{w}$ 所对应的错误拼写单词集合。

当多个合法单词共享一个误拼写单词时，应优先将该误拼写单词映射到一个出现频率更高的合法单词上，以保证更多的误拼写单词被正确映射。

为保证编码的保真性，也定义了保真性指标 Fid[9]，该指标形式化后为

$$\mathrm{Fid}(\boldsymbol{C})=-\sum_{i=1}^{N}\rho(\boldsymbol{w}_i)\|\boldsymbol{v}_i-\boldsymbol{\mu}_{c(i)}\|^2 \tag{14.10}$$

$$\boldsymbol{\mu}_j=\frac{\sum_{\boldsymbol{w}_i\in C_j}\rho(\boldsymbol{w}_i)\ \boldsymbol{v}_i}{\sum_{\boldsymbol{w}_i\in C_j}\rho(\boldsymbol{w}_i)} \tag{14.11}$$

式中 $\boldsymbol{v}_i$ 为单词的嵌入语义向量，其他变量与稳定性指标与 Stab 公式一致。

根据单词的出现频率为同一个编码簇中的各个单词语义向量进行加权求和，进而得到该编码簇的语义表示。而出现频率越大的单词，越应保证其语义编码与其所在的语义簇的语义编码足够相似。

错别字鲁棒编码模型 RobEn 均衡两个指标，对词汇表中的单词进行了聚类工作，使式（14.12）的值最小，以保证编码兼顾稳定性和保真性的要求：

$$\Phi(\boldsymbol{C})=\gamma\mathrm{Fid}(\boldsymbol{C})+(1-\gamma)\mathrm{Stab}(\boldsymbol{C}) \tag{14.12}$$

式中 γ 是一个超参数，用于平衡编码方式的稳定性与保真性权重。

经测试，在 SST-2 影评情感分析数据集上 RobEn 模型可保证 BERT 模型在任意编辑距离为 1 的字符级对抗攻击下保证 80% 以上的准确率。

14.5 同义词编码

与 RobEn 模型类似，同义词编码方法（Synonym Encoding Method，SEM）[10] 同样使

用了降低测试数据的复杂程度的思路，该方法的目的是防御词语级对抗样本。具体来说，该方法语义类似的单词都映射到同一个中心词上，再使用所有的中心词对训练数据中的单词进行替换，利用替换后的数据对情感分析模型进行重新训练。在实际使用中，也利用中心词对输入的文本进行单词替换工作，进而降低输入文本的复杂程度，实现对词语级对抗攻击的防御。

令 $\mathcal{X}$ 代表输入文本空间，$V_\epsilon(\boldsymbol{x})$ 表示数据点 $\boldsymbol{x} \in \mathcal{X}$ 的邻居，此处 $V_\epsilon(\boldsymbol{x}) = \boldsymbol{x}' \in \mathcal{X} \| \boldsymbol{x}'-\boldsymbol{x} | < \epsilon$。$V_\epsilon(\boldsymbol{x})$ 表示与原样本 x 差距不大的同义样本，可通过对原样本进行同义词替换得到。而 $\exists\ \boldsymbol{x}' \in V_\epsilon(\boldsymbol{x})$，令 $f(\boldsymbol{x}') \neq y_{\text{true}}$，此处的 $\boldsymbol{x}'$ 是词语级对抗样本。

一个理想的鲁棒情感分析模型应该对 $V_\epsilon(\boldsymbol{x})$ 区域中所有的点都输出相同的标签。如果我们在 $V_\epsilon(\boldsymbol{x})$ 区域中有无穷个有标签的点，就可以使用这些点来训练情感分析模型以提升其鲁棒性，但在实践中这是不现实的。所以 SEM 方法致力于寻找一个映射 m，该映射可保证 $\forall \boldsymbol{x}' \in V_\epsilon(\boldsymbol{x})$，$m(\boldsymbol{x}') = \boldsymbol{x}$。这样的话，在无须增加训练数据的前提下，情感分析模型可以更加平滑。所以问题的关键是通过单词的语义信息找到合适的映射 m。

SEM 方法在单词的语义嵌入空间中展开，通过欧氏距离计算两个单词之间的语义距离，如算法 14.1 所示。

算法 14.1 同义词编码方法

Input：单词词典 W，单词词典大小 n，同义词最远距离 σ，每个单词的同义词数目 k
Output：编码结果 E
1：$E = \boldsymbol{w}_1 : None, \cdots, \boldsymbol{w}_n : None$
2：**for** each word $\boldsymbol{w}_i \in W$ **do**
3： **if** $E[\boldsymbol{w}_i] = None$ **then**
4：   **if** $\exists\ \boldsymbol{w}'_j \in Syn(\boldsymbol{w}_i, \sigma, k), E[\boldsymbol{w}',] \neq None$ **then**
5： $\boldsymbol{w} *_i \leftarrow$ the closest $\boldsymbol{w}'_j \in W$ where $E[\boldsymbol{w}'_j] \neq None$
6： $E[\boldsymbol{w}_i] = E[\boldsymbol{w}_i^*]$
7：   **else**
8： $E[\boldsymbol{w}_i] = \boldsymbol{w}_i$
9：   **end if**
10：   **for** each word $\boldsymbol{w}'_j$ in $Syn(\boldsymbol{w}_i, \sigma, k)$ **do**
11：   **if** $E[\boldsymbol{w}'_j] = None$ **then**
12： $E[\boldsymbol{w}'_j] = E[\boldsymbol{w}_i]$
13：   **end if**
14：   **end for**
15： **end if**
16：**end for**
17：Return E

经测试，在 IMDb 影评情感分析数据集上，面对基于遗传算法的词语级对抗攻击[7]，SEM 方法在词卷积神经网络模型、长短期记忆网络模型和双向长短期记忆网络模型上均能达到70%以上的准确率。

14.6 本章小结

本章介绍了多种文本对抗防御方法，其中数据扩容方法和对抗训练方法通过增加训练数据的复杂程度来增强情感分析模型的鲁棒性，通过对添加到训练集中样本类型的调整，可防御多种文本对抗攻击；错别字鲁棒编码方法和同义词编码方法则通过降低测试数据复杂程度以缓解对抗样本为情感分析模型带来的影响，两种方法分别针对字符级对抗样本和词语级对抗样本进行防御。

参考文献

[1] KRIZHEVSKY A，SUTSKEVER I，HINTON E G. Imagenet classification with deep convolutional neural networks [J]. NIPS，2012：1106-1114.

[2] GOODFELLOW I J，SHLENSJ，SZEGEDY C. Explaining and harnessing adversarial examples [J]. arXiv preprint arXiv：1412.6572，2014.

[3] MIYATO T，MAEDA S I，KOYAMA M，et al. Distributional smoothing with virtual adversarial training [J]. international conference on learning representations，2016.

[4] MIYATO T，DAI M A，GOODFELLOW J I. Adversarial training methods for semi-supervised text classification [J]. international conference on learning representations，2017.

[5] LI J，JI S，DU T，et al. Textbugger：generating adversarial text against real-world applications [C]// 26th Annual Network and Distributed System Security Symposium. [S. l.]：[s. n.]，2019.

[6] GAO J，LANCHANTIN J，SOFFA M L，et al. Black-box generation of adversarial text sequences to evade deep learning classifiers [C]//2018 IEEE Security and Privacy Workshops (SPW). [S. l.]：IEEE，2018：50-56.

[7] ALZANTOT M，SHARMA Y，ELGOHARY A，et al. Generating natural language adversarial examples [C]//Proceedings of the 2018 Conference on Empirical Methods in Natural Language Processing. [S. l.]：[s. n.]，2018：2890-2896.

[8] EBRAHIMI J，RAO A，LOWD D，et al. Hotflip：White-box adversarial examples for text classification [C]//Proceedings of the 56th Annual Meeting of the Association for Computational Linguistics (Volume 2：Short Papers). [S. l.]：[s. n.]，2018：31-36.

[9] JONES E，JIA R，RAGHUNATHAN A，et al. Robust encodings：A framework for combating adversarial typos [C]//Proceedings of the 58th Annual Meeting of the Association for Computational Linguistics. [S. l.]：[s. n.]，2020：2752-2765.

[10] WANG X，JIN H，HE K. Natural language adversarial attacks and defenses in word level [J]. arXiv preprint arXiv：1909.06723，2019.

CHAPTER15

第15章

基于可验证区域的情感分类防御

15.1 任务与术语

基于可验证区域的情感分类防御要实现的任务为面对基于同义词替换的文本对抗攻击场景，保证情感分析模型的鲁棒性。

- **情感分析任务**：给定一个文本 $\boldsymbol{x}$，对应着其感情类别标签 $y \in \dagger$，其中 $\boldsymbol{x}=\boldsymbol{x}_1$，$\boldsymbol{x}_2$，…，$\boldsymbol{x}_L$ 是由 L 个单词组成的句子。文本 $\boldsymbol{x}$ 来自数据分布 p_{data}。设 $f \in F$ 为文本分类器，可映射 $\boldsymbol{x} \in \mathcal{X}$ 到 $\mathcal{Y}$，θ 为该文本分类器参数。
- **对抗样本**：若 $\hat{\boldsymbol{x}}=\hat{\boldsymbol{x}}_1$，$\hat{\boldsymbol{x}}_2$，…，$\hat{\boldsymbol{x}}_L$ 由样本 $\boldsymbol{x}$ 经过同义词替换而来，且保证 $f(\hat{\boldsymbol{x}}) \neq f(\boldsymbol{x})$，则称 $\hat{\boldsymbol{x}}$ 为一个对抗样本。
- **鲁棒性**：对于所有输入 $\boldsymbol{x}$，如果情感分析模型 f 能够对其所有基于同义词替换生成的对抗样本给出正确预测结果，则称 f 具备鲁棒性。
- **鲁棒区域**：如果输入样本 $\boldsymbol{x}$ 在某个范围内扰动，情感分析模型对其的预测结果在该范围内不发生变化，则称该范围为鲁棒区域。鲁棒区域的形式化表示为

$$R(f;\boldsymbol{x},y)=\begin{cases}\inf_{\hat{\boldsymbol{x}}\in S(\boldsymbol{x})}[z_y(\hat{\boldsymbol{x}})-\max_{c\neq y}z_c(\hat{\boldsymbol{x}})] & \text{当} f(\boldsymbol{x})=y\\ -\infty & \text{当} f(\boldsymbol{x})\neq y\end{cases} \tag{15.1}$$

15.2 可验证区域

如果不使用特定的网络结构[1]，很难确定一个情感分析模型的鲁棒性。因为对于某样本 x，基于其生成的同义词替换样本 S（x）会随着可攻击单词数量的增长呈指数级增长，难以遍历评估情感分析模型的鲁棒性。举例来说，影评数据集 IMDb 中每个样本平均有 10^{31} 种可能的扰动，最大的扰动可能数为 10^{271}。最近提出的随机平滑技术[2-3] 可以较好地解决这个问题，下面将介绍基于随机平滑技术进行词语级对抗样本防御的 MACROBERT 模型[4]。

15.2.1 随机平滑

基于可验证区域的情感分类防御是基于随机平滑技术实现的，该方法可扩展到任意

模型结构。随机平滑的核心思想是将基础分类器 f 替换为更加平滑的分类器 g，平滑分类器 g 是通过在样本空间中引入随机扰动来构造的。

对于任意分类器 $f\in F$，其对应的平滑分类器 g 可被定义为

$$g(\boldsymbol{x})=\arg\max_{c\in y}\mathrm{P}_{\hat{\boldsymbol{x}}\sim\Pi(\boldsymbol{x})}(f(\hat{\boldsymbol{x}})=c)$$
$$g(\boldsymbol{x},c)=P_{\hat{\boldsymbol{x}}\sim\Pi(\boldsymbol{x})}(f(\hat{\boldsymbol{x}})=c) \tag{15.2}$$

其中 Π（$\boldsymbol{x}$）是一个以样本 $\boldsymbol{x}$ 为中心的扰动分布。为了保证 g 与 f 的输出相近，即 $f(\boldsymbol{x})\approx g(\boldsymbol{x})$，应该令该扰动分布足够随机，以保证情感分析模型的可验证鲁棒性。

从分类的角度来说，我们希望平滑分类器 $g(\boldsymbol{x})$ 输出分类器 f 在样本 $\boldsymbol{x}$ 的扰动空间中最有可能输出的结果。

图 15-1a 为平滑分类器，假设方形空间为样本 x 的扰动空间，文本分类器 f 将不同的样本点分为不同的类别，平滑分类器会将面积最大的类别作为分类结果输出。图 15-1b 为样本的扰动分布情况，样本 x 为正常情感分析样本，圆圈是不同扰动半径下扰动样本的分布情况。点是扰动样本中的一个，如果对其进行同义词扰动，同样会出现扰动分布。

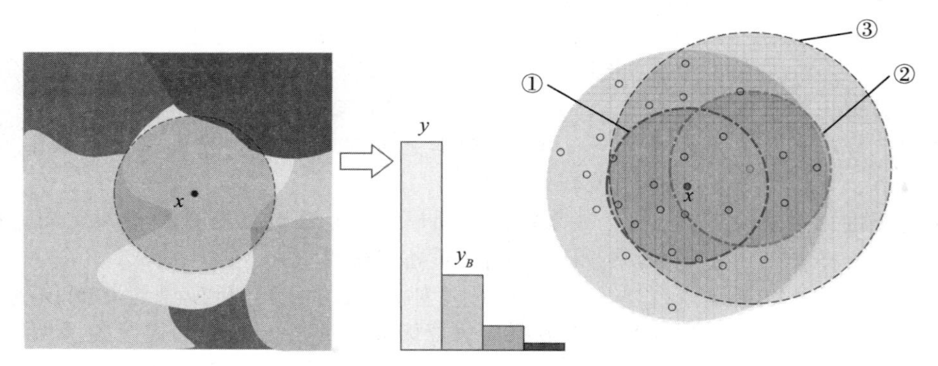

a）不同的色块表示基础分类器 f 的决策边界的示意图。分布等价于样本 x 覆盖的不同色块的面积

b）一个关于原始句子 x 的扰动分布和候选对抗样本的扰动分布的示意图

图 15-1　平滑分类器和扰动分布示意图[5]

15.2.2　可验证鲁棒性

下面介绍对于平滑分类器 g 鲁棒性的验证情况[2]。

若对于任意的 $\hat{\boldsymbol{x}}\in S(\boldsymbol{x})$，$g(\hat{\boldsymbol{x}})=y$，其中 y 为正确标签，可认为 g 在 $\boldsymbol{x}$ 上是可验证鲁棒的。也就是说，g 在 $\boldsymbol{x}$ 上具有可验证鲁棒性的充分条件是：

$$\min_{\hat{\boldsymbol{x}}\in S(\boldsymbol{x})}g(\hat{\boldsymbol{x}},y)\geqslant\max_{\hat{\boldsymbol{x}}\in S(\boldsymbol{x})}g(\hat{\boldsymbol{x}},c),\forall c\neq y \tag{15.3}$$

其中，平滑分类器 g 在扰动空间 $g(\hat{\boldsymbol{x}},y)$ 上对于正确标签 y 的置信度下界大于对于任意错误标签的置信度上界。因此该验证方法的关键在于计算 $g(\hat{\boldsymbol{x}},c)$ 的上下界。

定理 15.1　假设每个单词都有相同大小的同义词集合，即对于样本中的每个单词 x_i 及其同义词 $\hat{\boldsymbol{x}}_i\in S(\boldsymbol{x}_i)$，有 $|P(\boldsymbol{x}_i)|=P|P(\hat{\boldsymbol{x}}_i)|$。定义 $q(\boldsymbol{x}_i)=\min_{\hat{\boldsymbol{x}}_i\in S(\boldsymbol{x}_i)}|P(\boldsymbol{x}_i)\cap P(\hat{\boldsymbol{x}}_i)|/$

$|P(\boldsymbol{x}_i)|$，表示两个不同扰动集合的交集大小。对于一个给定的句子样本 $\boldsymbol{x}=\boldsymbol{x}_1, \boldsymbol{x}_2, \cdots, \boldsymbol{x}_L$，按照 $q(\boldsymbol{x}_i)$ 进行排序，令 $q(\boldsymbol{x}_{i_1})\leqslant q(\boldsymbol{x}_{i_2})\leqslant\cdots\leqslant q(\boldsymbol{x}_{i_L})$，则

$$\begin{aligned}\min_{\hat{\boldsymbol{x}}\in S(\boldsymbol{x})} g(\hat{\boldsymbol{x}},c) &\geqslant \max(g(\boldsymbol{x},c)-q(\boldsymbol{x}),0)\\ \max_{\hat{\boldsymbol{x}}\in S(\boldsymbol{x})} g(\hat{\boldsymbol{x}},c) &\leqslant \min(g(\boldsymbol{x},c)+q(\boldsymbol{x}),1)\end{aligned}\tag{15.4}$$

其中，$q(\boldsymbol{x})=1-\Pi_{j=1}^{T}q(\boldsymbol{x}_{i_j})$。该公式与 $|g(\hat{\boldsymbol{x}}, c)-g(\boldsymbol{x}, c)|\leqslant q(\boldsymbol{x})$，$\forall c\in\mathcal{Y}$ 等价。

简单来说，此定理的结论对于任意扰动样本 $\hat{\boldsymbol{x}}\in S(\boldsymbol{x})$，预测结果 $g(\boldsymbol{x}, c)$ 和 $g((\hat{\boldsymbol{x}}), c)$ 的差异最多为 $q(\boldsymbol{x})$，即 $g(\hat{\boldsymbol{x}}, c)$ 的上界和下界分别为 $g(\boldsymbol{x}, c)\pm q(\boldsymbol{x})$。

得到 $g(\hat{\boldsymbol{x}}, c)$ 的上下界后，即可直接通过优化 $g(\boldsymbol{x}, c)$ 来保证平滑分类器 g。

定理 15.2　给定句子样本 $\boldsymbol{x}$ 和对应的标签 y，定义第二大置信度标签 $y_B=\operatorname{argmax}_{c\in\mathcal{Y},c\neq y} g(\boldsymbol{x}, y)$。根据定理 15.1，若满足

$$\mathrm{CR}(g;\boldsymbol{x},y)=g(\boldsymbol{x},y)-g(\boldsymbol{x},y_B)-2q(\boldsymbol{x})>\mathbf{0}\tag{15.5}$$

则可保证，对于 $\forall\hat{\boldsymbol{x}}\in S(\boldsymbol{x})$，都有 $g(\hat{\boldsymbol{x}})=g(\boldsymbol{x})$。

因此，验证模型对于样本（$\boldsymbol{x}$，y）是否具有鲁棒性等价于验证 $\mathrm{CR}(g;\boldsymbol{x},y)$ 是否为正值。$\mathrm{CR}(g;\boldsymbol{x},y)$ 可通过蒙特卡罗估计得到，如图 15-1 所示。给定输入句子样本 $\boldsymbol{x}$，基于其采样 k 个扰动样本 $\hat{\boldsymbol{x}}$，并将这些扰动输入基础文本分类器 f，扰动样本采样自扰动分布 $\Pi(\boldsymbol{x})$（圆形区域）。如果标签 y 在 $\hat{x}$ 的预测中出现次数最多，则分类器 $g(\boldsymbol{x})$ 返回标签 y。

该定理的优点是推导结果充分严格。除非得到更多的模型信息，否则其结果是最优的。

15.3　基于多跳邻居的扰动分布

15.3.1　多跳邻居

为增强情感分析模型的鲁棒性，可使用扰动样本 $\hat{x}$ 训练平滑分类器 g。扰动样本 $\hat{x}$ 由句子中的单词进行同义词替换而来，其分布空间 $S(\boldsymbol{x})$ 如图 15-1b 中圆圈①所示。而对于扰动空间中的一个点而言，其对应的扰动空间 $S(\hat{x})$ 则如图 15-1b 中的圆圈②所示。如果 $S(\boldsymbol{x})$ 和 $S(\hat{\boldsymbol{x}})$ 的重叠部分很小，则很难期望 g 能够始终将 $\hat{\boldsymbol{x}}$ 分类为与 $\boldsymbol{x}$ 相同的标签。因此，可以使用多跳邻居拓展同义词集合 $S(x_i)$。拓展后的 $S(x)$ 如图 15-1b 中的圆圈②所示，拓展后的 $S(\hat{\boldsymbol{x}})$ 如图 15-1b 中圆圈③所示，显然两者重叠部分较之拓展前大了很多，这也意味着 g 有更大概率将 $\hat{\boldsymbol{x}}$ 分类为与 $\boldsymbol{x}$ 相同的标签。因此，可以使用多跳邻居拓展同义词集合。

下面详细介绍同义词集合 $S(\boldsymbol{x})$ 的具体构建方式。

与文献［6］类似，可先通过“counter-fitting”方法[7]和“all-but-the-top”方法[8]处理 GloVe 词向量，以保证同义词在词向量空间彼此相近而反义词彼此远离。然后，使用与 $\boldsymbol{x}_i$ 词向量的余弦相似度大于阈值 ϵ 的单词进行同义词集合 $S(\boldsymbol{x}_i)$ 的初步构建。最后，

再利用“同义词的同义词”对同义词集合 $S(\boldsymbol{x}_i)$ 进行拓展。例如，“ship”有一个同义词“boat”，而“boat”有一个同义词“skiff”，则可认为“skiff”也是“ship”的同义词。另外，如果拓展后的同义词集合中同义词个数大于 K 个，则只取前 K 个词义最为接近的单词。在此处理过程中，K 和 ϵ 为两个超参数，可以在情感分析模型在正常数据上的分类准确率和情感分析模型的鲁棒性之间进行平衡。

15.3.2 扰动分布

为了保证 g 和 f 的近似，应选择一个更为合理的同义词扰动分布。可选择同义词集合中所有同义词的均匀分布[2]：

$$P(\Pi(\boldsymbol{x})=\tilde{\boldsymbol{x}})=\prod_{i=1}^{L}\frac{1[\tilde{\boldsymbol{x}}_i\in S(\boldsymbol{x}_i)]}{|S(\boldsymbol{x}_i)|} \tag{15.6}$$

其中，$\hat{\boldsymbol{x}}$ 为采样自 $S(\boldsymbol{x})$ 的扰动样本，$1[\cdot]$ 是指示函数。

15.4 最大化可验证区域

15.4.1 训练平滑分类器

可采用鲁棒样本训练平滑分类器，通过最大似然法，以梯度下降的方式来最小化分类错误。该方法可形式化如下：

$$\begin{aligned}\sum_{(\boldsymbol{x},y)\sim p_{\text{data}}}\log P(g(\boldsymbol{x})=y)&=\sum_{(\boldsymbol{x},y)\sim p_{\text{data}}}\log P_{\tilde{\boldsymbol{x}}\sim\Pi(\boldsymbol{x})}(f(\tilde{\boldsymbol{x}})=y)\\&=\sum_{(\boldsymbol{x},y)\sim p_{\text{data}}}\log\mathbb{E}_{\tilde{\boldsymbol{x}}}\mathbf{1}[\arg\max_{c\in\mathcal{Y}}u_c(\tilde{\boldsymbol{x}})=y]\end{aligned} \tag{15.7}$$

由于可基于同义词替换生成的扰动样本数目过于庞大，难以通过遍历的方式得到，所以本式中的期望值需要通过蒙特卡罗采样的方式进行估计：

$$\mathbb{E}_{\tilde{\boldsymbol{x}}}\mathbf{1}[\arg\max_{c\in\mathcal{Y}}u_c(\tilde{\boldsymbol{x}})=y]\approx\frac{1}{k}\sum_{j=1}^{k}\mathbf{1}[\arg\max_{c\in\mathcal{Y}}u_c(\tilde{\boldsymbol{x}}^{(j)})=y] \tag{15.8}$$

式中的 k 是蒙特卡罗方法采样数量。由于估计值是指标函数的总和，是不可微的，所以无法在优化过程中计算梯度。为解决此问题，可修改平滑分类器 g 为 $\tilde{g}$，将置信度加和最大的类别作为分类结果输出：

$$\begin{aligned}\tilde{g}(\boldsymbol{x})&=\arg\max_{c\in\mathcal{Y}}P_{\tilde{\boldsymbol{x}}\sim\Pi(\boldsymbol{x})}(z_c(\tilde{\boldsymbol{x}}))\\\tilde{g}(\boldsymbol{x},c)&=P_{\tilde{\boldsymbol{x}}\sim\Pi(\boldsymbol{x})}(z_c(\tilde{\boldsymbol{x}}))\end{aligned} \tag{15.9}$$

这种替换也意味着将 softmax 函数看作 argmax 的一个连续可微的近似函数：

$$\begin{aligned}\tilde{g}(\boldsymbol{x})&=\text{argmax}_{c\in\mathcal{Y}}P_{\tilde{\boldsymbol{x}}\sim\Pi(\boldsymbol{x})}(z_c(\hat{\boldsymbol{x}}))\\\tilde{g}(\boldsymbol{x},c)&=P_{\tilde{\boldsymbol{x}}\sim\Pi(\boldsymbol{x})}(z_c(\tilde{\boldsymbol{x}}))\end{aligned} \tag{15.10}$$

因此，最后的目标函数近似为

$$\sum_{(\boldsymbol{x},y)\sim p_{\text{data}}} \log \frac{1}{k}\sum_{j=1}^{k} z_c(\tilde{\boldsymbol{x}}^{(j)}) \tag{15.11}$$

可通过交叉熵损失来训练平滑分类器。

遵循定理 15.1，可证明如下的定理 15.3。该定理表明，可验证鲁棒区域的计算方法也适用于分类器 $\tilde{g}$。

定理 15.3　给定句子样本 x 和对应的标签 y，能够验证对于任何 $\hat{\boldsymbol{x}} \in S(\boldsymbol{x})$，如果满足

$$\text{CR}(\tilde{g};\boldsymbol{x},y) = \tilde{g}(\boldsymbol{x},y) - \max_{c\neq y, c\in\mathcal{Y}} \tilde{g}(\boldsymbol{x},c) - 2q(\boldsymbol{x}) > 0 \tag{15.12}$$

都有 $\tilde{g}(\hat{\boldsymbol{x}}) = \tilde{g}(\boldsymbol{x})$。

其中，扰动样本是从所有同义词的组合中采样的，所以反向传播会同时更新所有同义词的词嵌入向量。

15.4.2　最大化可验证区域

可验证区域的值能够通过采样计算得到，所以使用反向传播的方式最大化该可验证区域的值是可行的。可将鲁棒分类损失添加到总的训练损失中，以增强情感分析模型的鲁棒性：

$$L_{\text{error}} = \sum_{(\boldsymbol{x},y)\sim p_{\text{data}}} \underbrace{\mathbf{1}[\tilde{g}(\boldsymbol{x}) \neq y]}_{\text{分类损失}} + \underbrace{\mathbf{1}[\tilde{g}(\boldsymbol{x}) \neq y, \text{CR}(\tilde{g};\boldsymbol{x},y) < \gamma]}_{\text{鲁棒损失}} \tag{15.13}$$

针对鲁棒损失不可微的问题，可使用铰链损失作为鲁棒损失的替换损失函数，最终的损失函数为

$$L(\tilde{g}) = \sum_{(\boldsymbol{x},y)\sim p_{\text{data}}} \log \frac{1}{k}\sum_{j=1}^{k} z_y(\tilde{\boldsymbol{x}}^{(j)}) + \lambda \cdot \max\{\gamma - \text{CR}(\tilde{g};\boldsymbol{x},y), 0\} \cdot \mathbf{1}[\tilde{g}(\boldsymbol{x}) \neq y] \tag{15.14}$$

其中 γ 是铰链损失的参数，λ 是调节因子。

15.5　可验证区域的估计

由前文可知，可使用蒙特卡罗方法来估计 $\tilde{g}(\boldsymbol{x})$ 的预测结果。具体来说，对于给定的输入句子 $\boldsymbol{x}$，可首先从扰动分布 $\Pi(x)$ 中采样 k 个蒙特卡罗样本 $\tilde{\boldsymbol{x}}$，并输入基础分类器 f 中。取所有随机采样的 $\tilde{\boldsymbol{x}}$ 的 softmax 概率向量输出的平均值。最后根据这个平均向量得到最终的鲁棒输出 $\arg\max_{c\in\mathcal{Y}} \frac{1}{k}\sum_{j=1}^{k} z_c(\tilde{\boldsymbol{x}}^{(j)})$，其中 $\tilde{\boldsymbol{x}}^{(j)}$ 是采样自 $\Pi(x)$ 的均匀同分布样本。$\text{CR}(\tilde{g};\ x,\ y)$ 的估计方式也与此相同。

可构建一个严格的统计过程以拒绝原假设，即在给定的显著水平（例如 1%）下，$\tilde{g}$ 在 $\boldsymbol{x}$ 点处是不可验证鲁棒的。对于任意的 $\delta \in (0,\ 1)$：至少有 $1-\delta$ 的概率：

$$\widehat{\mathrm{CR}}(\tilde{g};\boldsymbol{x},y)=\frac{1}{k}\sum_{j=1}^{k}z_y(\tilde{\boldsymbol{x}}^{(j)})-\frac{1}{k}\sum_{j=1}^{k}z_{y_B}(\tilde{\boldsymbol{x}}^{(j)})-2q(\boldsymbol{x})$$

$$\mathrm{CR}(\tilde{g};\boldsymbol{x},y)\geqslant\widehat{\mathrm{CR}}(\tilde{g};\boldsymbol{x},y)-2\sqrt{\frac{\log\frac{1}{\delta}+\log|\mathcal{Y}|}{2k}} \tag{15.15}$$

至此，鲁棒性验证问题变为假设检验问题。考虑原假设 H_0 和备择假设 H_a：

$$H_0:\mathrm{CR}(\tilde{g};\boldsymbol{x},y)\leqslant 0$$
$$H_a:\mathrm{CR}(\tilde{g};\boldsymbol{x},y)>0 \tag{15.16}$$

如果可以满足：

$$\widehat{\mathrm{CR}}(\tilde{g};\boldsymbol{x},y)-2\sqrt{\frac{\log\frac{1}{\delta}+\log|\mathcal{Y}|}{2k}}>0 \tag{15.17}$$

则可以在显著水平 δ 下，拒绝原假设 H_0。

15.6 应用实践

本节将给出词语级对抗攻击、基于随机平滑的鲁棒分类器的训练、基于随机平滑的鲁棒分类器测试的 Python 代码，并对实验结果进行分析[2]。

15.6.1 实验代码

词语级对抗攻击代码如列表 15.1 所示，可进行基于同义词替换的文本对抗攻击。

列表 15.1　词语级对抗攻击代码

```
1  # -*- coding: utf-8 -*-#
2  # Name:          adversary_attack_word
3  # Description:  词语级对抗攻击
4
5  import string
6  import numpy as np
7
8  class WordSubstitute(object):
9      def __init__(self,perturb,perturbation_type='perturb'):
10         synonym_set = {}
11         if perturbation_type == 'perturb':
12             for word,v in perturb.items():
13                 synonym_set[word] = v['set']
14         elif perturbation_type == 'neighbor':
15             synonym_set = perturb
16         self.perturbation_type = perturbation_type
17         self.perturb = synonym_set
```

```
18            self.perturb_ key = set (list (self.perturb.keys ()))
19            self.exclude = set (string.punctuation)
20
21        def get_ perturbed_ batch (self,batch,rep=1):
22            # rep is substitution numbers
23            num_ text = len (batch)
24            out_ batch = []
25            for k in range (rep):
26                for i in range (num_ text):
27                    tem_ text = batch [i ] [0].split ('')
28                    if tem_ text [0]:
29                        # try to substitude each word
30                        for j in range (len (tem_ text)):
31                            if len (tem_ text [j ]) > 0 and tem_ text [j ] [-1 ] in self.exclude:
32                                tem_ text [j ] = self.sample_ from_ table (tem_ text [j ] [0:-1 ]) +
      tem_ text [j ] [-1]
33                            else:
34                                tem_ text [j ] = self.sample_ from_ table (tem_ text [j ])
35                                out_ batch.append (['.join (tem_ text )])
36                            else:
37                                out_ batch.append ([batch [i ] [0]])
38        return np.array (out_ batch)
39
40    def sample_ from_ table (self,word):
41        if word in self.perturb_ key and len (self.perturb [word])>0:
42            tem_ words = self.perturb [word ]
43            num_ words = len (tem_ words )
44            index = np.random.randint (0,num_ words )
45            return tem_ words [index ]
46        else:
47            return word
```

鲁棒分类器的训练代码如列表 15.2 所示，可提升情感分析模型的鲁棒性。

列表 15.2　鲁棒分类器的训练代码

```
1   # -*- coding: utf-8 -*-#
2   # Name:          classification_ rs_ train
3   # Description:  鲁棒分类器的训练代码
4
5   import numpy as np
6   import torch
7   from transformers import AdamW
8   from torch.utils.data import RandomSampler,DataLoader
9   import tqdm
10  import string
11  import torch.nn.functional as F
12
13  from utils import InputExample,get_ train_ dataset
```

```
14
15
16  def random_ smooth_ train (args,model,task_ class,data_ dir,num_ random_ sample,random
        _ smooth,gamma,counterfitted_ tv,key_ set,lbd,st=0):
17      examples = task_ class.get_ train_ examples (data_ dir. )
18      no_ decay = ['bias','LayerNorm.weight']
19      optimizer_ grouped_ parameters = [
20          {'params': [p for n,p in model.named_ parameters () if not
        any (nd in n for nd in no_ decay )],
21           'weight_ decay': args.weight_ decay },
22          {'params': [p for n,p in model.named_ parameters () if
        any (nd in n for nd in no_ decay )],'weight_ decay': 0.0 }
23      ]
24      optimizer = AdamW (optimizer_ grouped_ parameters, lr = args.learning_ rate, eps =
            args.adam_ epsilon )
25      scheduler = torch.optim.lr _ scheduler.CosineAnnealingLR (optimizer, T _ max =
            args.num_ train_ epochs,eta_ min=0 )
26
27      np.random.shuffle (examples )
28      iter_ loss = 0.
29      iter_ loss_ classifier = 0.
30      iter_ loss_ robust = 0.
31      iter_ steps = 0
32      for e in range (st,args.num_ train_ epochs ):
33          scheduler.step (e )
34          for example in tqdm.tqdm (examples ):
35              data = example.text_ a
36              label = example.label
37              random_ examples = []
38              for _ in range (num_ random_ sample ):
39                  data_ perturb =
        str (random_ smooth.get_ perturbed_ batch (np.array ([[data ]])) [0 ] [0 ])
40                  random_ examples.append (
41                      InputExample (None,data_ perturb,None,label )
42                  )
43              label = torch.tensor ([label ],device=args.device )
44
45              dataset = get_ train_ dataset (random_ examples )
46
47              batch_ size = args.batch_ size
48              train_ sampler = RandomSampler (dataset )
49              train_ dataloader = DataLoader (dataset,sampler=train_ sampler,batch_ size=
                    batch_ size )
50
51              example_ outputs = None
52              i = 0
53              for batch in train_ dataloader:
54                  model.train ()
55                  batch = tuple (t.to (args.device ) for t in batch )
```

```
56                  outputs = _predict(model,args.model_type,batch)
57                  out = outputs[1] # (B,classes_num)
58                  out = out.softmax(dim=-1)
59                  if example_outputs is None:
60                      example_outputs = out
61                  else:
62                      example_outputs = torch.cat((example_outputs,out),dim=0)#(pop_size
                        ,classes_num)
63                  i += 1
64              out_mean = example_outputs.mean(dim=0,keepdim=True) # (1,classes_num)
65              out_log_softmax = torch.log(out_mean + 1e-10)
66              loss_classifier = F.nll_loss(out_log_softmax,label)
67
68              p = out_mean[:,label[0]][0]
69              tem_tv = _get_tv(data, counterfitted_tv, key_set, set
                (string.punctuation))
70              delta_x = (p - 1. + np.prod(tem_tv[:20]) - 0.5 - args.mc_error) #
                    binary classification
71              loss_robust = gamma - delta_x
72
73              pred = out_mean.argmax(dim=-1).item()
74              if pred == label.item() and loss_robust > 0:
75                  loss = loss_classifier + lbd * loss_robust
76              else:
77                  loss = loss_classifier
78              loss.backward()
79              torch.nn.utils.clip_grad_norm_(model.parameters(),args.max_grad_norm)
80              optimizer.step()
81              model.zero_grad()
82
83              iter_loss += loss.item()
84              iter_loss_classifier += loss_classifier.item()
85              iter_loss_robust += loss_robust.item()
86              iter_steps += 1
87              if iter_steps % 100 == 0:
88                  print('====loss:',iter_loss/iter_steps,'loss_classifier:',
        iter_loss_classifier/iter_steps,'loss_robust:',iter_loss_robust/iter_steps)
89
90      return iter_steps,iter_loss/iter_steps
```

15.6.2 实验设置

使用基于 IMDb（Internet Movie Database）数据集[9] 的情感分析任务来验证方法的有效性。IMDb 数据集包括标注了积极或消极表情的 50 000 条电影评论，可将其中 25 000 条电影评论当作训练集，25 000 条电影评论当作测试集。IMDb 数据集的统计信息见表 15-1。

表 15-1 IMDb 数据集的统计信息

统计信息	平均值	最大值	最小值	长度
训练集	233.8	2470	10	25 000
测试集	228.5	2278	4	25 000
总计	231.2	2470	4	50 000

15.6.3 评价指标

我们主要通过情感分析模型在原始数据上的准确率和可验证鲁棒准确率来评估情感分析模型。具体来说，使用以下三个指标。

- 原始数据上的准确率（Clean Accuracy，CLN）：CLN 表示使用原始数据训练普通情感分析模型后模型在原始数据上的准确率。该指标可反映鲁棒情感分析模型在原始数据上的性能下降情况。
- 可验证准确率（Certified Accuracy，CER）[2]：CER 是情感分析模型在对抗攻击下的分类准确率下界。可用该指标评估模型的可验证鲁棒性，等价于可验证鲁棒样本占总数的百分比。基于上文提出的方法，当 CR>0 时，样本是可验证鲁棒的。
- 词语级对抗攻击下的准确率（Genetic Attack，GA）：GA 可作为情感分析模型在对抗攻击下的分类准确率上界[1]。基于遗传算法的攻击方法[6] 是一种启发式词语级对抗攻击方法，可生成保证语义相似性和语法正确的对抗样本。

15.6.4 模型参数设置

共使用三种不同类型的情感分析模型进行实验：词语级的卷积神经网络[10]，词语级的长短期记忆网络[11] 和基于 Transformer 的双向编码器表示（BERT）[12]。

模型实现细节如下：训练期间，取 $\lambda=1.0$，$\gamma=0.0$，epsilon = 0.8，$K=100$，在 BERT 模型上取蒙特卡罗参数大小为 $k=32$，在 CNN 和 LSTM 模型上取蒙特卡罗参数大小为 $k=128$。测试期间，统一取蒙特卡罗参数 $k=5000$，其他超参数与训练期间相同。

设置 CNN 模型的窗口大小为 3，每个窗口使用 100 个过滤器，dropout 参数设置为 0.2，并在输出之前加入一层全连接前馈神经网络层。实验中使用的 LSTM 模型为拥有 100 个隐藏单元的单层双向 LSTM 模型，dropout 参数设置为 0.2。在这两个模型中，均使用随机初始化的 300 维单词嵌入层。实验中使用 “bert-base-uncased” 版本 BERT 模型㊀，该模型为具有 768 个隐藏层单元和 12 个注意力头的 12 层 BERT 模型。

15.6.5 基线模型设置

可在实验中使用多种模型与 MACROBERT 模型进行比较，以评估 MACROBERT 模型

㊀ https://github.com/huggingface/transformers

的效果：

- 数据增强（DA）[13]：该方法依靠增加训练数据复杂度的方法来增强情感分析模型鲁棒性。具体来说，每有一个训练样本 x，就将从 $\Pi(x)$ 中随机采样，以生成扰动样本添加到训练集中。
- 区间边界传播（IBP）[1]：该方法可通过传播边界的方法，最小化由任何单词替换攻击导致的最坏情况下的损失上界。
- 随机平滑（SAFER）[2]：该方法可基于随机平滑技术，利用随机集成的统计特性来构建可验证鲁棒区域。

15.7 实验分析

15.7.1 主实验结果

为了验证 MACROBERT 方法在公共数据集上的有效性，在基于 IMDb 数据集的三种情感分析模型上展开实验。实验结果见表 15-2，其中 ORIG 表示不使用任何防御方法的正常训练模型。从表 15-2 中的 IMDb 数据集的实验结果可以看出，由于随机平滑的鲁棒性保证，MACROBERT 和 SAFER 在 CER 指标上均优于 DA 和 IBP，这充分验证了随机平滑的有效性。可验证区域的大小衡量了模型的鲁棒性强弱，而 MACROBERT 在 CER 指标上明显优于 SAFER，证明了最大化鲁棒区域方法的有效性。在 CLN 指标上，MACROBERT 在所有模型结构上的性能均优于 ORIG，这表明最大化鲁棒区域方法不会影响情感分析模型在原始数据的性能。

表 15-2　IMDb 数据集实验结果

模型	CNN		LSTM		BERT	
指标	CLN	CER(GA)	CLN	CER(GA)	CLN	CER(GA)
ORIG	85.3	18.0	84.4	18.0	91.7	78.0
DA	85.1	20.0	84.2	25.0	91.5	76.0
IBP	81.0	65.0	76.8	60.0	—	—
SAFER	85.3	83.6	84.4	81.6	91.7	88.0
MACROBERT	85.4	86.0	85.9	84.4	92.1	90.0

15.7.2 消融实验

为了分析不同组件对 MACROBERT 模型鲁棒性的贡献，我们使用 CNN 模型在 IMDb 数据集上进行了消融实验，结果见表 15-3。表中第二行是 MACROBERT 的原始实验结果。表中取消多跳邻居拓展后的模型表示为“w/o Multi-Hop”。实验结果表明，由于使用了更大的扰动集合训练模型，MACROBERT 的鲁棒性表现更好。为了验证协同更新的作用，实验在训练阶段中也使用了单点更新策略训练模型，仅仅更新扰动词的词嵌入向量，而不是共同更新所有同义词的嵌入向量，表示为“w/o COORD-UPD”。实验结果表明，在没有协同更新的情况下，因为同义词向量相对位置会发生变化，该模型在 CLN 和 CER 指标上的表现都比较差。为了验证最大化可验证区域方法的重要性，也在不考虑鲁棒性错误的情况下训练模型，即令 $\lambda=0$，表示为“w/o MAX-BOUND”。实验结果表明，尽管 CLN 指标有小幅度提升，但是模型的鲁棒性却大大降低，这有力地说明了最大化可验证区域方法的有效性。

表 15-3 消融实验的实验结果

模型	CNN		LSTM		BERT	
指标	CLN	CER(GA)	CLN	CER(GA)	CLN	CER(GA)
ORIG	85.3	18.0	84.4	18.0	91.7	78.0
DA	85.1	20.0	84.2	25.0	91.5	76.0
IBP	81.0	65.0	76.8	60.0	—	—
SAFER	85.3	83.6	84.4	81.6	91.7	88.0
MACROBERT	85.4	86.0	85.9	84.4	92.1	90.0

15.7.3 关键参数影响实验

本节分析不同超参数对模型的影响，所有的实验都使用 CNN 模型在 IMDB 数据集上进行。实验中使用 CR-accuracy 曲线来评估情感分析模型鲁棒性。具体来说，该曲线表示测试集中可验证区域大于给定边界 b 的样本百分比 m。可以认为，曲线左侧的起始阶段表示原始数据的准确率；当 $b=0$ 时，对应的数据表示情感分析模型的 CER 指标；当 $b>0$ 时，曲线代表该边界情况下的模型鲁棒程度。

1. 参数 ϵ

通过调整参数 ϵ，可以让情感分析模型在鲁棒性和原始数据的准确率之间取得平衡。如图 15-2a 所示，可以看出 CLN 指标会随着 ϵ 的增加而降低。通过对比两条曲线 $\epsilon=0.7$ 和 $\epsilon=0.9$，可以看出较大的 ϵ 具有更好的鲁棒性，但是会有更低的 CLN。因为实际用于攻击的同义词集合和 $\epsilon=0.8$ 的场景最相似，因此当 $\epsilon=0.8$ 时，模型表现出了最好的鲁棒性。

2. 参数 γ

参数 γ 的影响如图 15-2b 所示，当参数 γ 更小时，随着 CR 的增加，m 有更显著的下降，因为 γ 截断了更大的 CR。

3. 参数 λ

参数 λ 的影响如图 15-2c 所示，CR-accuracy 曲线说明了 λ 参数可平衡模型在原始数据上的准确率和鲁棒性，CLN 会随着 λ 的增大而降低。

4. 参数 k

模型对每个输入样本 x 采样 k 个扰动样本，以估计公式（15.15）中的 $\widehat{CR}$。如图 15-2d 所示，可以看出随着 k 的增大，模型的性能越来越好。

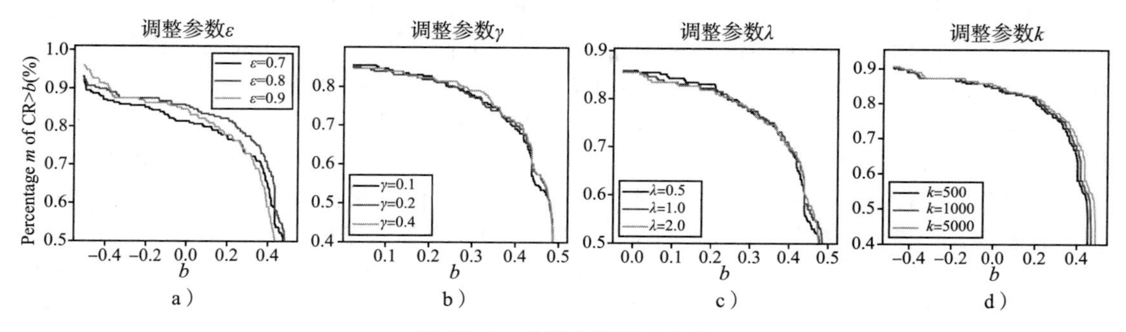

图 15-2　关键参数影响实验

15.7.4　可视化实验

模型可视化

为了解 MACROBERT 方法的实践效果，可以对 BERT 模型的训练过程进行可视化，如图 15-3 所示。具体来说，就是使用 T-SNE 降维模型将 BERT 的最后一个隐藏层降维到二维。图中第一行是正常训练过程的 1~6 轮的模型可视化结果，第二行是数据增强方法训练过程的 1~6 轮的模型可视化结果，第三行是训练平滑分类器训练过程的 1/3/5/7/9/11 轮的模型可视化结果。从图中可以看出，MACROBERT 方法能够更好地将决策边界区分开，让模型不易被处于决策边界的样本欺骗。此外，MACROBERT 方法可以使模型决策边界之间的距离最大。

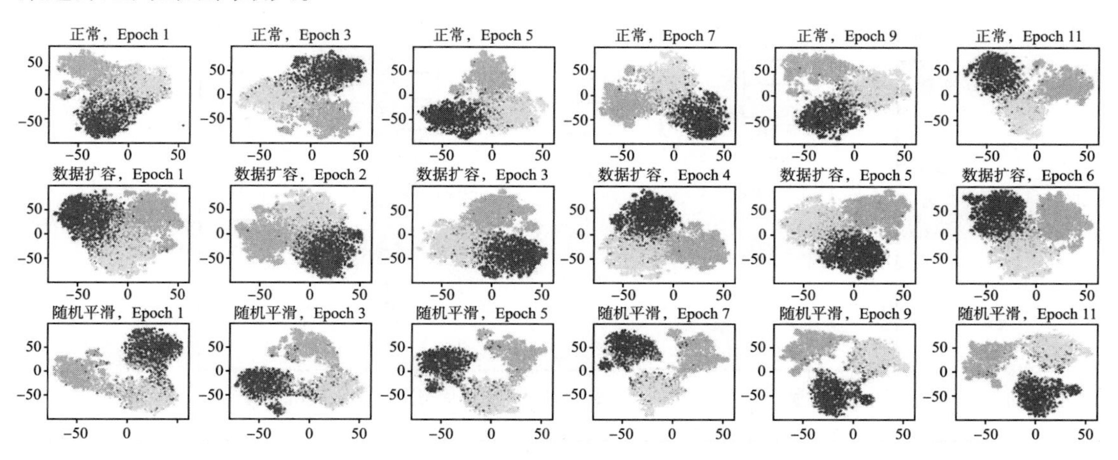

图 15-3　BERT 训练过程的 T-SNE 可视化

15.7.5　词向量可视化

为了展示单词及其同义词集合之间的词向量在训练期间的动态变化，图 15-4 将单词“yachting”同义词集合词向量的初始状态和在不同训练方式下得到的结果进行了可视化。可以发现，正常训练和数据增强训练会使原本紧密的同一凸包下的词向量变得松散，而通过训练平滑模型得到的词向量则与初始单词向量更相似。举例来说，“study”“studies”和“studying”三个词在语义上极为相似，因此语义向量的距离也应该很近。与图 15-4d 相比，图 15-4b 和图 15-4c 中的单词向量相对位置发生了较大变化。MACROBERT 训练方法每次都同时训练一个单词的整个同义词集合，从而保证了同义词单词向量之间的位置更加稳定，让模型更鲁棒。图 15-5 是一个箱线图，它显示了单词“surveys”“missile”和“boat”在四种情况下同义词集合中每个单词之间的欧氏距离。可以发现，正常训练与数据增强方法相比，最后一列中的 MACROBERT 方法相对应的单词与其同义词集合之间的平均距离更短。

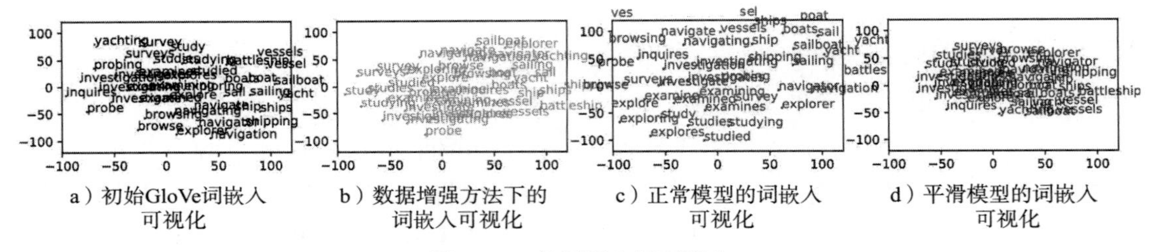

a）初始GloVe词嵌入可视化　b）数据增强方法下的词嵌入可视化　c）正常模型的词嵌入可视化　d）平滑模型的词嵌入可视化

图 15-4　单词词向量可视化

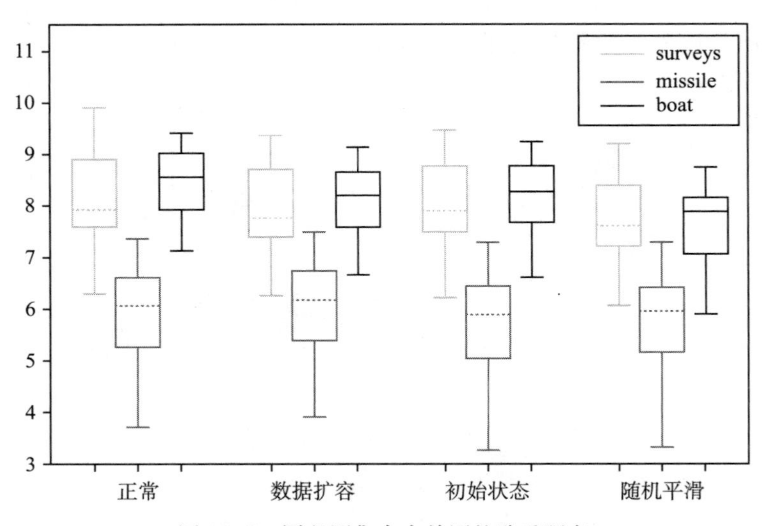

图 15-5　同义词集合内单词的欧氏距离

15.8　本章小结

为了在不降低原始数据分类准确率的前提下提高模型的鲁棒性，本章提出了一种基于随机平滑的可验证鲁棒训练方法 MACROBERT，该方法能够防御基于同义词替换的单词级文本对抗攻击。该方法通过直接最大化平滑分类器的可验证区域来提升模型的鲁棒性。

MACROBERT 方法的优点如下：首先，该方法不需要在训练过程中使用特定方式生成对抗样本，因此它不依赖于特定的攻击方法；其次，该方法不需要修改模型的内部结构，因此可将其扩展到任意情感分析模型，比如 BERT；另外，该方法直接训练平滑分类器以最大化可验证区域，能够保证可验证区域内所有样本的可证明鲁棒性。

在 IMDb 数据集上的实验结果也表明，MACROBERT 方法不仅可维持情感分析模型在原始数据上的性能，而且可以让模型具备比达到最高水准的防御方法更强的鲁棒性。

参考文献

[1] JIA R, RAGHUNATHAN A, GöKSEL K, et al. Certified robustness to adversarial word substitutions [J]. EMNLP/IJCNLP (1), 2019: 4127-4140.

[2] YE M, GONG C, LIU Q. SAFER: a structure-free approach for certified robustness to adversarial word substitutions [J]. ACL, 2020: 3465-3475.

[3] COHEN M J, ROSENFELD E, KOLTER Z J. Certified adversarial robustness via randomized smoothing [J]. arXiv: Learning, 2019.

[4] WANG F, LIN Z, LIU Z, et al. Macrobert: maximizing certified region of bert to adversarial word substitutions. [C]//DASFAA (2). [S. l.]: [s. n.], 2021: 253-261.

[5] ZHOU Y, ZHENG X, HSIEH C J, et al. Defense against adversarial attacks in nlp via dirichlet neighborhood ensemble [J]. arXiv preprint arXiv: 2006. 11627, 2020.

[6] ALZANTOT M, SHARMA Y, ELGOHARY A, et al. Generating natural language adversarial examples [C]//Proceedings of the 2018 Conference on Empirical Methods in Natural Language Processing. [S. l.]: [s. n.], 2018: 2890-2896.

[7] MRKSIC N, SéAGHDHA D, THOMSON B, et al. Counter-fitting word vectors to linguistic constraints [J]. HLT-NAACL, 2016: 142-148.

[8] MU J, BHAT S, VISWANATH P. All-but-the-top: simple and effective postprocessing for word representations [J]. ICLR, 2018.

[9] MAAS L A, DALY E R, PHAM T P, et al. Learning word vectors for sentiment analysis [J]. ACL, 2011: 142-150.

[10] KIM Y. Convolutional neural networks for sentence classification [C]//Proceedings of the 2014 Conference on Empirical Methods in Natural Language Processing, EMNLP 2014. [S. l.]: [s. n.], 2014: 1746-1751.

[11] HOCHREITER S, SCHMIDHUBER J. Long short-term memory [J]. Neural Computation, 1997: 1735-1780.

[12] DEVLIN J, CHANG M, LEE K, et al. BERT: pre-training of deep bidirectional transformers for language understanding [C]//Proceedings of the 2019 Conference of the North American Chapter of the Association for Computational Linguistics: Human Language Technologies, NAACL-HLT 2019. [S. l.]: [s. n.], 2019: 4171-4186.

[13] KRIZHEVSKY A, SUTSKEVER I, HINTON E G. Imagenet classification with deep convolutional neural networks [J]. NIPS, 2012: 1106-1114.

推荐阅读

人工智能：原理与实践

作者：（美）查鲁·C. 阿加沃尔　译者：杜博 刘友发　ISBN：978-7-111-71067-7

本书特色

本书介绍了经典人工智能（逻辑或演绎推理）和现代人工智能（归纳学习和神经网络），分别阐述了三类方法：

基于演绎推理的方法，从预先定义的假设开始，用其进行推理，以得出合乎逻辑的结论。底层方法包括搜索和基于逻辑的方法。

基于归纳学习的方法，从示例开始，并使用统计方法得出假设。主要内容包括回归建模、支持向量机、神经网络、强化学习、无监督学习和概率图模型。

基于演绎推理与归纳学习的方法，包括知识图谱和神经符号人工智能的使用。

神经网络与深度学习

作者：邱锡鹏　ISBN：978-7-111-64968-7

本书是深度学习领域的入门教材，系统地整理了深度学习的知识体系，并由浅入深地阐述了深度学习的原理、模型以及方法，使得读者能全面地掌握深度学习的相关知识，并提高以深度学习技术来解决实际问题的能力。本书可作为高等院校人工智能、计算机、自动化、电子和通信等相关专业的研究生或本科生教材，也可供相关领域的研究人员和工程技术人员参考。

推荐阅读

模式识别

作者：吴建鑫 著　书号：978-7-111-64389-0　定价：99.00元

模式识别是从输入数据中自动提取有用的模式并将其用于决策的过程，一直以来都是计算机科学、人工智能及相关领域的重要研究内容之一。本书是南京大学吴建鑫教授多年深耕学术研究和教学实践的潜心力作，系统阐述了模式识别中的基础知识、主要模型及热门应用，并给出了近年来该领域一些新的成果和观点，是高等院校人工智能、计算机、自动化、电子和通信等相关专业模式识别课程的优秀教材。

自然语言处理基础教程

作者：王刚 郭蕴 王晨 编著　书号：978-7-111-69259-1 定价：69.00元

本书面向初学者介绍了自然语言处理的基础知识，包括词法分析、句法分析、基于机器学习的文本分析、深度学习与神经网络、词嵌入与词向量以及自然语言处理与卷积神经网络、循环神经网络技术及应用。本书深入浅出，案例丰富，可作为高校人工智能、大数据、计算机及相关专业本科生的教材，也可供对自然语言处理有兴趣的技术人员作为参考书。

深度学习基础教程

作者：赵宏 主编 于刚 吴美学 张浩然 屈芳瑜 王鹏 参编　ISBN：978-7-111-68732-0　定价：59.00元

深度学习是当前的人工智能领域的技术热点。本书面向高等院校理工科专业学生的需求，介绍深度学习相关概念，培养学生研究、利用基于各类深度学习架构的人工智能算法来分析和解决相关专业问题的能力。本书内容包括深度学习概述、人工神经网络基础、卷积神经网络和循环神经网络、生成对抗网络和深度强化学习、计算机视觉以及自然语言处理。本书适合作为高校理工科相关专业深度学习、人工智能相关课程的教材，也适合作为技术人员的参考书或自学读物。